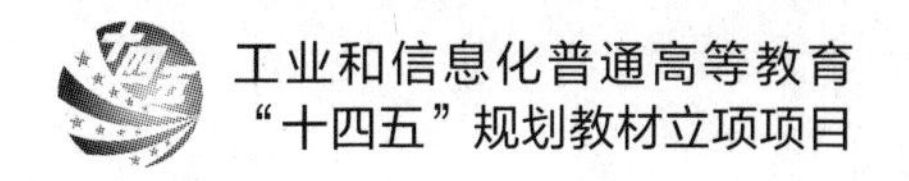

工业和信息化普通高等教育
“十四五”规划教材立项项目

数据科学与统计系列规划教材

Deep Learning

深度学习
从入门到精通
基于 Keras

谢佳标◎主编

人民邮电出版社
北京

图书在版编目（CIP）数据

深度学习从入门到精通 ： 基于Keras ： 微课版 / 谢佳标主编. -- 北京 ： 人民邮电出版社, 2023.9
数据科学与统计系列规划教材
ISBN 978-7-115-61829-0

Ⅰ. ①深… Ⅱ. ①谢… Ⅲ. ①机器学习－高等学校－教材 Ⅳ. ①TP181

中国国家版本馆CIP数据核字(2023)第091861号

内 容 提 要

本书基于当前流行的深度学习框架之一——Keras，从新手的角度出发，详细讲解Keras的原理，力求帮助读者实现Keras从入门到精通。全书共9章，主要内容包括初识深度学习、深度学习的数据预处理技术、使用Keras开发深度学习模型、卷积神经网络及图像分类、循环神经网络在文本序列中的应用、自编码器、生成式对抗网络、模型评估及模型优化，以及深度学习实验项目。本书内容由浅入深、语言通俗易懂，从基本原理到案例应用、从基础算法到对复杂模型的剖析，让读者在循序渐进的学习中理解Keras。

本书可作为高等院校计算机、通信、大数据等专业相关课程的教材，也可作为人工智能、图像处理、计算机等方向的科研人员和深度学习技术爱好者的参考书。

◆ 主　　编　谢佳标
　责任编辑　孙燕燕
　责任印制　李　东　胡　南
◆ 人民邮电出版社出版发行　　北京市丰台区成寿寺路11号
　邮编　100164　　电子邮件　315@ptpress.com.cn
　网址　https://www.ptpress.com.cn
　北京天宇星印刷厂印刷
◆ 开本：787×1092　1/16
　印张：12.75　　　　2023年9月第1版
　字数：309千字　　　2024年8月北京第2次印刷

定价：49.80元

读者服务热线：(010)81055256　印装质量热线：(010)81055316
反盗版热线：(010)81055315
广告经营许可证：京东市监广登字20170147号

人工智能是目前热门的科技研究和技术发展方向之一。机器学习和深度学习属于人工智能的范畴。现在许多领域都处于运用深度学习技术进行业务创新、技术创新的阶段。Keras 是一个对零基础读者非常友好而且操作简单的深度学习框架，它是 TensorFlow 的高级集成应用程序接口，能够快速实现深度学习模型的搭建，也能够帮助读者高效地进行科学研究。

本书涵盖对卷积神经网络、循环神经网络、自编码器、生成式对抗网络等模型原理的介绍及相关 Keras 实践，并重点讲解如何对已有的图像数据和中文文本数据进行分析与处理，以便帮助读者掌握这些模型的训练方法，完成真实的图像处理和自然语言处理任务。本书在讲解使用 Keras 实现深度学习建模知识时，更注重方法和经验的传授，力求做到“授之以渔”。

本书特色

1. 案例丰富，深入解读 Keras

本书采用大量的案例，讲解使用 Keras 进行深度学习建模的常用知识，并对所用案例中的 Keras 代码进行深入解读，帮忙读者将所学知识应用到实际工作中。

2. 内容通俗易懂，知识讲解深入浅出

本书采用通俗易懂的语言介绍常用的深度学习模型的基本原理，内容深入浅出、循序渐进，先让读者掌握如何使用 Keras 实现各种深度学习建模，再通过案例实训对理论进行巩固，强化读者对知识的掌握与技能的应用。

3. 立德树人，提升素养

本书全面推进党的二十大精神进教材，落实立德树人根本任务，通过素养教学，着力提高读者的自主创新意识，培养创新思维。素养课堂内容请扫码查看。

素养课堂

4. 配套资源丰富，打造立体化教学模式

本书深入打造立体化的教学模式，提供丰富的教学配套资源，包括教学大纲、电子教案、微课视频、PPT 课件、课后习题答案、案例源代码及数据、知识结构图集等，通过打造多元化的教学资源体系，赋能教学实践。用书教师如有需要，可登录人邮教育社区（www.ryjiaoyu.com）免费获取。

本书由谢佳标担任主编。由于编者的水平有限，书中难免会出现不妥之处，恳请读者批评指正。

编者

2023 年 5 月

目录 CONTENTS

第1章 初识深度学习

学习目标

1. 掌握深度学习基础理论知识；
2. 掌握深度学习主流框架；
3. 掌握 Anaconda 的安装方法；
4. 搭建深度学习的开发环境，包括 TensorFlow 2 的 CPU 版本和 GPU 版本；
5. 通过对深度学习案例的学习，编写简单的入门代码。

扫一扫

导　言

“人工智能”是一门描述机器与周围世界的交互方式的学科，机器学习和深度学习属于人工智能范畴。本书选取数据处理领域的“耀眼明星”Python 作为挖掘工具，通过调用 TensorFlow 2 的高级集成应用程序接口（Application Programming Interface，API）——深度学习框架 Keras，让读者学习深度学习像搭积木一样轻松。本章前面部分是理论内容，简要介绍机器学习与深度学习的区别、神经网络基础和常用的深度学习模型，后面部分是实践内容，将手把手带领大家搭建深度学习所需的开发环境，并通过案例演示如何利用 Keras 构建深度学习模型对 MNIST 手写数字识别数据集进行识别。

1.1 深度学习基础理论

人工智能、机器学习、深度学习是近年来非常流行的 3 个词。要学习深度学习基础理论，我们有必要先了解机器学习与深度学习的关系与区别。

1.1.1 机器学习与深度学习

人工智能、机器学习、深度学习三者之间的关系如图 1-1 所示。

从图 1-1 可知，可以将深度学习、机器学习、人工智能想象成一组由小到大、一个套一个的俄罗斯套娃。深度学习是机器学习的一个子集，而机器学习则是人工智能的一个子集。

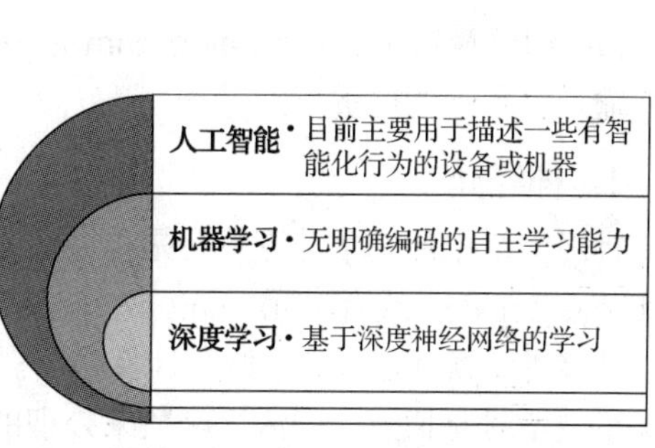

图 1-1　人工智能、机器学习与深度学习三者之间的关系

人工智能、机器学习、深度学习三者的定义可以用以下较通俗易懂的内容进行阐述。

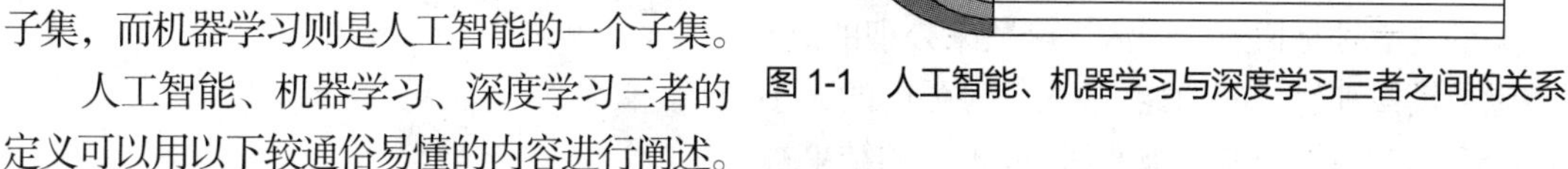

❑ **人工智能（Artificial Intelligence，AI）**：涵盖的内容非常广泛，从广义上讲，任何从

事某种智能活动的计算机程序都是人工智能。

- **机器学习（Machine Learning，ML）**：利用计算机、概率论、统计学等知识，向计算机输入数据，让它学会新知识。机器学习的目的就是利用训练数据去优化目标函数。
- **深度学习（Deep Learning，DL）**：一种特殊的机器学习，功能强大、灵活性高。它通过学习将数据表示为嵌套的层次结构，每个表示都与更简单的特征相关，而抽象的表示则用于计算更抽象的表示。

机器学习与深度学习的区别在于：传统的机器学习需要通过人工定义特征，才能有目的地提取信息，非常依赖任务的特异性和设计特征的专家的经验；深度学习可以从大数据中先学习简单的特征，然后从其中逐渐学习到更为复杂和抽象的深层特征，不需要通过人工定义特征，这也是深度学习在“大数据时代”受欢迎的一大原因。

深度学习用海量的数据和强大的计算能力来模拟深度神经网络（Deep Neural Network，DNN）。从本质上说，这些网络模仿人类大脑的连通性，对数据集进行分类，并发现它们之间的相关性。通过深度学习，机器可以处理大量数据，识别复杂的模式，并提出深刻的见解。

1.1.2 神经网络基础

深度学习本身是传统神经网络算法的延伸，说起深度学习，必会先谈神经网络（neural network），或者称之为人工神经网络（Artificial Neural Network，ANN）。神经网络依靠复杂的系统结构，通过调整内部大量节点之间的连接关系，达到处理信息的目的。神经网络的一个重要特性是能够从样本数据中学习，并把学习结果分步存储在神经元中。在数学上，神经网络能够学习任何类型的映射函数，并且已被证明是一种通用逼近算法，可以在任何闭区间内使用，以构建一个连续函数。神经网络的学习过程，是在其所处环境的激励下，通过持续输入的样本，按照一定的学习算法调整网络各层的权重值矩阵。待网络各层权重值都收敛到一定程度，学习过程结束。

扫一扫

虽然有很多种不同的神经网络，但是每一种都可以由下面的特征来定义。

- **激活函数（activation function）**：将神经元的净输入信号转换成单一的输出信号，以便信号进一步在网络中传播。
- **网络拓扑（network topology，也称网络结构）**：描述网络层数、网络中神经元的数量和连接方式。
- **训练算法（training algorithm）**：指定如何设置连接权重值，以便减少或者增加神经元在输入信号中的比重。

1. 神经元

神经网络中的基本计算单元是神经元，一般称作节点（node）或者单元（unit）。节点从其他节点或者外部源接收输入，然后计算输出。这里的关键是信号是通过一个激活函数来处理的。激活函数模拟神经元的功能，输入信号强度的大小决定它们被激活或者不被激活。处理后的结果被加权并分配到下一层的神经元。图 1-2 展示了加

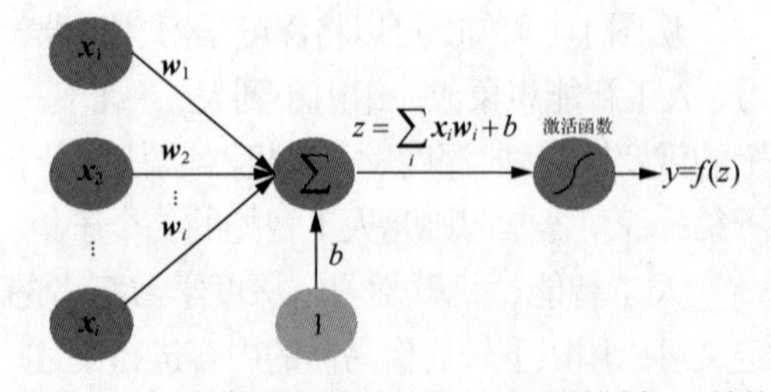

图 1-2 加入激活函数和偏置项之后的神经元结构

扫一扫 扫一扫

入激活函数和偏置项之后的神经元结构。

图 1-2 说明了单个神经元的工作情况。给定有输入属性 $\{\boldsymbol{x}_1, \boldsymbol{x}_2, \cdots, \boldsymbol{x}_i\}$ 的样本和每个属性与神经元连接的权重值 $\boldsymbol{w}_i (i \in 1, 2, \cdots, k)$，$\boldsymbol{w}_i$ 用于控制各个信号的重要性。然后，神经元按照以下公式对所有输入求和：$z = \sum_i \boldsymbol{x}_i \boldsymbol{w}_i + b$。参数 b 被称为偏置项（偏差），用于控制神经元被激活的难易程度，它允许网络将激活函数“向上”或者“向下”转移。这种灵活性对于深度学习的成功是非常重要的。最后，网络中的输入向量与权重值向量的内积加上偏置项的值 z 经过激活函数处理后成为输出。

2. 激活函数

在神经网络中，神经元的激活函数定义了对神经元输出的映射，它控制了神经元被激活的阈值和输出信号的强度。激活函数通常有以下一些性质。

❑ **非线性**：神经网络中激活函数的主要作用是提供网络的非线性映射学习能力，如非特别说明，激活函数一般是非线性函数。假设一个深度神经网络中仅包含线性卷积和全连接运算，那么该网络仅能够表达线性映射，即便增加其深度也依旧仅能够表达线性映射，难以对实际环境中非线性分布的数据进行有效建模。加入（非线性）激活函数之后，深度神经网络才能具备分层的非线性映射学习能力。因此，激活函数是深度神经网络中不可或缺的一部分。

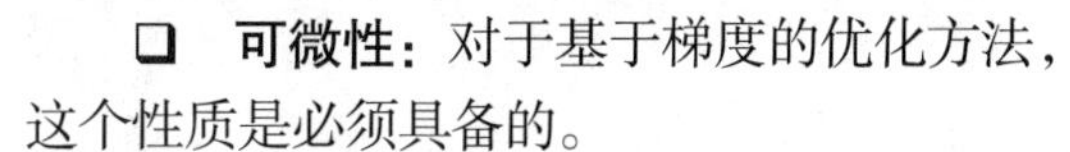

扫一扫 扫一扫 扫一扫

❑ **可微性**：对于基于梯度的优化方法，这个性质是必须具备的。

❑ **单调性**：当激活函数是单调函数时，单层网络能保证该函数是凸函数。

常用激活函数如表 1-1 所示。

表 1-1 常用激活函数

函数名称	函数曲线	函数方程	函数值域
Identity		$f(x) = x$	$(-\infty, +\infty)$
Binary step		$f(x) = \begin{cases} 0 & x < 0 \\ 1 & x \geqslant 0 \end{cases}$	0，1
Sigmoid		$f(x) = \sigma(x) = \dfrac{1}{1 + \mathrm{e}^{-x}}$	$(0,1)$
Tanh		$f(x) = \tanh(x) = \dfrac{\mathrm{e}^x - \mathrm{e}^{-x}}{\mathrm{e}^x + \mathrm{e}^{-x}}$	$(-1,1)$
ReLU		$f(x) = \begin{cases} 0 & x \leqslant 0 \\ x & x > 0 \end{cases}$	$[0, \infty)$
Leaky ReLU		$f(x) = \begin{cases} 0.01x & x < 0 \\ x & x \geqslant 0 \end{cases}$	$(-\infty, +\infty)$

下面针对深度学习中常用到的 Sigmoid 函数、Tanh 函数、ReLU 函数、LeakyReLU 函数等激活函数进行概述。

- **Sigmoid 函数**：在 ReLU 函数出现前，大多数神经网络使用 Sigmoid 函数作为激活函数进行信号转换，转换后的信号被传递给下一个神经元。Sigmoid 函数将信号映射到(0,1)。Sigmoid 值在大部分定义域内都会趋于一个饱和的定值。当 x 取很大的正值时，Sigmoid 值会无限趋近于 1；当 x 取绝对值很大的负值时，Sigmoid 值会无限趋近于 0。
- **Tanh 函数**：也叫双曲正切函数，也是在引入 ReLU 函数之前，经常被用到的激活函数。读者可以看到，Tanh 函数跟 Sigmoid 函数的曲线是很相似的，都是“S”形。只不过 Tanh 函数是把输入值转换到(−1,1)。Sigmoid 函数的曲线在$|x|>4$ 之后就非常平缓，且极为贴近 0 或 1；Tanh 函数则在$|x|>2$ 之后就非常平缓，且极为贴近−1 或 1。与 Sigmoid 函数不同，Tanh 函数的输出以 0 为中心。Tanh 函数的输出趋于饱和时也会“杀死”梯度，即出现梯度消失的问题。
- **ReLU 函数**：ReLU 全称为 Rectified Linear Unit，可以翻译成整流线性单元或者修正线性单元。与传统的 Sigmoid 激活函数相比，ReLU 函数能够有效缓解梯度消失问题，从而直接以监督的方式训练深度神经网络，无须依赖无监督的逐层预训练。
- **LeakyReLU 函数**：LeakyReLU 全称为 Leaky Rectified Linear Unit，可翻译为渗漏整流线性单元，为了解决神经元死亡问题，有人提出了将 ReLU 的前半段设为非 0，当 $x<0$ 时得到 0.01 的正梯度。该函数在一定程度上缓解了神经元死亡问题，但是使用该函数得到的结果并不连贯。它具备 ReLU 激活函数的所有特征，如计算高效、收敛速度快、在正区域内不会饱和等。

选择一个合适的激活函数并不容易，需要考虑很多因素，通常的做法是，如果不确定哪一个激活函数效果更好，可以把它们都试试，在验证集或者测试集上进行评估，然后看哪一种表现更好。

3. 神经网络拓扑

神经网络由大量相互连接的神经元构成。它们通常被安排在不同的层上。神经网络的学习能力来源于它的拓扑（topology）结构，或者相互连接的神经元的模式。虽然网络拓扑结构有多种形式，但是它们可以通过以下 3 个关键特征来区分。

- 层的数目。
- 网络中的信息是否允许反向传播。
- 网络中每一层内的节点数。

扫一扫

拓扑结构决定了通过网络进行学习的任务的复杂性。一般来说，更大、更复杂的网络能够识别更复杂的决策边界。

如图 1-3 所示，一个神经网络的结构通常会分成以下 3 层：输入层（input layer）、隐藏层（hidden layer）和输出层（output layer）。

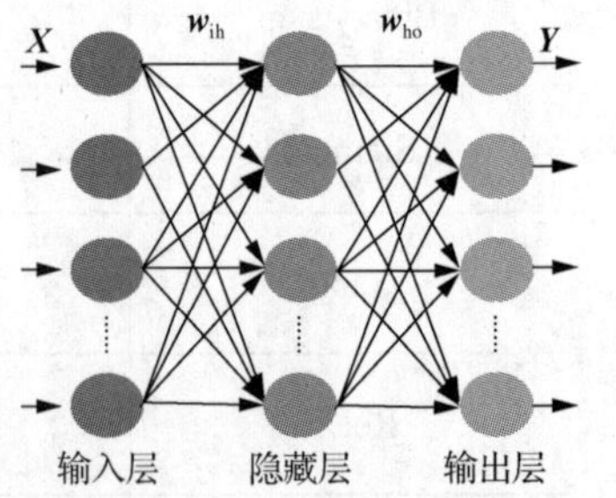

图 1-3　经典的神经网络结构

输入层在整个网络的最前端，直接接收输入的向量，它不对数据做任何处理，所以通常这一层是不计入层数的。

隐藏层可以有一层或多层。当然也可以没有隐藏层。此时就是最简单的神经网络结构，仅有输入层和输出层，因此该层也被称为单层网络（single-layer network）。单层网络可以用于基本的模式分类，特别是可用于不能够线性分割的模式分类，但大多数的学习任务需要更复杂的网络。单层网络添加一个或者更多隐藏层后就被称为多层网络（multi-layer network）。它们在信号到达输出节点之前处理来自输入节点的信号。大多数多层网络被完全连接（full connected），这意味着前一层中的每个节点都连接到下一层中的每个节点，但这不是必需的。

输出层是最后一层，用来输出整个网络处理的值。这个值可能是一个分类向量值，也可能是一个类似线性回归产生的连续值。根据不同的需求，输出层的构造也不尽相同。

4. 损失函数

分类问题和回归问题是有监督学习的两大类问题。为了训练解决分类问题或回归问题的模型，我们通常会定义一个损失函数（loss function）来描述对问题的求解精度，损失值越小，代表模型得到的结果与实际值的偏差越小，也就是说模型越精确。很多文献也常将损失函数称为代价函数（cost function）或误差函数（error function）。其优化目标函数是在各个样本中得到的损失函数值之和的均值。

损失函数按照用途可以归为以下 4 类。

- **准确率（accuracy）**：被用在分类问题上，它的取值有多种。binary_accuracy 指各种二分类问题预测的准确率；categorical_accuracy 指各种多分类问题预测的准确率；sparse_categorical_accuracy 在针对稀疏目标值预测时使用；top_k_categorical_accuracy 指当预测值的前 k 个值中存在目标类别即认为预测正确。
- **误差损失（error loss）函数**：被用在回归问题上，用于度量预测值与实际目标值之间的差异，可有如下取值。mse 指预测值与实际目标值之间的均方误差；rmse 指预测值与实际目标值之间的均方根误差；mae 指预测值与实际目标值之间的平均绝对误差；mape 指预测值与实际目标值之间的平均绝对百分比误差；msle 指预测值与实际目标值之间的均方对数误差。
- **铰链损失（hinge loss）函数**：通常用于训练分类器，有两种取值。hinge 定义为 $\max(1-y_{\text{true}}\times y_{\text{pred}})$，squared hinge 指 hinge 损失的平方值。
- **阶梯损失（class loss）函数**：用于计算分类问题中的交叉熵，存在多个取值，包括二分类交叉熵和多分类交叉熵。

1.1.3 常用深度学习模型

通过 1.1.2 小节的学习，读者已经掌握了神经网络基础。接下来将简要介绍基于神经网络延伸的几种常用深度学习模型：卷积神经网络、循环神经网络、自编码器、生成式对抗网络、迁移学习、强化学习。各种模型的详细内容将在后续章节逐步介绍。

- **卷积神经网络（Convolutional Neural Network，CNN）**：又称卷积网络，是一种具有局部连接、权重共享等特性的深层前馈神经网络，也是一种专门用来处理具有类似网络结构数据（如图像数据）的神经网络。
- **循环神经网络（Recurrent Neural Network，RNN）**：是一类具有短期记忆能力的神经网络，其中网络节点之间的连接沿着序列形成有向图，因此可以显示输入随时间变化的动态行为。就像卷积神经网络是专门用于处理网格化数据（如图像数据）的神经网络，循环神经网络是专门用于处理和预测时序数据（结构类似于 $x^{(1)},x^{(2)},\cdots,x^{(i)}$）的神经网络。卷积神经网络擅长处理大小可变的图像，而循环神经网络则对长度可变的时序数据有较强的处理能力。
- **自编码器（Auto Encoder，AE）**：深度学习中的自编码器（又称自编码网络）和生成式对抗网络均属于无监督学习方法。自编码器是一种基于无监督学习的数据维度压缩和特征表达方法，即一种利用误差逆传播（Back Propagation，BP）算法使得输出值等于输入值的神经网络。它先将输入压缩成潜在空间表征，然后将这种表征重构为输出。自编码器必须捕捉可以代表输入数据的最重要的因素，就像主成分分析（Principal Component Analysis，PCA）那样，将原始变量进行正交变换得到一组线性不相关的变量，利用方差贡献率找到可以代表原信息的主要成分。

- **生成式对抗网络（Generative Adversarial Network，GAN）**：是一类在无监督学习中使用的神经网络。GAN 不需要标记数据，它在计算机视觉、自然语言处理、人机交互等领域有着越来越深入的应用，有助于解决由文本生成图像、提高图片分辨率、药物匹配、检索特定模式的图片等问题。GAN 由生成器（generator）和判别器（discriminator）两个神经网络生成。GAN 受博弈论中的零和博弈启发，生成器和判别器这两个神经网络拥有不一样的目标，它们相互对抗和博弈，最终能够更精准地完成任务。
- **迁移学习（Transfer Learning，TL）**：是深度学习中的一个重要研究话题，也是在实践中具有重要价值的一类技术，因为它可以花费更短的时间来建立精确模型。顾名思义，迁移学习是指将知识从一个领域迁移到另一个领域的能力，它不是从零开始学习，而是从之前解决各种问题时学到的知识开始，通过一定的技术手段将这部分知识迁移到新领域中，进而解决目标领域标签样本较少甚至没有标签的学习问题。在计算机视觉领域中，迁移学习通常是使用预训练模型来表示的。预训练模型是在大型基准数据集上训练的模型，用于解决相似的问题。
- **强化学习（Reinforcement Learning，RL）**：强化学习问题可以描述为一个智能体从与环境的交互中不断学习以完成特定目标（比如取得最大奖励值）。强化学习中的关键问题是贡献度分配问题，其中的每一个动作并不能直接得到监督信息，而需要通过整个模型的最终监督信息（奖励）得到，并且有一定的延时性。强化学习也是机器学习的一个重要分支。强化学习和监督学习的不同之处在于，强化学习问题不需要给出“正确”策略作为监督信息，只需要给出策略的（延迟）回报，并通过调整策略来取得最大化的期望回报。强化学习得到了广泛地应用，比如电子游戏、棋类游戏、迷宫类游戏、控制系统等领域都用到了强化学习。

1.2 主流深度学习框架介绍

随着深度学习算法的发展，出现了许多深度学习框架。这些框架各有所长，各具特色。常用开源框架有 TensorFlow、Keras、Caffe、PyTorch、Theano、CNTK、MXNet、PaddlePaddle、Deeplearning4j、ONNX 等。下面让我们来了解下其中非常受欢迎的 TensorFlow 和 PyTorch 这两种深度学习框架吧！

1.2.1 TensorFlow

TensorFlow 可以说是当今最受欢迎的开源深度学习框架之一，可用在各类深度学习相关的任务中。目前已有两个大版本：TensorFlow 1 和 TensorFlow 2。TensorFlow 包含数据集预处理、模型构建、模型训练及调试和模型部署等功能。使用 TensorFlow 可轻松、快速地搭建训练模型，还可根据开发目的选择合适的级别，如底层 TensorFlow API 开发或高层 Keras API 封装开发。TensorFlow 提供直接的生产方式，可在服务器、边缘设备或网络端进行训练和学习。TensorFlow 为开发者提供了两种硬件环境的开发版本：纯 CPU（Central Processing Unit，中央处理器）版本和 CPU+GPU（Graphics Processing Unit，图形处理单元）版本。其中，纯 CPU 版本只能在搭建了 x86 架构的 CPU 的机器上运行，而 CPU+GPU 版本则可以在安装了 GPU 显卡的设备上运行。

扫一扫

1.2.2　PyTorch

PyTorch 是 2017 年 1 月由美国某公司发布的一个深度学习框架，虽然其发布时间晚于TensorFlow、Keras 等框架，但自发布之日起，其关注度就在不断上升，目前在 GitHub 上的热度已经超过 Theano、Caffe、MXNet 等框架。

PyTorch 主要提供了以下两种核心功能。

- 支持 GPU 加速的张量计算。
- 方便优化模型的自动微分机制。

PyTorch 的主要优点如下。

- **简洁易懂：**PyTorch 的 API 设计相当简洁。它基本包括 tensor、autograd、nn 这 3 级封装，学习起来非常容易。
- **便于调试：**PyTorch 采用动态图，可以像普通 Python 代码一样进行调试。
- **强大高效：**PyTorch 提供了非常丰富的模型组件，可以快速实现构想。

1.3　深度学习开发环境搭建

本节我们学习如何搭建深度学习所需的硬件及软件环境。这里的环境是本书应用案例的运行环境，对于大部分中小型的深度学习项目也是够用的。

1.3.1　硬件环境准备

TensorFlow 2 可以通过使用 CPU 和 GPU 两种方式训练。Keras 已经并入 TensorFlow 框架中，它在 GPU 上运行时，TensorFlow 封装了一个高度优化的深度学习运算库，叫作 NVIDIA CUDA 深度神经网络库。考虑到读者的背景不同，我们选择在 Windows 10 系统环境下配置深度学习的硬件，具体硬件配置如下。

- **处理器：**Intel® Core™ i7。
- **内存：**8GB 以上。
- **硬盘：**固态盘（Solid State Disk，SSD）。
- **GPU：**NVIDIA GeForce GTX 960M。

其中，GPU 不是必需的硬件，本书所有案例均可在 CPU 和 GPU 两个版本下正常运行。读者的硬件配置中如果无 GPU，也可以使用 TensorFlow 的 CPU 版本来运行本书的所有代码。

1.3.2　软件环境准备

扫一扫

只需要一般配置的计算机就能正常安装 TensorFlow 的 CPU 版本，但要成功安装 GPU 版本，除了需要具备 GPU 的硬件资源外，还需要从 NVIDIA 官网下载 CUDA 和 cuDNN 这两个软件并安装。接下来，让我们一起学习如何搭建 GPU 版本所需的软件环境，如果读者仅使用 CPU 版本，可以直接跳过此小节内容。

1. 确定显卡

首先需要确定计算机安装的显卡是否支持 CUDA。可通过在“此电脑”中依次单击“计算机”→“管理”→“设备管理器”→“显卡（显示适配器）”，查看计算机的显卡，如图 1-4 所示。

由图 1-4 可知，本计算机的显卡是 NVIDIA GeForce GTX 960M。接下来进入 NVIDIA 的官网查看显卡是否支持 CUDA。进入官网后，单击“支持 CUDA 的 GeForce 和 TITAN 产品”，查看可支持 CUDA 的显卡，如图 1-5 所示。

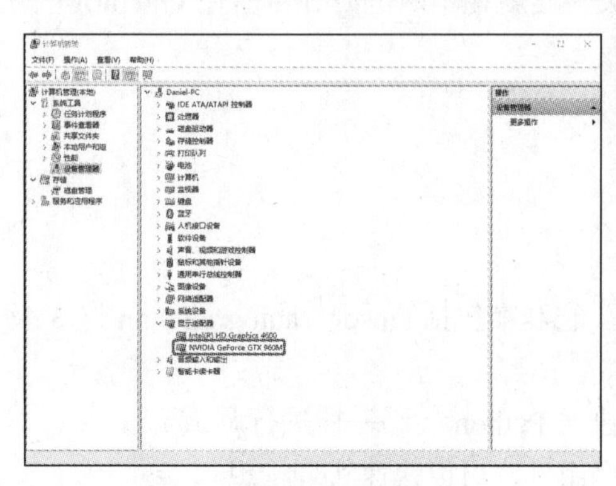

图 1-4　查看计算机的显卡

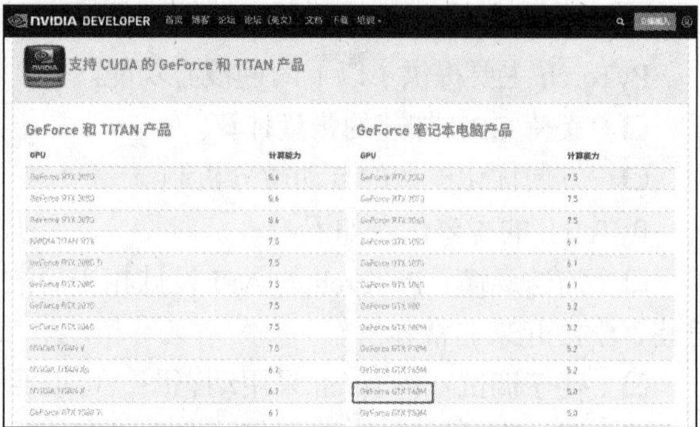

图 1-5　查看计算机显卡是否支持 CUDA

由图 1-5 可知，本计算机的 NVIDIA GeForce GTX 960M 支持 CUDA。下一步将引导读者完成 CUDA 的安装操作。

2. 安装 CUDA

去 NVIDIA 官网下载 CUDA 前，我们先查看计算机支持的 CUDA 的版本。Windows 的 nvidia-smi 所在的位置为 C:\Program Files\NVIDIA Corporation\NVSMI。使用 cmd 命令进入目录后执行“nvidia-smi”即可查看 CUDA 的版本，如图 1-6 所示。

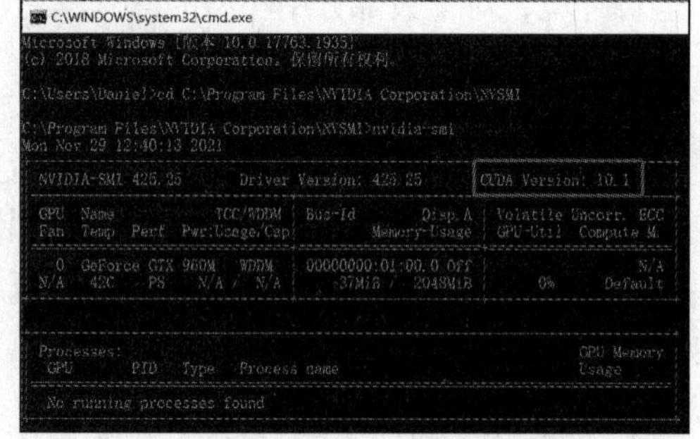

图 1-6　查看 CUDA 的版本

由图 1-6 可知，本计算机的 CUDA 的版本为 10.1。

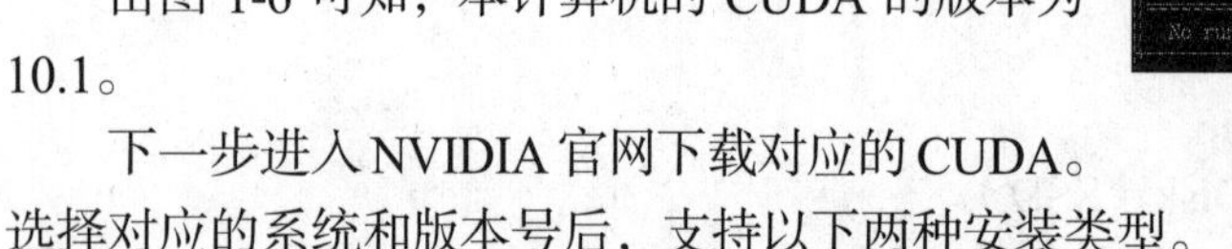

下一步进入 NVIDIA 官网下载对应的 CUDA。选择对应的系统和版本号后，支持以下两种安装类型。

- exe[network]：下载时文件较小（约 29.1MB），后续执行安装时再下载其余部分。
- exe[local]：下载时完整下载（约 3.1GB），后续执行安装时无须下载。

我们选择 exe[local]的安装类型，如图 1-7 所示。

单击图 1-7 中的“Download”按钮，下载完成后按照要求及步骤指引即可完成 CUDA 的安装。

3. 安装 cuDNN

CUDA 并不是针对神经网络而设计的 GPU 加速库，它面向各种需要并行计算的应用设计。如果希望针对神经网络应用加速，需要额外安装 cuDNN 库。需要注意的是，cuDNN 库并不是运行程序，只需要下载并解压 cuDNN 文件，然后配置 Path 环境变量即可。

我们将从 NVIDIA 官网下载并安装 cuDNN。下载 cuDNN 前必须先成为加速开发者计划的会员，我们可以按照指引进行注册。

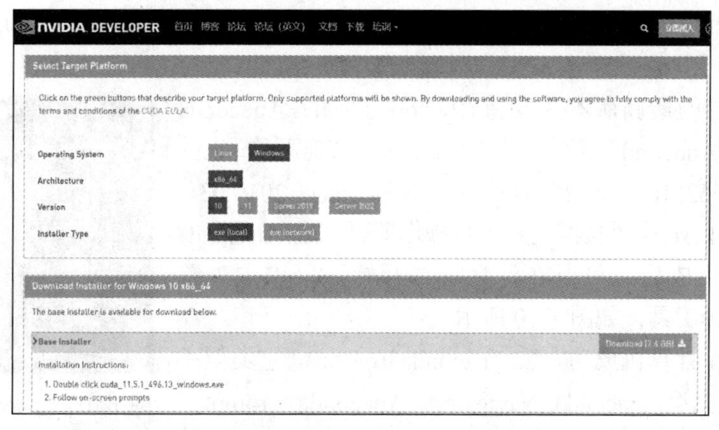

图 1-7　下载本计算机适合的 CUDA 的版本

注册并登录后将跳转到 cuDNN 下载页面，如图 1-8 所示。

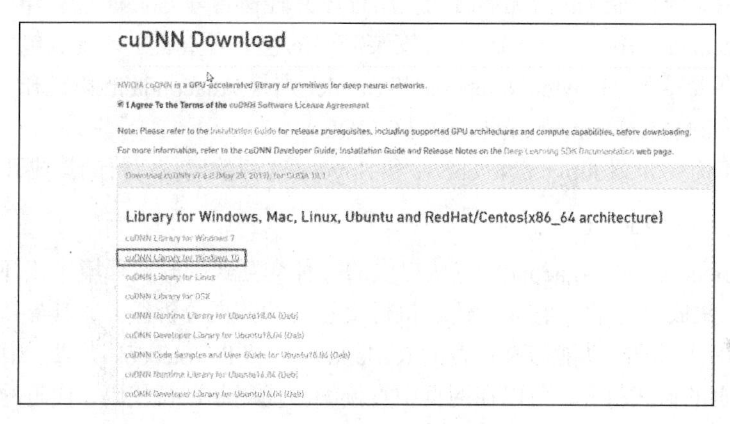

图 1-8　cuDNN 下载页面

下载后直接解压，并将 cuda 目录下的所有文件复制到 C:\tools 目录下。在 C:\tools\cuda\bin 目录下有 cudnn64_7.dll 文件，它是动态链接库，其他程序会通过链接库来使用 cuDNN 的功能，如图 1-9 所示。

图 1-9　cudnn64_7.dll 文件的路径

为了让 Windows 系统知道所安装的 cuDNN 的目录，必须设置 Path 环境变量，这样其他程序才可以通过这个设置来存取 cudnn64_7.dll。

至此，安装 TensorFlow GPU 版本的软件环境已经准备完毕，下一步我们将安装 Anaconda 和 TensorFlow 等软件了。

1.3.3　安装 Anaconda

Anaconda 是一个非常流行的基于 Python 的科学计算环境，里面包含 Python、Conda（一个 Python 包管理器）和各种用于科学计算的包，可以完全独立使用，不需要额外下载 Python。

并且 Anaconda 的服务器支持 7500 多个常用的 Python/R 软件包，供数据分析师和数据科学家下载、安装和使用。

笔者写作时的最新版本为支持 Python 3.7 的 Anaconda 2019.03，可在 Anaconda 官网下载。Windows 系统下的 64 位版本大小约为 662MB，下载后直接双击 Anaconda3-2019.03-Windows-x86_64.exe 文件按照提示进行操作即可完成 Anaconda 的安装。安装完成后，可以在计算机“开始”菜单中查看 Anaconda 的一套工具，如图 1-10 所示。

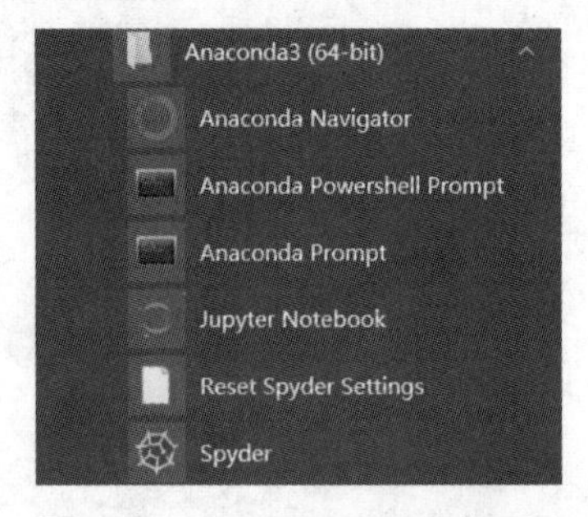

图 1-10　Anaconda 的一套工具

图 1-10 显示计算机成功安装 Anaconda3(64-bit)，它类似一个目录，其中包含 Anaconda Navigator、Anaconda Prompt、Jupyter Notebook 和 Spyder 等。其中 Anaconda Navigator 是 Anaconda 发行版中包含的图形用户界面（Graphical User Interface，GUI），允许用户在不使用命令行命令的情况下启动应用程序并轻松管理 Conda 包、环境和通道；Anaconda Prompt 是 Anaconda 安装需要的包或者查看系统集成包时经常用到的终端界面；Jupyter Notebook 和 Spyder 则是 Anaconda 的集成开发环境（Integrated Development Environment，IDE）。

扫一扫

下文我们将简要介绍 Jupyter Notebook 和 Spyder 这两款比较流行的集成开发环境。

1. Jupyter Notebook

Jupyter Notebook 是 Anaconda 默认提供的一种交互式的开发环境。该环境既可以集成 Python，也可以集成 R 语言。它非常适合执行交互式的数据分析任务，其支持 Markdown 语言，非常适合展示与报告，功能与 R 语言的 R Markdown 和 R Notebook 类似。简而言之，Jupyter Notebook 以网页的形式打开，可以在网页中直接编写代码和运行代码，代码的运行结果也会直接在代码块下显示。

Jupyter Notebook 的启动界面如图 1-11 所示。

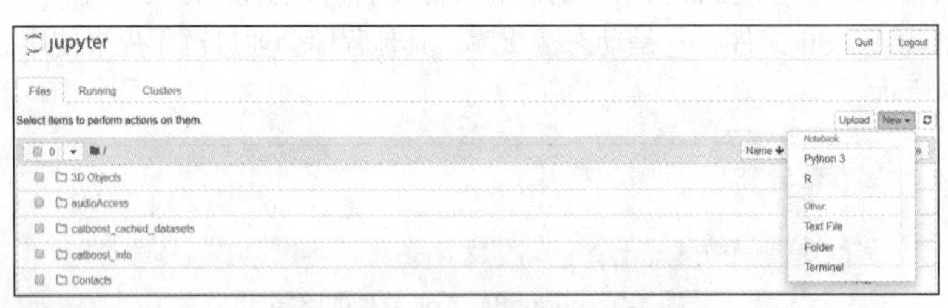

图 1-11　Jupyter Notebook 启动界面

启动 Jupyter Notebook 后，在“New”下拉列表中选择“Python 3”选项，进入主区域（编辑区），可以看到一个个单元格（cell），如图 1-12 所示。

图 1-12 中的第一个单元格以“In [1]”开头，表示这是一个代码单元格。在代码单元格里，可以在输入任何代码后按“Shift+Enter”或“Ctrl+Enter”组合键运行代码并显示结果，两者的区别在于按“Shift+Enter”组合键运行代码后会切换到下一个新的单元格中。标记（markdown）单元格虽然是 Markdown 类型的，但这类单元格也接收 HTML 代码，这样可以在单元格内实现更加丰富的样式，如更改字号等。

Jupyter Notebook 还有一个强大的功能，即导出功能，它可以将 Notebook 导出为多种格式，如 Notebook、Python、HTML、Markdown、reST、LaTeX、PDF（通过 LaTeX），如图 1-13 所示。

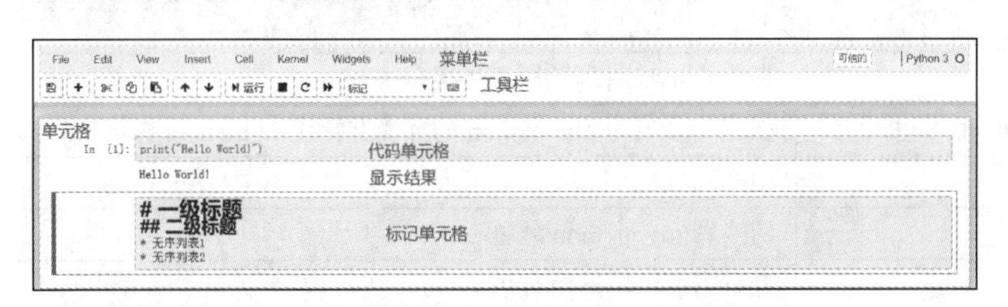

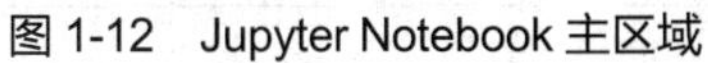
图 1-12　Jupyter Notebook 主区域

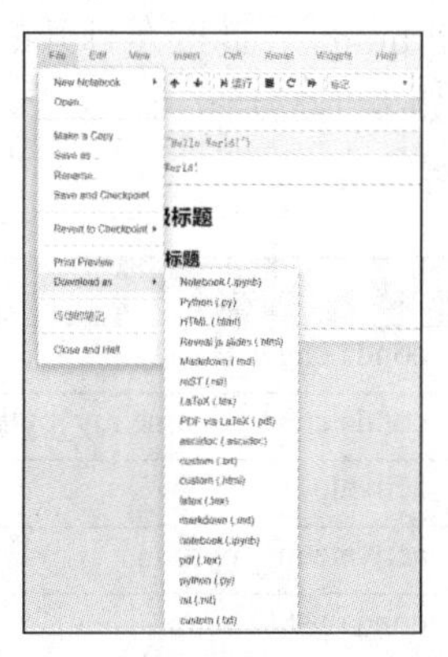

图 1-13　Jupyter Notebook 的导出功能

利用 Jupyter Notebook 导出 PDF 文档的功能，无须编写 LaTeX 代码即可创建美观的 PDF 文档，此外，还可以将 Notebook 文件作为网页发布到网站上。

2. Spyder

Spyder 是 Anaconda 提供的一种类似 MATLAB、RStudio 的 Python IDE，其提供了语法着色、语法检查、运行调试、自动补全等功能，集成了脚本编辑器、控制台、对象查看器等模块，非常适合进行数据分析项目的开发。

Spyder 启动完成后即可进入其默认的开发界面，如图 1-14 所示。

图 1-14 中，A 是工具栏区域，B 是代码编辑区，C 是变量显示区，D 是结果显示区。当运行代码时，在 B 中选中要运行的代码，然后在 A 中单击“Run current cell”标志或者按“Ctrl+Enter”组合键。

如果初学者不小心改变了 Spyder 默认的开发界面的布局，可以在 Windows 系统中打开“开始”菜单，选择“Anaconda3(64-bit)”文件夹下的“Reset Spyder Settings”对 Spyder 的默认设置进行初始化，如图 1-15 所示。

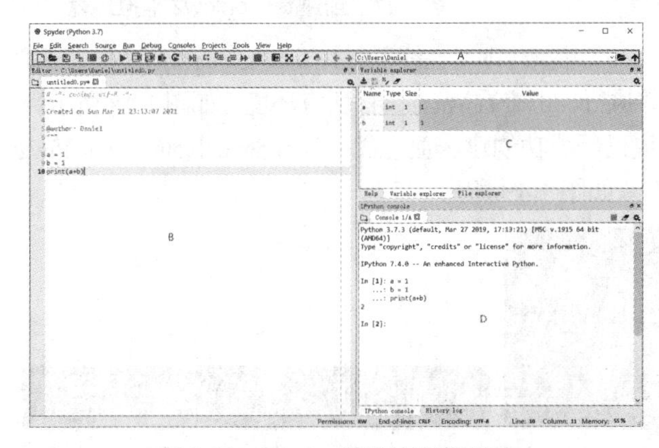

图 1-14　Spyder 默认的开发界面

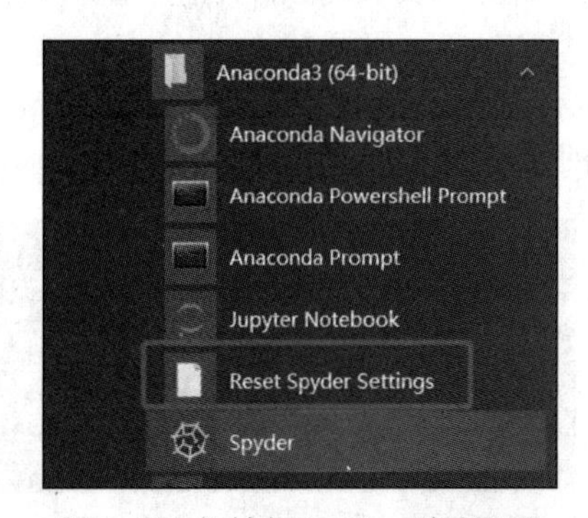

图 1-15　初始化 Spyder 默认设置

介绍完这两种集成开发环境后，让我们了解 Anaconda 的一些简单命令，在终端中可以使用 Conda 相关命令完成一些操作。在 Windows 系统中打开“开始”菜单，选择在“Anaconda3(64-bit)”文件夹下的“Anaconda Prompt”，直接在打开的终端中进行相关的操作即可。Conda 常用命令用法如表 1-2 所示。

扫一扫

表 1-2　Conda 常用命令用法

命令	用法
conda env list	查看 Conda 管理的所有环境
conda create --name my_python python=3.6	创建一个名为 my_python 的环境并指定 Python 版本是 3.6
activate	切换到 base 环境
activate my_python	切换到 my_python 环境
conda list	查看当前环境的所有包
conda install numpy	安装 NumPy 包
conda remove numpy	卸载 NumPy 包
conda remove -n my_python --all	删除 my_python 环境及其下属所有包
conda update numpy	更新 NumPy 包

在命令提示符后输入“conda env list”并执行，可查看 Conda 管理的所有环境，如图 1-16 所示。

在刚安装完 Anaconda 时，应该只会看到一个环境（base），图 1-16 所示的其他环境是笔者根据需求创建的。

在默认的 base 环境下，在命令提示符后输入“conda create – –name tensorflow2”并执行，可创建一个名为 tensorflow2 的虚拟环境，如图 1-17 所示。

```
(base) C:\Users\Daniel>conda env list
# conda environments:
#
base                  *  C:\ProgramData\Anaconda3
mykeras                  C:\ProgramData\Anaconda3\envs\mykeras
r-reticulate             C:\ProgramData\Anaconda3\envs\r-reticulate
r-tensorflow             C:\ProgramData\Anaconda3\envs\r-tensorflow
```

图 1-16　查看 Conda 管理的所有环境

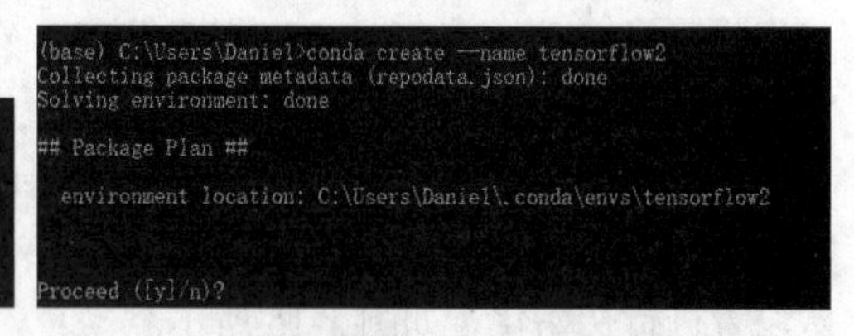

图 1-17　创建 tensorflow2 虚拟环境

在出现“Proceed([y]/n)?”提示后输入“y”并执行即可在线下载并安装 tensorflow2 虚拟环境。安装完成后，再次输入“conda env list”并执行，可查看 Anaconda 所有环境，如图 1-18 所示。

从图 1-18 可知，tensorflow2 虚拟环境已经成功创建。通过输入“conda activate tensorflow2”并执行，可切换至 tensorflow2 虚拟环境，如图 1-19 所示。

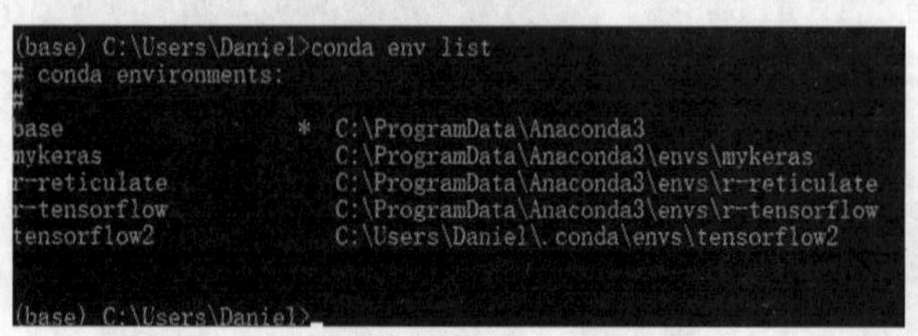

图 1-18　查看 Anaconda 所有环境

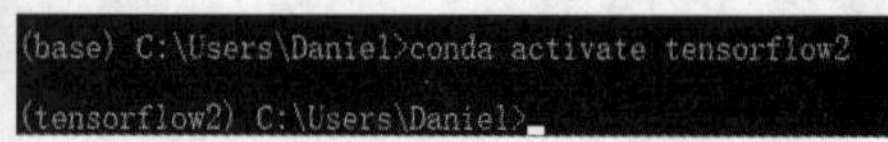

图 1-19　切换至 tensorflow2 虚拟环境

图 1-20　查看当前环境的所有包

输入“conda list”并执行，可查看当前环境的所有包，如图 1-20 所示。

1.3.4　安装 TensorFlow 2

TensorFlow 2 发布于 2019 年，TensorFlow 2.0.0 正式稳定版发布于 2019 年 10 月 1 日。相比于对新手不太友好的 TensorFlow 1，TensorFlow 2 采用了比较简易的新框架，并且将 Keras 作为高级 API 接口，大大提高了集成度，降低了使用难度。

相比于 TensorFlow 1，TensorFlow 2 的变化从某种程度来说是翻天覆地的。TensorFlow 2 在 TensorFlow 1 的基础上进行了重新设计，为提高使用者的开发效率，对 API 做了精简，删除了冗余的 API 并使之更加一致，同时由原来的静态计算图优先转为动态计算图优先，使用函数而不是 session 执行计算图。

扫一扫　　扫一扫

1. 安装 TensorFlow 2 的 CPU 版本

TensorFlow 2 的 CPU 版本安装非常简单，我们只需在 Anaconda Prompt 窗口运行以下安装命令即可完成安装。

```
pip install tensorflow
```

安装完成后，进入 Python，查看 TensorFlow 的版本。

```
(base) C:\Users\Daniel>python
Python 3.9.7 (default, Sep 16 2021, 16:59:28) [MSC v.1916 64 bit (AMD64)] :: Anaconda,
Inc. on win32
Type "help", "copyright", "credits" or "license" for more information.
import tensorflow as tf
'2.7.0'
tf.keras.__version__
'2.7.0'
```

扫一扫　　扫一扫

从输出结果可知，我们在 base 环境中安装的 TensorFlow 和 Keras 的版本号为 2.7.0。

2. 安装 TensorFlow 2 的 GPU 版本

在安装 TensorFlow 2 的 GPU 版本前，可去 TensorFlow 官网查看 tensorflow_gpu 版本对应的 Python、CUDA、MSVC、cuDNN 版本。tensorflow-gpu 版本对应一览表如表 1-3 所示。

表 1-3　tensorflow-gpu 版本对应一览表（仅列出 2 以上版本）

版本	Python 版本	编译器	构建工具	cuDNN	CUDA
tensorflow_gpu-2.6.0	3.6～3.9	MSVC 2019	Bazel 3.7.2	8.1	11.2
tensorflow_gpu-2.5.0	3.6～3.9	MSVC 2019	Bazel 3.7.2	8.1	11.2
tensorflow_gpu-2.4.0	3.6～3.8	MSVC 2019	Bazel 3.1.0	8.0	11.0
tensorflow_gpu-2.3.0	3.5～3.8	MSVC 2019	Bazel 3.1.0	7.6	10.1
tensorflow_gpu-2.2.0	3.5～3.8	MSVC 2019	Bazel 2.0.0	7.6	10.1
tensorflow_gpu-2.1.0	3.5～3.7	MSVC 2019	Bazel 0.27.1～0.29.1	7.6	10.1
tensorflow_gpu-2.0.0	3.5～3.7	MSVC 2017	Bazel 0.26.1	7.4	10

由表 1-3 可知，我们需要安装 tensorflow-gpu-2.1.0 版本。在 Anaconda Prompt 窗口，先将虚拟环境切换至 tensorflow-gpu，再运行以下命令即可完成 TensorFlow 2 GPU 版本的安装。

```
pip install tensorflow-gpu==2.1.0
```

安装完成后，在 tensorflow-gpu 环境中进入 Python，查看 TensorFlow 的版本。

```
(base) C:\Users\Daniel>activate tensorflow-gpu
(tensorflow-gpu) C:\Users\Daniel>python
Python 3.6.13 |Anaconda, Inc.| (default, Mar 16 2021, 11:37:27) [MSC v.1916 64 bit (AMD64)]
on win32
Type "help", "copyright", "credits" or "license" for more information.
import tensorflow as tf
2022-09-02 00:18:16.570555:
I tensorflow/stream_executor/platform/default/dso_loader.cc:44] Successfully opened
dynamic library cudart64_101.dll
tf.__version__
'2.1.0'
tf.keras.__version__
'2.2.4-tf'
```

从输出可知，我们在 tensorflow-gpu 虚拟环境中安装的是 2.1.0 版本的 TensorFlow、2.2.4 版本的 Keras。

运行以下命令验证 TensorFlow 2.1.0 是否为 GPU 版本。

```
tf.test.is_gpu_available()
True
```

输出结果为 True，说明 GPU 版本安装成功。

本书所有代码均在 TensorFlow 2.1.0 或 TensorFlow 2.7.0 调试及运行。

1.4 构建深度学习模型

1.4.1 MNIST 数据集概述

扫一扫

手写数字识别数据集（Modified National Institute of Standards and Technology，MNIST）是由 Yann LeCun（杨立昆）所收集的，他也是卷积神经网络的创始人。MNIST 数据集数据量不会太多，而且其中的图像是单色的，比较简单，很适合深度学习的初学者建立模型、训练、预测。

MNIST 数据集共有训练数据 60000 项、测试数据 10000 项。MNIST 数据集中的每一项数据都由 images（数字图像）和 labels（真实的数字标签）所组成。MNIST 数据集预先加载在 tf.keras 中，其中包含 4 个 NumPy 数组。

```
# 导入所需的包
import numpy as np
import pandas as pd
import itertools
import matplotlib.pyplot as plt
import seaborn as sns
from sklearn.metrics import confusion_matrix
import tensorflow as tf
from tensorflow import keras
from tensorflow.keras.callbacks import EarlyStopping

plt.rcParams['font.sans-serif']=['SimHei'] #用来正常显示中文标签
plt.rcParams['axes.unicode_minus'] = False  #用来正常显示负号

# 查看 TensorFlow 和 Keras 的版本号
print('TensorFlow 的版本号：' + tf.__version__)
print('Keras 的版本号：' + tf.keras.__version__)
```

```
# 导入MNIST数据集
mnist = keras.datasets.mnist
(train_images, train_labels), (test_images, test_labels) = mnist.load_data()
```

输出结果为：

```
TensorFlow的版本号：2.1.0
Keras的版本号：2.2.4-tf
```

通过以下命令查看4个NumPy数组的数据形状。

```
# 查看数据形状
print('train_images:',train_images.shape)
print('test_images:',test_images.shape)
print('train_labels:',train_labels.shape)
print('test_labels:',test_labels.shape)
```

输出结果为：

```
train_images: (60000, 28, 28)
test_images: (10000, 28, 28)
train_labels: (60000,)
test_labels: (10000,)
```

从输出结果可知，4个NumPy数组内容如下。

- train_images：6万幅28像素×28像素的训练图像。
- test_images：1万幅28像素×28像素的测试图像。
- train_labels：6万个训练数字0～9标签。
- test_labels：1万个测试数字0～9标签。

让我们绘制train_images数组的前14幅图像，并在各幅图像上添加训练标签值。实现代码如下。

```
#对数字图像进行可视化
fig = plt.figure(figsize=(20,20))
for i in range(14):
      ax = fig.add_subplot(7,7,i+1)
      ax.imshow(train_images[i],cmap='gray')
      plt.tight_layout()
      ax.set_title("数字: {}".format(train_labels[i]))
```

运行以上代码，得到的结果如图1-21所示。

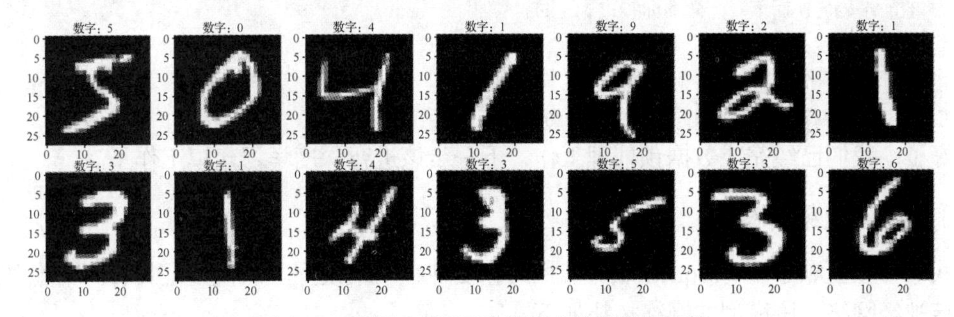

图1-21　显示MNIST数据集中的图像和标签

1.4.2　数据预处理

扫一扫

在使用多层感知机（Multi-Layer Perceptron，MLP）构建深度神经网络模型前，需要对图像数据和标签数据进行数据预处理。

对图像数据预处理可分为以下两个步骤。

（1）对图像数据的数字进行标准化处理，使其在[0,1]区间内。

（2）将原本二维的 28×28 的图像数据转换为一维的 784 的数据。

我们先对图像数据进行标准化处理，将图像数据从整数转换为在[0,1]区间内的浮点数，代码如下。

```
# 标准化处理
train_x_normalize = train_images / 255.
test_x_normalize = test_images / 255.
# 训练图像数据处理前后对比
print('处理前数据类型:',train_images.dtype,'处理后数据类型:',train_x_normalize.dtype)
print('处理前最大值:',train_images.max(),'处理后最大值:',train_x_normalize.max())
```

输出结果为：

```
处理前数据类型: uint8 处理后数据类型: float64
处理前最大值: 255 处理后最大值: 1.0
```

可见，数据标准化的类型为浮点型，最大值为 1.0。接着利用 TensorFlow 的 reshape()函数将图像数据从二维的 28×28 转为一维的 1×784 的数据，代码如下。

```
train_x = tf.reshape(train_x_normalize,[train_x_normalize.shape[0],
                     train_x_normalize.shape[1]*train_x_normalize.shape[2]])
test_x = tf.reshape(test_x_normalize,[test_x_normalize.shape[0],
                     test_x_normalize.shape[1]*test_x_normalize.shape[2]])
print('train_x shape is',train_x.shape)
print('test_x shape is',test_x.shape)
```

输出结果为：

```
train_x shape is (60000, 784)
test_x shape is (10000, 784)
```

至此，图像数据已经预处理完毕。

最后需要对标签数据进行预处理。标签数据原本是 0～9 的数字，必须经过独热编码（one-hot encoding，又称一位有效编码）转换为 10 个 0 或 1 的组合，例如数字 5 经过独热编码转换后是 0000010000，正好对应输出层的 10 个神经元。可使用 TensorFlow 的 one_hot()函数轻松实现，代码如下。

```
train_y = tf.one_hot(train_labels,depth=10)
test_y = tf.one_hot(test_labels,depth=10)
print('查看编码转换前第一个样本标签:',train_labels[0])
print('查看编码转换后第一个样本标签:',train_y[0].numpy())
```

输出结果为：

```
查看编码转换前第一个样本标签: 5
查看编码转换后第一个样本标签: [0. 0. 0. 0. 0. 1. 0. 0. 0. 0.]
```

好了，我们已经完成数据预处理工作，下一步该进行深度学习建模工作了。

1.4.3 构建及编译模型

我们将建立顺序型（sequential）堆积的深度神经网络模型。该模型是具有两个隐藏层的全连接神经网络。该模型的网络拓扑如下。

- **输入层**：因为每个数字图像的形状为 1×784，故输入层共有 784 个神经元。
- **隐藏层**：共有 256 个神经元，激活函数为 ReLU。
- **隐藏层**：共有 128 个神经元，激活函数为 ReLU。
- **输出层**：共有 10 个神经元，因为是多分类问题，激活函数为 Softmax。

扫一扫

扫一扫

构建模型的代码如下。

```
model = keras.Sequential([
    keras.layers.Dense(units=256,input_shape=(784,),activation='relu'),
    keras.layers.Dense(units=128,activation='relu'),
    keras.layers.Dense(units=10,activation='softmax')])
```

keras.layers.Dense()用于建立全连接神经网络层（简称全连接层），其上一层与下一层的所有神经元都完全连接，其中，参数 units 用来定义神经元个数；参数 input_shape 用来指定输入层的形状；参数 activation 用来定义激活函数。

构建模型后，可用 summary()方法显示模型所有的层，包括每个层的名称、输出形状（None 表示任意批处理大小）以及参数数量。总结内容包括总参数数量、可训练参数数量和不可训练的参数数量。代码如下。

```
model.summary()
```

输出结果为：

```
Model: "sequential"
_________________________________________________________________
Layer (type)                 Output Shape              Param #
=================================================================
dense (Dense)                (None, 256)               200960
_________________________________________________________________
dense_1 (Dense)              (None, 128)               32896
_________________________________________________________________
dense_2 (Dense)              (None, 10)                1290
=================================================================
Total params: 235,146
Trainable params: 235,146
Non-trainable params: 0
_________________________________________________________________
```

全连接层通常具有很多参数，例如第一个隐藏层，因为输入层的形状为 1×784，该层的神经元数量为 256，所以连接权重值为 784×256，另外还有 256 个偏置项，所以第一个隐藏层的参数数量（Param）为 200960（784×256+256）。总参数数量（Total params）235146 就是各层参数之和（200960+32896+1290），本例没有不可训练的参数。

创建模型后，我们必须调用 compile()方法来指定损失函数和要使用的优化器，代码如下。

```
model.compile(optimizer='adam',
              loss='categorical_crossentropy',
              metrics=['accuracy'])
```

compile()方法中的参数 optimizer 用于设置深度学习在训练时所使用的优化器，此例为“adam”；参数 loss 用于设置损失函数，因多分类故设为“categorical_crossentropy”；参数 metrics 用于设置模型的评估方法，此例为准确率。

1.4.4 模型训练

模型编译后，就可以使用 fit()方法对模型进行训练。将参数 validation_split 设置为 0.2，Keras 会在训练之前自动将数据集分成两部分：80%的数据作为训练集进行模型训练，20%的数据作为验证集对模型进行评估。超参数 epochs 设置为 100，说明将执行 100 个训练周期。为了防止模型过拟合，在模型训练时调用回调函数 EarlyStopping()，当在 3 个训练周期内发现检测值不再改善时，将提前终止训练。代码如下。

扫一扫

```
# 设置参数
epochs = 100
validation_split = 0.2
# 定义回调函数
earlystop_callback = EarlyStopping(
  monitor='val_accuracy', min_delta=0.00001,
  patience=3)
# 训练模型
history = model.fit(train_x,train_y,epochs=epochs,verbose = 2,
                   validation_split=validation_split, callbacks=[earlystop_callback])
```

输出结果为：

```
Epoch 1/100
1500/1500 - 4s - loss: 0.2262 - accuracy: 0.9319 - val loss: 0.1216 - val accuracy:
0.9642
……
Epoch 7/100
1500/1500 - 4s - loss: 0.0232 - accuracy: 0.9923 - val_loss: 0.0977 - val_accuracy:
0.9777
Epoch 8/100
1500/1500 - 3s - loss: 0.0210 - accuracy: 0.9931 - val_loss: 0.1099 - val_accuracy:
0.9727
Epoch 9/100
1500/1500 - 3s - loss: 0.0191 - accuracy: 0.9936 - val_loss: 0.1179 - val_accuracy:
0.9756
Epoch 10/100
1500/1500 - 4s - loss: 0.0150 - accuracy: 0.9950 - val_loss: 0.1187 - val_accuracy:
0.9772
```

从训练模型输出结果可知，虽然超参数 epochs 设置为 100，但是模型训练 10 个周期后发现最后 3 个周期的验证集的准确率均比第 7 个周期时的低，因此所有模型停止训练。

模型训练好后，可以使用 save()方法将模型结果保存到本地，以便后续读取与使用。我们将整个模型保存到当前目录中，代码如下。

```
def saving_the_model(model, model_name = 'model_history.h5'):
     model.save(model_name)
     print('Saved trained model at %s ' % model_name)

saving_the_model(model,'model_history.h5')
```

输出结果为：

```
Saved trained model at model_history.h5
```

结果说明已经在当前目录中新增一个用于保存整个模型的 model_history.h5 文件。

fit()方法返回一个 history 对象，其中包含训练参数（history.params）、实际的训练周期（history.epoch）、训练集和验证集（在设置了参数 validation_split 或 validation_data 的情况下）上的每个周期结束时的损失和评估指标的词典。

如果想查看训练参数和实际的训练周期，代码如下。

```
print('训练参数:',history.params)
print('训练周期:',history.epoch)
```

输出结果为：

```
训练参数: {'verbose': 2, 'epochs': 100, 'steps': 1500}
训练周期: [0, 1, 2, 3, 4, 5, 6, 7, 8, 9]
```

从输出结果可知，模型在经历 10 个周期后就停止了训练。

假如想对每个训练周期的平均训练损失和准确率以及每个周期结束时测得的平均验证损失和准确率进行可视化，可以通过以下代码实现。

```
# 自定义绘制学习曲线的可视化函数
def draw_model(training):
     plt.figure()
     plt.subplot(2,1,1)
     plt.plot(training.history['accuracy']) # history.history.keys()
     plt.plot(training.history['val_accuracy'])
     plt.title('model accuracy')
     plt.ylabel('accuracy')
     plt.xlabel('epoch')
     plt.legend(['train', 'test'], loc='lower right')
     plt.subplot(2,1,2)
     plt.plot(training.history['loss'])
     plt.plot(training.history['val_loss'])
     plt.title('model loss')
     plt.ylabel('loss')
     plt.xlabel('epoch')
     plt.legend(['train', 'test'], loc='upper right')
     plt.tight_layout()
     plt.show()
# 绘制每个训练周期的学习曲线
draw_model(history)
```

运行以上代码得到结果如图 1-22 所示。

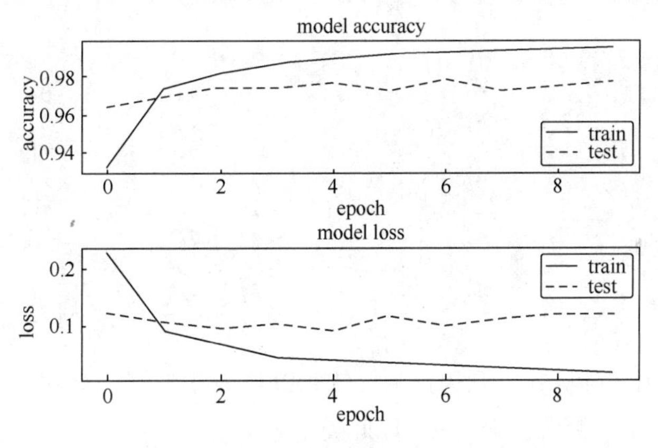

图 1-22　自定义可视化函数绘制学习曲线

从图 1-22 可知，训练期间训练准确率和验证准确率都在稳步提高，而训练损失和验证损失则在下降，这说明模型训练效果不错。

1.4.5　模型评估及预测

训练模型后，可以使用 evaluate()方法对模型进行评估。以下代码实现利用测试集评估模型准确率。

```
model.evaluate(test_x,test_y,verbose=2)
```

输出结果为：

```
313/313 - 0s - loss: 0.1161 - accuracy: 0.9744
```

在测试集上的准确率约为 0.9744，效果非常不错。

接下来，我们可以使用模型的 predict()方法对测试集进行预测，以下代码对测试集前 3 个样本进行预测，并输出预测结果。

```
y_proba = model.predict(test_x[:3])
y_proba.round(3)
```

输出结果为：

```
array([[0., 0., 0., 0., 0., 0., 0., 1., 0., 0.],
       [0., 0., 1., 0., 0., 0., 0., 0., 0., 0.],
       [0., 1., 0., 0., 0., 0., 0., 0., 0., 0.]], dtype=float32)
```

从结果可知，对于每个样本，预测结果为数字 0~9 每个类的概率。第 1 个样本预测为数字 7 的概率最大，第 2 个样本预测为数字 2 的概率最大，第 3 个样本预测为数字 1 的概率最大。所以如果按照概率最大为预测的最可能的类别的话，第 1 个样本被预测为 7，第 2 个样本被预测为 2，第 3 个样本被预测为 1。

我们也可以在模型预测时直接输出预测类别，实现代码如下。

```
np.argmax(model.predict(test_x[:3]), axis=-1)
```

输出结果为：

```
array([7, 2, 1], dtype=int64)
```

与前面结果一致。

最后，我们对测试集所有样本进行预测，并查看混淆矩阵，实现代码如下。

```
test_y_pred = np.argmax(model.predict(test_x), axis=-1)
# 查看混淆矩阵
confusion_mtx = confusion_matrix(test_labels, test_y_pred)
confusion_mtx
```

输出结果为：

```
array([[ 972,    1,    1,    1,    1,    1,    1,    1,    1,    0],
       [   1, 1121,    1,    0,    0,    2,    6,    1,    3,    0],
       [   4,    2, 1003,    6,    1,    0,    5,    6,    5,    0],
       [   0,    2,    2,  966,    0,   28,    0,    5,    7,    0],
       [   2,    1,    3,    0,  963,    1,    4,    2,    0,    6],
       [   2,    0,    0,    6,    1,  871,    5,    0,    5,    2],
       [   4,    2,    0,    0,    2,    2,  946,    0,    2,    0],
       [   1,    5,    8,    3,    0,    1,    0, 1008,    0,    2],
       [   3,    0,    4,   11,    1,    5,    5,    6,  937,    2],
       [   5,    4,    1,    7,   13,    8,    0,    6,    8,  957]],
      dtype=int64)
```

混淆矩阵的行为实际标签，列为预测标签。以数字 0 为例，有 972 个被预测正确，有 1 个 0 被误预测为 1，1 个被误预测为 2，以此类推。

对于混淆矩阵，我们更喜欢通过可视化的手段来进行展示，通过以下代码自定义可视化函数实现。

```
# 自定义可视化函数
def plot_confusion_matrix(cm, classes,
                          normalize=False,
                          title='混淆矩阵',
                          cmap=plt.cm.Blues):
    plt.imshow(cm, interpolation='nearest', cmap=cmap)
    plt.title(title)
    plt.colorbar()
    tick_marks = np.arange(len(classes))
    plt.xticks(tick_marks, classes, rotation=45)
    plt.yticks(tick_marks, classes)

    if normalize:
        cm = cm.astype('float') / cm.sum(axis=1)[:, np.newaxis]

    thresh = cm.max() / 2.
    for i, j in itertools.product(range(cm.shape[0]), range(cm.shape[1])):
        plt.text(j, i, cm[i, j],
```

```
                    horizontalalignment="center",
                    color="white" if cm[i, j] > thresh else "black")

    plt.tight_layout()
    plt.ylabel('实际标签')
    plt.xlabel('预测标签')
# 对混淆矩阵进行可视化
plot_confusion_matrix(confusion_mtx, classes = range(10))
```

运行以上代码，得到的结果如图 1-23 所示。

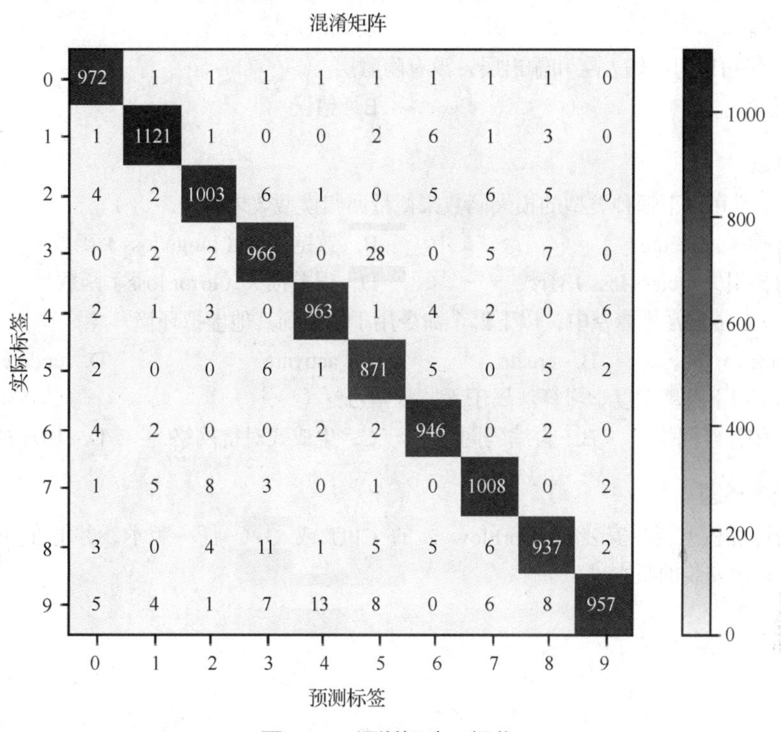

图 1-23　混淆矩阵可视化

【本章知识结构图】

本章首先介绍了深度学习基础理论，包括常用的激活函数、神经网络拓扑及损失函数等；然后详细介绍了如何安装基于 Python 的科学计算环境 Anaconda、TensorFlow 2 的 CPU 版本及 GPU 版本；最后以深度学习中的入门数据集——MNIST 数据集为例，介绍了如何利用 Keras 构建深度学习模型。可扫码查看本章知识结构图。

扫一扫

【课后习题】

一、判断题

1. 神经网络中的基本计算单元是神经元。(　　)

   A. 正确　　B. 错误

2. 神经网络中激活函数的主要作用是提供网络的非线性映射学习能力。(　　)

   A. 正确　　B. 错误

3. Tanh 函数也叫双曲正切函数，其值域范围为(0,1)。(　　)

   A. 正确　　B. 错误

4. 神经网络可以只有输入层和输出层，没有隐藏层。(　　)

   A. 正确　　B. 错误

二、选择题

1. （单选）常用以下哪种类型的损失函数来衡量回归模型效果？（　　）

   A. 准确率（accuracy）　　B. 铰链损失（hinge loss）函数

   C. 阶梯损失（class loss）函数　　D. 误差损失（error loss）函数

2. （单选）Conda 常用命令中，以下哪个命令用于切换到其他虚拟环境？（　　）

   A. remove　　B. create　　C. activate　　D. update

3. （多选）以下哪些深度学习算法属于无监督学习？（　　）

   A. 卷积神经网络　　B. 自编码网络　　C. 生成式对抗网络　　D. 循环神经网络

三、上机实验题

在自己的计算机上至少安装 TensorFlow 2 的 CPU 或 GPU 任一版本，并能在 Python 中导入 TensorFlow 后输出安装的版本号。

第2章 深度学习的数据预处理技术

学习目标

1. 利用 OpenCV 进行图像预处理，包含图像读取、显示和保存，图像几何变换等；
2. 利用 TensorFlow 进行图像预处理，包含图像缩放、裁剪、翻转等；
3. 利用 jieba 进行中文文本分词，并掌握如何添加自定义词典；
4. 利用 Keras 进行文本预处理，重点掌握填充序列 pad_sequences 的使用方法；
5. 结构化数据预处理常用技术。

导　言

本章首先介绍数据预处理常用技术，接着详细介绍如何使用 OpenCV 和 TensorFlow 进行图像预处理，最后介绍如何使用 jieba 和 Keras 进行文本预处理，让读者掌握深度学习中两种非常重要的非结构化数据的预处理方法及工具使用方法。

2.1 数据预处理技术

扫一扫

结构化数据是指可以使用关系数据库表示和存储，表现为二维形式的数据。结构化数据的特点一般为：数据以行为单位，一行数据表示一个实体的信息，每一行数据的属性是相同的。结构化数据的存储和排列是很有规律的，目前对结构化数据预处理的过程和技术非常成熟。非结构化数据是指数据结构不规则或不完整、没有预定义的数据模型中，不方便用数据库二维逻辑表来表现的数据，包括所有格式的办公文档、文本、图片、各类报表、图像和音频/视频等。非结构化数据的格式非常多，标准也是多样的，不同格式的非结构化数据的预处理技术也不尽相同。

2.1.1 结构化数据预处理

结构化数据预处理的主要内容包括数据清洗和数据转换。数据预处理一方面是要提高数据的质量，另一方面是要让数据更好地适应挖掘工具或模型。

1. 数据清洗

数据清洗是数据预处理的前提，也是数据分析和挖掘结论有效和准确的基础，其主要任务是检查原始数据中是否存在脏数据。脏数据一般是指不符合要求，以及不能直接进行相应分析的数据。在常见的数据挖掘工作中，脏数据包括不一致的值、缺失值和异常值等。

（1）处理不一致的值。

数据不一致性是指各类数据的矛盾性、不相容性，造成不一致的原因一是数据源的描述不一致，二是存在重复的记录，三是不遵守既定的一致性规则。

在处理不一致的值时，要考虑实体识别问题和属性冗余问题。实体识别的任务是检测不同源数据的矛盾之处，并解决这些矛盾。属性冗余问题是指由同一属性多次出现或同一属性命名不一致导致重复的问题，我们要对冗余属性进行分析，检测到冗余属性后需将其删除。

（2）处理缺失值。

数据的缺失主要包括记录的缺失和记录中的某个字段信息的缺失，两者都会造成分析结果的不准确。一般而言，数据缺失主要是由以下几点造成的。

- 有些信息暂时无法获取，或者获取信息的代价太大。
- 调查访问中，被访问者拒绝透露相关信息，导致数据缺失。
- 由于数据采集设备的故障、存储介质的故障、传输媒体的故障等机械故障而丢失数据。

处理缺失值的基本步骤是：首先识别缺失值，然后检查导致数据缺失的原因，最后删除包含缺失值的记录或用合理的数值替代（插补）缺失值。

（3）处理异常值。

数据样本中的异常值通常是指一个类别型变量里某个出现次数太少的类别值，或者指一个区间型变量里某些太大或太小的值。忽视异常值的存在是十分危险的，不对异常值进行处理就进行数据分析与挖掘，很可能会干扰模型系数的计算和评估，从而严重降低模型的稳定性。

区间型变量的异常值是指样本中个别数值明显偏离其余观测值的值。异常值也称为离群点，因此异常值分析也称为离群点分析。对异常值的分析方法主要有简单统计量分析、3σ 准则、箱线图分析、聚类分析等。

2. 数据转换

对于数据分析建模来说，数据转换是一种最常用的，也是最有效的数据预处理技术。经过适当的数据转换后，我们才能将原始数据格式转换成适合建模的数据格式，常常使模型的分析效果有明显的提升。正因如此，数据转换成了很多人在建模过程中最喜欢使用的数据处理手段之一。

按照采用的转换方法和转换目的的不同，数据转换常分为以下几类。

- **产生衍生变量：**在做数据分析的时候，经常会遇到原始数据现有的属性不能满足分析需求的问题，这时需要通过对原始数据进行简单、适当的数学运算，以产生更加有商业意义的新变量。
- **数据分箱：**所谓“分箱”，实际上就是按照属性值划分子区间，如果一个属性值处于某个子区间内，就称该属性值在这个子区间所代表的“箱子”内。
- **数据标准化转换：**是数据分析中常见的数据转换手段之一。数据标准化转换的主要目的是消除变量之间的量纲影响，将数据按照比例进行缩放，使之落入相同范围内，让不同的变量经过标准化处理后可以有平等分析和比较的基础。常用的数据标准化转换方法是Min-Max 标准化和零-均值标准化。Min-Max 标准化应该是最简单的数据标准化转换方法，它也叫离差标准化，是对原始数据的线性变换，将数值映射到[0,1]。零-均值标准化后的数据符合标准正态分布，即均值为 0，标准差为 1。

2.1.2 非结构化数据预处理

在对非结构化数据做深度学习前，一般需要对其进行数据预处理，使其符合深度学习建模的数据要求。常见的非结构化数据可分为图像和文本两种。这两者的数据特点和数据预处理技术很不同。

1. 图像数据预处理

图像数据预处理是分析和操纵数字图像的过程，旨在提高其质量或从中提取一些信息，常见任务包括图像的读取、显示和保存，图像像素的获取和编辑，几何变换（如缩放、裁剪、翻转、旋转等），图形色彩调整（色彩通道分离与融合、颜色空间转换），图像直方图，平滑与模糊图像，边缘检测等。

Python 提供了许多优秀的图像处理工具，能轻松完成数据预处理的各种任务。以下是用于图像预处理任务的常用 Python 包。

- **scipy.ndimage**：是一个处理多维图像的函数包，提供线性和非线性滤波、二进制形态、B 样条插值和对象测量等功能。
- **skimage（scikit-image）**：它对 scipy.ndimage 进行了扩展，提供更多的图片处理功能。skimage 提供读取、保存、显示图片和视频，以及颜色空间转换、图像增强、边缘检测、几何变换、图像强度调整、图像分割等功能。
- **PIL（Python Imaging Library）**：增加了对打开、处理和保存许多不同格式图像文件的支持。然而，它的发展停滞不前。幸运的是，PIL 有一个正处于积极开发阶段的分支 Pillow，该包提供基本的图像处理功能，包括点操作、使用一组内置卷积内核进行过滤以及颜色空间转换等功能。
- **开源计算机视觉（Open Source Computer Vision，OpenCV）**：是计算机视觉应用中使用最广泛的包之一，可以处理图像和视频。其中图像处理模块主要包含线性和非线性滤波（本质就是卷积操作）、几何变换、颜色空间转换和像素统计等功能。在 2.2 节中将详细介绍 OpenCV 对图像进行数据预处理的工作。

2. 文本数据预处理

文本数据预处理一般包括词性标注、句法分析、关键词提取、文本分类、情感分析等。中文与英文最大的不同就是中文没有天然分割开的词，常用的汉字有几千个，而且每个汉字都能代表不同的含义，因此以单个的汉字作为文本数据预处理基本的元素是不可行的，需要人工地对句子进行分词处理。由于汉语断句的不同常常会造成分词结果的不同，这就成了中文分词的难点。以下介绍几个中文文本数据预处理的常用 Python 包。

- **jieba**：是优秀的中文分词第三方包。其支持 4 种分词模式（精确模式、全模式、搜索引擎模式、paddle 模式）、支持繁体分词、支持自定义词典等。4 种分词模式中精确模式把文本精确地切分开，不存在冗余词；全模式把文本中所有可能的词都扫描出来，有冗余；搜索引擎模式在精确模式基础上，对长词再次进行切分。在 2.4 节中将详细介绍 jieba 对文本数据进行预处理的工作。
- **SnowNLP**：是一个用 Python 写的包，可以方便地处理中文文本内容，是开发人员受到了 TextBlob 的启发而写的。和 TextBlob 不同的是，SnowNLP 没有用 NLTK，所有的算法都是自己实现的，并且自带了一些训练好的词典。

- pkuseg：用于多领域分词。不同于以往的通用中文分词工具，此工具包致力于同时为不同领域的数据提供个性化的预训练模型。根据待分词文本的领域特点，用户可以自由地选择不同的模型。它目前支持新闻领域、网络领域、医药领域、旅游领域，以及混合领域的分词预训练模型。在使用中，如果用户明确待分词的领域，可加载对应的模型进行分词。如果用户无法确定具体领域，推荐使用在混合领域上训练的通用模型。
- THULAC（THU Lexical Analyzer for Chinese）：是由清华大学自然语言处理与社会人文计算实验室研制并推出的一套中文词法分析工具包，提供中文分词和词性标注功能。

2.2 利用 OpenCV 进行图像预处理

在计算机视觉项目的开发中，OpenCV 作为受欢迎的开源库，拥有丰富的常用图像处理函数。OpenCV 采用 C/C++语言编写，可以运行在 Linux、Windows、macOS 等操作系统上，能够快速地实现一些图像处理和识别任务。此外，OpenCV 还提供了 Java、Python、CUDA 等的使用接口、机器学习的基础算法调用，从而使得图像处理和图像分析变得更加易于上手。

我们在 Anaconda Prompt 窗口执行以下命令即可完成 OpenCV 的安装。

```
pip install opencv-python
```

需要注意的是，安装的时候输入的是“opencv-python”，但在导入时候需输入“import cv2”。执行以下命令查看 OpenCV 的版本号。

```
import cv2
print(cv2.__version__)
4.6.0
```

根据功能和需求的不同，OpenCV 大体含有以下几大主要模块。

- core：核心模块，主要包含 OpenCV 中最基本的结构，以及相关的基础运算/操作。
- imgproc：图像处理模块，包含和图像相关的基础功能，以及一些衍生的高级功能。
- highgui：提供了用户界面和文件读取的基本函数，比如图像显示窗口的生成和控制、图像/视频文件的输入输出（Input/Output，I/O）等。
- video：视频模块，主要用作视频分析，包含运动预估、背景消除和目标追踪等功能。
- calib3d：3D 校准模块，包含多视角算法、相机校准、姿态估计等功能。
- features2d：2D 特征模块，包含显著特征检测、描述等功能。
- object：目标检测模块，用于进行预定义类的目标检测。
- ml：机器学习算法模块，包含级联分类和 Latent SVM。

如果不考虑视频应用，core、imgproc 和 highgui 就是主要和常用的模块。本节将介绍图像预处理中一些非常常用的操作。

2.2.1 读取、显示和保存图像

读取、显示和保存图像主要会用到 3 个函数，分别为 cv2.imread()、cv2.imshow()和 cv2.imwrite()函数。

下列代码使用 cv2.imread()函数读取图像，使用 cv2.imshow()函数显示图像，运行结果如图 2-1 所示。

图 2-1　读取及显示图像

```
import cv2
img = cv2.imread('../data/cat-color.jpg') # 读取图像
cv2.namedWindow('image',cv2.WINDOW_NORMAL)
# 先创建一个窗口，再加载图像
cv2.imshow("image",img) # 显示图像
cv2.waitKey(0) # 等待键盘输入
```

上述示例中，使用 cv2.imread()函数读取图像，可以简单地传入一个图像地址的参数，并返回一个代表图像的 NumPy 数组。OpenCV 处理图像采用的格式为 $H \times W \times C$，即高度×宽度×通道数，通道顺序为 BGR，这与 Python 的 Pillow 包的通道顺序（RGB）不同。

运行下列代码查看该图像的高度、宽度和通道数。

```
print(type(img)) # 查看数据类型
print(f"高度:{img.shape[0]} 像素") # 查看高度
print(f"宽度:{img.shape[1]} 像素") # 查看宽度
print(f"通道数:{img.shape[2]}")    # 查看通道数
```

输出结果为：

```
<class 'numpy.ndarray'>
高度:402 像素
宽度:603 像素
通道数:3
```

使用 cv2.namedWindow()函数先创建一个窗口，再加载图像。这种情况下，你可以决定窗口是否可以调整大小。该函数初始设定标签为 cv2.WINDOW_NORMAL，如果将标签改为 cv2.WINDOW_AUTOSIZE，你就可以调整窗口大小了。当图像维度太大时调整窗口大小将会很有用。使用 cv2.imshow()函数显示图像，第一个参数为代表窗口名字的字符串，第二个参数为 OpenCV 读取图像返回的 NumPy 对象。cv2.waitKey()函数为键盘绑定事件，它阻塞监听键盘按键，并返回一个数字（不同按键对应的数字不同），传入时间（单位为毫秒），在该时间内等待键盘事件；传入 0 时，会一直等待键盘事件。

cv2.imread()函数还有另一个参数，表示读取图像返回的形式，有以下 3 种选择。

- cv2.IMREAD_COLOR：读取彩色图片，图片透明性会被忽略，为默认参数，也可以传入 1。
- cv2.IMREAD_GRAYSCALE：按照灰度模式读取图像，也可以传入 0。
- cv2.IMREAD_UNCHANGED：读取图像，包括其 alpha 通道，也可以传入-1。alpha 通道的作用是按比例将前景像素和背景像素进行混合，来衡量图像的透明度。

下列代码实现按照灰度模式读取图像，将直接读取单通道灰度图像，显示图像如图 2-2 所示。

```
img_gray = cv2.imread('../data/cat-color.jpg',
cv2.IMREAD_GRAYSCALE) # 直接读取单通道灰度图像
cv2.imshow('image1',img_gray)
cv2.waitKey(0)
```

图 2-2　按照灰度模式读取图像

使用 cv2.imwrite()函数保存图像时，是没有单通道这一说法的。根据保存文件的扩展名和当前的数组维度，OpenCV 会自动判断保存的通道。

下面将单通道图像保存后再读取，输出图像仍然是 3 通道的图像，相当于把单通道值复制到 3 个通道中保存。

```
cv2.imwrite('../data/cat-color-gray.jpg',img_gray)
reload_img_gray = cv2.imread('../data/cat-color-gray.jpg')
print(reload_img_gray.shape)
print(img_gray.shape)
```

输出结果为：

```
(402, 603, 3)
(402, 603)
```

2.2.2　图像像素的获取和编辑

扫一扫

OpenCV 读取图像后返回的是一个 NumPy 对象，可以使用索引来获取特定坐标的像素值。为了获取某点的像素值，需要有一个简单的坐标概念，以左上角为(0,0)即原点，当坐标第 1 个值为正时，表示原点向下位置；当第 2 个值为正时，表示原点向右位置，如 image[100,100]可得到(100,100)的像素值即读取图像时，根据像素行和列的坐标获取像素值。对于彩色图像而言，返回 BGR 的值，对于灰度图像而言则返回灰度值。

下列代码分别返回彩色图像和灰度图像在(100,100)处的像素值。

```
img = cv2.imread('../data/cat-color.jpg') # 彩色图像
img_gray = cv2.imread('../data/cat-color.jpg',cv2.IMREAD_GRAYSCALE) # 灰度图像
# 获取(100,100)处的像素值
print(img[100,100])
print(img_gray[100,100])
```

输出结果为：

```
[137 193 242]
201
```

因为彩色图像是 3 通道的，137、193、242 分别代表蓝、绿、红 3 色对应的值，它们组合起来便是(100,100)的像素值。灰度图像是单通道的，所以(100,100)的像素值为 201。

获取局部图像可以应用 Python 中切片的概念。下列代码返回 img[0:200,0:300]局部区域的图像，如图 2-3 所示。

```
patch1 = img[0:200,0:300] # 读取局部区域的图像
cv2.imshow('patch1',patch1)
cv2.waitKey(0)
```

也可以直接修改图像数据，以下代码将所选区域 img[0:50,0:50]填充为蓝色，修改后的图像如图 2-4 所示。

```
img[0:50,0:50,0] = 255 # 将所选区域蓝色通道数值修改为 255
img[0:50,0:50,1] = 0   # 将所选区域绿色通道数值修改为 0
```

```
img[0:50,0:50,2] = 0    # 将所选区域红色通道数值修改为 0
cv2.imshow('blue',img) # 重新绘图
cv2.waitKey(0)
```

图 2-3　读取局部区域的图像

图 2-4　将所选区域填充为蓝色

2.2.3　图像几何变换

图像常用的几何变换有缩放、平移、旋转、翻转和裁剪等操作。下面将逐一介绍。

1. 图像缩放

图像缩放的作用是在保留图像原始内容的情况下，将图像缩放为指定比例的图像。使用 cv2.resize()函数可以进行图像缩放。该函数有 3 个参数：第一个参数为输入图像对象，第二个参数为输出矩阵/图像大小，第三个参数为插值选项。常用的插值选项如下。

- ❑ cv2.INTER_NEAREST：用于指定使用最近邻插值法。
- ❑ cv2.INTER_LINEAR：默认值，用于指定使用双线性插值法。
- ❑ cv2.INTER_AREA：用于指定使用基于局部像素的重采样。
- ❑ cv2.INTER_CUBIC：用于指定使用基于 4 像素×4 像素邻域的 3 次插值法。
- ❑ cv2.INTER_LANCZOS4：用于指定使用基于 8 像素×8 像素邻域的 Lanczos 插值法。

扫一扫

在缩小图像时推荐使用 cv2.INTER_AREA，在放大图像时推荐使用 cv2.INTER_CUBIC 和 cv2.INTER_LINEAR。

下列代码采用 cv2.INTER_AREA 的插值方式，将原始图像缩小为 200 像素×300 像素的新图像，运行结果如图 2-5 所示。

```
new_w,new_h = 200,300
img_resize = cv2.resize(img, (new_w,new_h),interpolation =
cv2.INTER_AREA) # 图像缩放
cv2.imshow('img_resize',img_resize)
cv2.waitKey(0)
cv2.destroyAllWindows()
```

图 2-5　图像缩放

2. 平移变换

平移就是将图像向上下左右移动，可用 cv2.warpAffine()函数实现。如果想要沿 (x, y) 方向移动，移动的距离为 (d_x, d_y)，可以用下面方式构建平移矩阵：

$$\boldsymbol{M}=\begin{bmatrix}1 & 0 & d_x\\0 & 1 & d_y\end{bmatrix}$$

扫一扫

矩阵 $\boldsymbol{M}$ 中第一行表示向(1,0)方向移动 d_x 像素，第二行表示向(0,1)方向移动 d_y 像素，最终表示将图像向右移动 d_x 像素，向下移动 d_y 像素。

矩阵 $\boldsymbol{M}$ 可以使用 NumPy 数组构建，其数据类型是 np.float32，然后将其传给 cv2.warpAffine()函数的第二个参数；cv2.warpAffine()函数的第三个参数用来定义输出图像的大小，它的格式应该是图像的(宽,高)。需记住的是，图像的宽对应的是列数，高对应的是行数。

下列代码实现将图像向右平移 100 像素，向下平移 100 像素，如图 2-6 所示。

```
# 平移矩阵
M = np.array([
    [1, 0, 100],
    [0, 1, 100]
], dtype=np.float32)
img_shifted = cv2.warpAffine(img, M, (img.shape[1],img.shape[0])) # 图像平移
cv2.imshow('img_shifted',img_shifted) # 显示图像
cv2.waitKey(0)
```

3. 旋转变换

旋转变换是非常常见的图像数据预处理方式，通过将原始图像进行一定角度的旋转运算，可以获得不同角度的新图像。

使用 cv2.getRotationMatrix2D()函数能返回一个 2×3 的旋转矩阵（浮点型），其中第一个参数是旋转的中心点坐标；第二个参数是旋转角度，单位为度，正数表示逆时针旋转；第三个参数是图像缩放尺度，该参数为 1 表示保持原始图像大小。

下列代码先获取高度和宽度还有中心点坐标，创建旋转矩阵 $\boldsymbol{M}$，再将原始图像逆时针旋转 45 度，结果如图 2-7 所示。

```
(h,w) = img.shape[:2] # 指定高度和宽度
center = (w // 2,h // 2) # 指定旋转中心点坐标
M = cv2.getRotationMatrix2D(center, 45, 1.0) # 得到旋转矩阵 M
img_rotated = cv2.warpAffine(img, M, (w,h)) # 旋转图像
cv2.imshow('img_rotated',img_rotated) # 显示图像
cv2.waitKey(0)
```

图 2-6　图像平移

图 2-7　图像旋转

扫一扫

4. 翻转变换

cv2.flip()函数可以将图像进行翻转变换，翻转分为水平翻转和垂直翻转。cv2.flip()函数的第二个参数为 1 表示水平翻转，0 表示垂直翻转，-1 表示水平加垂直翻转。

下列代码实现 3 种不同的翻转变换，并利用 Matplotlib 对图像进行可视化处理。由于

cv2.imread()读取图像时通道顺序为 BGR，故需要将其转换为 RGB。各种翻转后的效果如图 2-8 所示。

```
import matplotlib.pyplot as plt
img = cv2.imread('../data/cat-color.jpg')
img = img[:,:,(2,1,0)] # 将 BGR 转换为 RGB
i = [0,1,2]
flip = ['水平翻转','垂直翻转','水平加垂直翻转']
plt.rcParams['font.sans-serif']=['SimHei']  # 正常显示中文
plt.subplot(2,2,1)
plt.imshow(img)
plt.axis('off')  # 关闭坐标轴
plt.title('原始图像',fontsize = 8 ) # 添加标题
for i in range(3):          # 绘制翻转图像
    plt.subplot(2,2,i+2)
    plt.imshow(cv2.flip(img,1-i))
    plt.axis('off')
    plt.title(flip[i],fontsize = 8)
```

图 2-8　图像翻转

扫一扫

5. 图像裁剪

图像裁剪利用 NumPy 中的切片操作也就是利用数组自身的索引截取即可实现。

扫一扫

2.2.4　色彩通道分离和融合

如果想分离彩色图像的不同通道后再显示图像，应该如何操作呢？可以通过 cv2.split()函数实现彩色图像通道的分离，而 cv2.merge()则用于通道融合。

下列代码实现了彩色图像的通道分离与融合，各种图像如图 2-9 所示。

```
img = cv2.imread('../data/cat-color.jpg')
(B,G,R) = cv2.split(img)
merged = cv2.merge([R,G,B]) #融合为 RGB
col = [B,G,R,merged]
title = ['B','G','R','merged']
for i in range(4):
    plt.subplot(2,2,i+1)
    plt.imshow(col[i])
    plt.axis('off')
    plt.title(title[i])
```

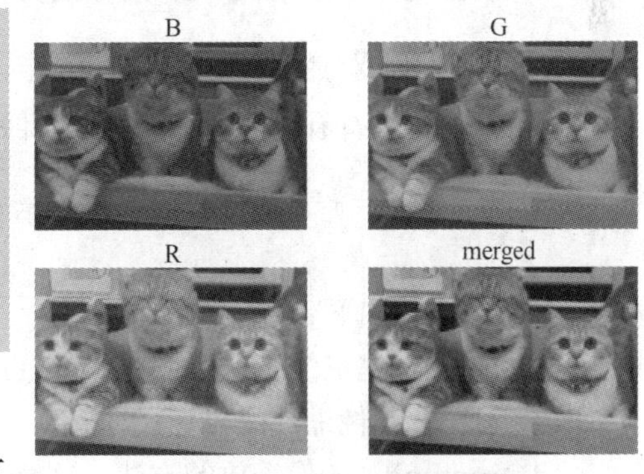

图 2-9　色彩通道的分离和融合

2.2.5　颜色空间转换

读者已经接触了 RGB 颜色空间，此外还有 HSV、$L{\times}a{\times}b$ 等颜色空间。在 OpenCV 中有超过 150 种进行颜色空间转换的方法。颜色空间转换主要使用 cv2.cvtColor()函数。它的第一个参数为需要进行转换的图像对象，第二个参数为颜色空间转换形式，常用的是 BGR 与 Gray 的转换形式 cv2.COLOR_BGR2GRAY 和 BGR 与 HSV 的转换形式 cv2.COLOR_BGR2HSV。

下列代码分别进行 Gray、HSV 和 $L{\times}a{\times}b$ 的颜色空间转换，效果如图 2-10 所示。

```
col_type = [cv2.COLOR_BGR2GRAY,cv2.COLOR_BGR2HSV,cv2.COLOR_BGR2LAB]
name = ['Gray','HSV','L*a*b']
plt.subplot(2,2,1)
plt.imshow(merged)
```

```
plt.axis('off')  # 关闭坐标轴
plt.title('RGB' )
for i in range(3):                    # 进行颜色空间转换
     plt.subplot(2,2,i+2)
     plt.imshow(cv2.cvtColor(merged, col_type[i]))
     plt.axis('off')
     plt.title(name[i])
```

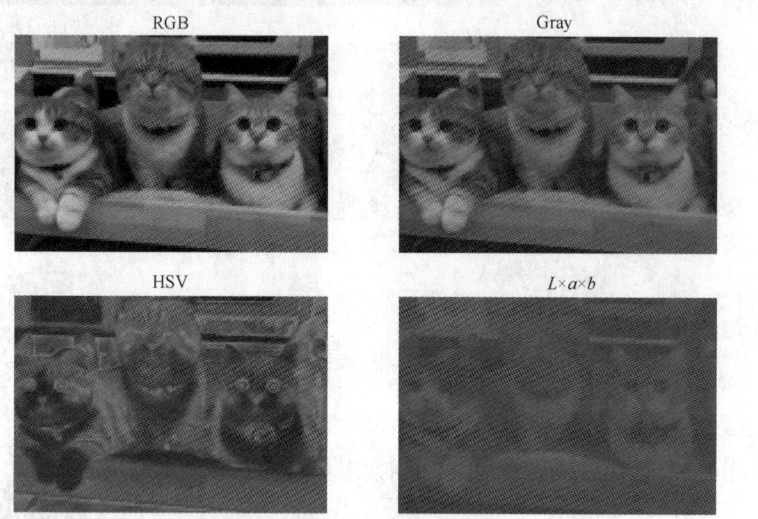

扫一扫

图 2-10　颜色空间转换

2.3 利用 TensorFlow 进行图像预处理

TensorFlow 提供了常用图像的处理函数。这些函数位于 tf.image 子模块中，可满足图像处理的一般要求，如图像缩放、图像裁剪、图像色彩调整和图像翻转等。

2.3.1 图像缩放

扫一扫

tf.image.resize()函数可以用于实现图像的缩放功能，其表达形式如下。

```
tf.image.resize(
   images, size, method=ResizeMethod.BILINEAR, preserve_aspect_
ratio=False,
antialias=False, name=None)
```

各参数描述如下。

- images：三维张量[height,width,channels]或四维张量[batch,height,width,channels]。
- size：图像缩放的目标尺寸[new_height,new_width]。
- method：图像缩放的方法。这些方法共分为 8 种：bilinear（双线性插值）；lanczos3（lanczos 插值，滤波尺寸为 3）；lanczos5（lanczos 插值，滤波尺寸为 5）；bicubic（双三次插值）；gaussian（高斯插值）；nearest（最近邻插值）；area（区域插值）；mitchellcubic（米切尔立方插值）。
- preserve_aspect_ratio：保存图像比例标志位。如设置为 True，图像调整尺寸时保持原始图像比例，默认为 False。
- antialias：下采样时使用抗锯齿标志位。
- name：操作名称。

以下代码首先使用 tf.io.read_file()函数读取本地图像，由于读取到的图像数据会被转换为字节数据，可以再使用 tf.image.decode_jpeg()函数将 JPEG 编码图像解码为 uint8 张量。decode_jpeg()函数的第二个参数 channels 表示解码图像颜色通道的期望数量，其中，0 表示使用 JPEG 编码图像中的通道数量，1 表示输出灰度图像，3 表示输出 RGB 图像。最后通过 tf.image.resize()函数将图像大小缩放为[100,200]，缩放前后图像对比，如图 2-11 所示。

```
import numpy as np
import tensorflow as tf
import matplotlib.pyplot as plt
plt.rcParams['font.sans-serif']=['SimHei']  # 正常显示中文

img = tf.io.read_file('../data/cat-color.jpg') # 读取本地图像
img = tf.image.decode_jpeg(img,channels=3) # 将 JPEG 编码图像解码为 uint8 张量
print('查看原始图像的形状：',img.shape)
print('查看原始图像的数据类型：' ,img.dtype)
img_resize = tf.image.resize(img,[100,200]) # 将图像大小缩放为[100,200]
print('查看缩放后的图像形状：',img_resize.shape)
print('查看缩放后的数据类型：',img_resize.dtype)
img_resize = img_resize.numpy().astype(np.uint8) # 将 float32 转换成 uint8
print('查看缩放图像转换后的数据类型：',img_resize.dtype)
# 绘制原始图像和缩放后图像
title = ['原始图像','缩放后图像']
img_matrix = [img,img_resize]
for i in range(2):
     plt.subplot(1,2,i+1).set_title(title[i])
     plt.imshow(img_matrix[i])
```

输出结果为：

```
查看原始图像的形状： (402, 603, 3)
查看原始图像的数据类型： <dtype: 'uint8'>
查看缩放后的图像形状： (100, 200, 3)
查看缩放后的数据类型： <dtype: 'float32'>
查看缩放图像转换后的数据类型： uint8
```

图 2-11　图像缩放

2.3.2　图像裁剪

图像裁剪是指将图像切割或填充为指定尺寸。TensorFlow 中的图像切割或填充是从图像中心向外部切割指定尺寸的图像内容。

- tf.image.resize_with_crop_or_pad()：在进行图像裁剪或填充处理时，会根据原始图像的尺寸和指定的目标图像的尺寸选择裁剪还是填充，如果原始图像尺寸大于目标图像尺寸，则在中心位置裁剪图像，反之则用黑色像素填充（全

0 填充）。

- ❑ tf.image.central_crop()：按比例调整图像，参数 central_fraction 指定了要调整的比例，取值范围为(0,1]。该函数会以中心点作为基准，选择整幅图像中指定调整比例的图像作为新的图像。

以下代码分别实现图像裁剪、图像填充和图像按比例调整，效果如图 2-12 所示。

```
img = tf.io.read_file('../data/cat-color.jpg') # 读取本地图像
img = tf.image.decode_jpeg(img,channels=3) # 将 JPEG 编码图像解码为 uint8 张量
img_crop = tf.image.resize_with_crop_or_pad(img,200,200) #图像裁剪为[200,200,3]
img_pad = tf.image.resize_with_crop_or_pad(img,600,600) #图像填充为[600,600,3]
img_central_pad = tf.image.central_crop(img, 0.6)  # 原始图像按 60%比例调整
print('查看原始图像的形状：',img.shape)
print('查看裁剪图像的形状：',img_crop.shape)
print('查看填充图像的形状：',img_pad.shape)
print('查看按比例调整图像的形状：',img_central_pad.shape)
# 绘制原始图像、裁剪图像、填充图像和按比例调整图像
title = ['原始图像','裁剪图像','填充图像','按比例调整图像']
img_matrix = [img,img_crop,img_pad,img_central_pad]
for i in range(4):
      plt.subplot(2,2,i+1).set_title(title[i])
      plt.subplots_adjust(hspace=0.4,wspace=0.3)
      plt.imshow(img_matrix[i])
```

输出结果为：

```
查看原始图像的形状： (402, 603, 3)
查看裁剪图像的形状： (200, 200, 3)
查看填充图像的形状： (600, 600, 3)
查看按比例调整图像的形状： (242, 363, 3)
```

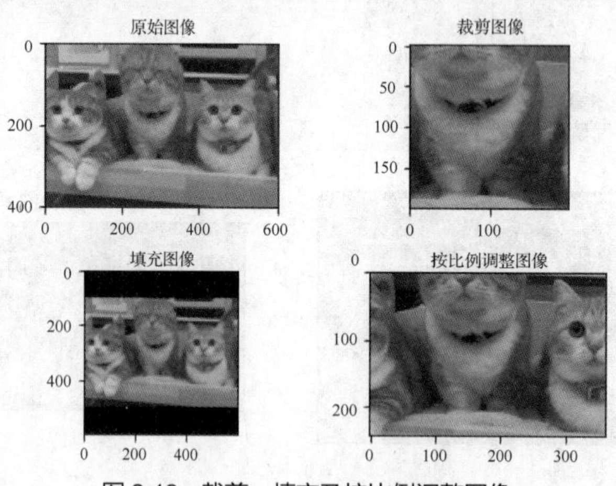

图 2-12　裁剪、填充及按比例调整图像

2.3.3　图像色彩调整

色彩调整包括调整图像亮度、对比度、饱和度和色调等方法，TensorFlow 提供了多种实现方式。

- ❑ **亮度**：tf.image.adjust_brightness()用于调整亮度，tf.image.random_brightness()用于随机调整亮度。
- ❑ **对比度**：tf.image.adjust_contrast()用于调整对比度，tf.image.random_contrast()用于随

机调整对比度。

- **饱和度：** tf.image.adjust_saturation()用于调整饱和度，tf.image.random_saturation()用于随机调整饱和度。
- **色调：** tf.image.adjust_hue()用于调整色调，tf.image.random_hue()用于随机调整色调。

这里只举一个使用函数调整亮度的例子，其他函数的用法几乎与之一致，读者可以自行尝试并查看效果。

tf.image.adjust_brightness()函数的表达形式如下。

```
tf.image.adjust_brightness(image, delta)
```

它的各参数描述如下。

- image：三维张量[height,width,channels]或四维张量[batch,height,width,channels]。
- delta：添加到像素值的数值，若为负值，降低亮度，若为正值，提升亮度。

以下代码实现将原始图像降低20%的亮度，效果如图2-13所示。

```
img = tf.io.read_file('../data/cat-color.jpg') # 读取本地图像
img = tf.image.decode_jpeg(img,channels=3) # 将 JPEG 编码图像解码为 uint8 张量
img_brightness = tf.image.adjust_brightness(img, -0.2) # 降低图像亮度
# 绘制原始图像和降低亮度的图像
title = ['原始图像','降低亮度的图像']
img_matrix = [img,img_brightness]
for i in range(2):
    plt.subplot(1,2,i+1).set_title(title[i])
    plt.imshow(img_matrix[i])
```

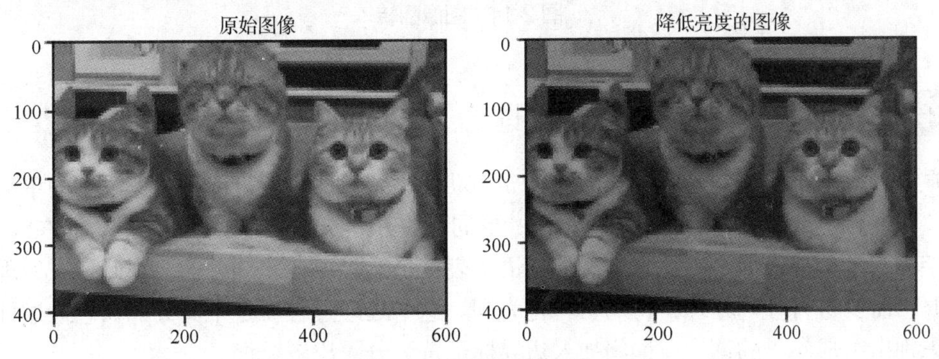

图 2-13 降低图像亮度

2.3.4 图像翻转

图像的翻转可以分为左右翻转、上下翻转、对角线翻转、随机左右翻转和随机上下翻转。在 TensorFlow 中，可以通过 tf.image.flip_left_right()实现左右翻转，tf.image.flip_up_down()实现上下翻转，tf.image.transpose()实现对角线翻转，tf.image.random_flip_left_right()实现随机左右翻转，tf.image.random_flip_up_down()实现随机上下翻转。

以下代码实现对原始图像进行左右翻转、上下翻转和对角线翻转，效果如图2-14所示。

```
img = tf.io.read_file('../data/cat-color.jpg') # 读取本地图像
img = tf.image.decode_jpeg(img,channels=3) # 将 JPEG 编码图像解码为 uint8 张量
flipped_h = tf.image.flip_left_right(img) # 左右翻转
flipped_v = tf.image.flip_up_down(img) # 上下翻转
```

```
flipped_t = tf.image.transpose(img) # 对角线翻转
# 绘制原始图像和翻转后的图像
title = ['原始图像','左右翻转','上下翻转','对角线翻转']
img_matrix = [img,flipped_h,flipped_v,flipped_t]
for i in range(4):
    plt.subplot(2,2,i+1).set_title(title[i])
    plt.subplots_adjust(hspace=0.4,wspace=0.3)
    plt.imshow(img_matrix[i])
```

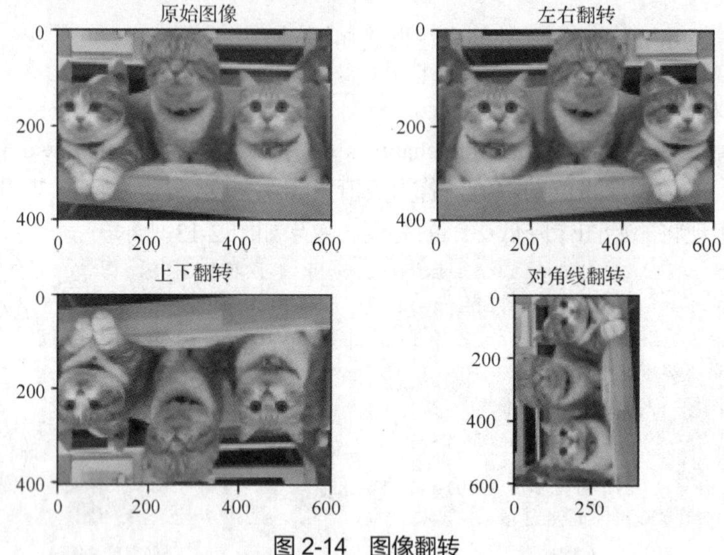

图 2-14　图像翻转

2.4 利用 jieba 进行文本预处理

在语言理解中，词是最小的、能够独立活动的、有意义的语言成分。英语中的单词本身就是“词”的表达，一篇英语文章就是用“单词”加分隔符（空格）来表示的，而在汉语中，词以字为基本单位，但是一篇中文文章的语义表达仍然是以词来划分的。因此，在处理中文文本时，需要进行分词处理，将句子转化为词。这个处理过程就是中文分词，它通过计算机自动识别出组成句子的词，在词间加入边界标记符，分隔出各个词。

我们将从分词引擎、自定义词典、关键词提取和词性标注 4 个方面学习如何利用 jieba 进行文本处理。

2.4.1 jieba 分词

中文分词有很多种方法，可归纳为“规则分词”“统计分词”和“混合分词（规则+统计）”这 3 个主要流派。规则分词主要通过人工设立词库，按照一定方式进行匹配切分，实现过程简单高效，但对新词很难进行处理。统计学和机器学习技术逐渐兴起，被应用在分词任务中，就有了统计分词，它能够较好地应对新词发现等特殊场景。然而在实践中，单纯的统计分析也有缺陷，那就是太过依赖语料的质量，因此实践中多采用这两种方式的结合，即混合分词。

jieba 分词结合了规则分词和统计分词这两类方法。jieba 提供了 4 种分词模式。

- **精确模式**：试图将句子最精确地切开，适合文本分析。
- **全模式**：把句子中所有可以成词的词汇都扫描出来，速度非常快，但是不能解决词语的歧义。
- **搜索引擎模式**：在精确模式的基础上，对长词再次进行切分，提高召回率，适用于搜索引擎分词。
- **paddle 模式**：利用 PaddlePaddle 深度学习框架，训练序列标注（双向 GRU）网络模型实现分词，同时支持词性标注。

可使用 jieba.cut()和 jieba.cut_for_search()方法进行分词，它们的功能描述如下。

- **jieba.cut()方法接收 4 个输入参数**：第一个参数为必填项，是需要分词的字符串；参数 cut_all 用来控制是否采用全模式；参数 HMM 用来控制是否使用 HMM（Hidden Markov Model，隐马尔可夫模型）；参数 use_paddle 用来控制是否使用 paddle 模式下的分词模式。
- **jieba.cut_for_search()方法接收两个参数**：第一个参数为必填项，是需要分词的字符串；第二个参数 HMM 用来控制是否使用 HMM 模型。该方法适用于搜索引擎构建倒排索引的分词，粒度比较细。
- 待分词的字符串可以是 Unicode 或 UTF-8 字符串、GBK 字符串。注意：不建议直接输入 GBK 字符串，可能无法预料地错误解码成 UTF-8 字符串。
- jieba.cut()以及 jieba.cut_for_search()返回的结果都是一个可迭代的生成器，可以使用 for 循环来获得分词后得到的每一个词（使用 Unicode 编码），或者用 jieba.lcut()以及 jieba.lcut_for_search()直接返回列表。

jieba 可以通过以下代码进行安装。

```
pip install jieba
```

以下代码用 3 种分词模式对相同文本进行分词，并对比它们的差异。

```
import jieba
import pandas as pd
str = '今天客户经理邀约老客户了解新产品。'
# 全模式
seg_list = jieba.cut(str, cut_all=True)
print("全模式: " + "/ ".join(seg_list))
# 精确模式（默认）
seg_list = jieba.cut(str, cut_all=False)
print("精确模式: " + "/ ".join(seg_list))  # 搜索引擎模式
seg_list = jieba.cut_for_search(str)
print("搜索引擎模式: " +  "/ ".join(seg_list))
```

输出结果为：

```
全模式：今天/ 客户/ 客户经理/ 经理/ 邀约/ 老客/ 老客户/ 客户/ 了解/ 新/ 产品/ 。
精确模式：今天/ 客户经理/ 邀约/ 老客户/ 了解/ 新/ 产品/ 。
搜索引擎模式：今天/ 客户/ 经理/ 客户经理/ 邀约/ 老客/ 客户/ 老客户/ 了解/ 新/ 产品/ 。
```

2.4.2 添加自定义词典

扫一扫

我们可以指定使用自己自定义的词典，以便包含 jieba 词库里没有的词。虽然 jieba 有新词识别能力，但是自行添加新词可以保证更高的正确率。

可通过 jieba.load_userdict()方法导入自定义词典，其参数 file_name 用于指定文件类对象或自定义词典的目录。词典格式和 dict.txt 一样，一个词占一行；每一行分 3 个部分，即词、词频（可省略）、词性（可省略），它们之间用空格隔开，顺序不可颠倒。file_name 若为二进制方式打开的文件，则文件必须为 UTF-8 编码文件。

dict 目录下有一个 user.txt 文件，包含图 2-15 所示的内容。

```
user.txt - 记事本
文件(F) 编辑(E) 格式(O) 查看(V)
R语言
深度学习
云计算 5
安全驾驶 512 x
数据科学家 5124 x x
```

图 2-15　user.txt 文件内容

以下代码先对中文文本进行精确模式的中文分词，在添加自定义词典后再次进行精确模式分词，对比前后区别。

```
df = pd.DataFrame({'str':['R语言','深度学习','云计算','安全驾驶','数据科学家']})
seg_list = df['str'].apply(lambda x:jieba.lcut(x)) # 精确模式
print('查看未添加自定义词典的分词结果:')
print(seg_list)
jieba.load_userdict('../dict/user.txt') # 添加自定义词典
seg_list1 = df['str'].apply(lambda x:jieba.lcut(x))
print('查看添加自定义词典的分词结果:')
print(seg_list1)
```

输出结果为：

```
查看未添加自定义词典的分词结果:
0      [R, 语言]
1     [深度, 学习]
2      [云, 计算]
3     [安全, 驾驶]
4    [数据, 科学家]
Name: str, dtype: object
查看添加自定义词典的分词结果:
0         [R语言]
1        [深度学习]
2         [云计算]
3        [安全驾驶]
4    [数据, 科学家]
Name: str, dtype: object
```

从结果可知，“R 语言”“深度学习”“云计算”和“安全驾驶”这 4 个词，在自定义词典添加前并不被认为是一个词，均被做了分割处理。自定义词典添加后，这 4 个词均未被分割。文本的最后一个词“数据科学家”，我们也希望它不被分隔，此时可以用 add_word()方法在程序中动态修改词典。

```
jieba.add_word('数据科学家') # 添加新词
df['str'].apply(lambda x:jieba.lcut(x))  # 精确模式分词
```

输出结果为：

```
0    [R语言]
1   [深度学习]
2    [云计算]
3   [安全驾驶]
4    [数据科学家]
Name: str, dtype: object
```

可见，“数据科学家”已经被当作一个新词，没有被分割处理。

既然可以动态地在词典中增加新词，那也可以动态地在词典中删除旧词，这可通过 del_word()方法实现。下列代码实现将“深度学习”这个词从词典中删除。

```
jieba.del_word('深度学习') # 从词典中删除词
df['str'].apply(lambda x:jieba.lcut(x))  # 精确模式分词
```

输出结果为：

```
0      [R语言]
1    [深度, 学习]
2      [云计算]
3     [安全驾驶]
4     [数据科学家]
Name: str, dtype: object
```

此时，“深度学习”被分割成了“深度”和“学习”两个词。

2.4.3 关键词提取

扫一扫

关键词提取是文本处理非常重要的一个环节，一个关键词提取的经典算法是TF-IDF（Term Frequency-Inverse Document Frequency）算法。TF-IDF算法是一种基于统计的计算方法，常用于评估在一个文档集中一个词对某份文档的重要程度。从算法的名称就可以看出，TF-IDF算法由两部分组成：TF（Term Frequency）算法和IDF（Inverse Document Frequency）算法。TF算法计算词频，即统计一个词在一篇文档中出现的次数，其基本思想是，一个词在文档中出现的次数越多，其对文档的表达能力就越强。而IDF算法表示逆向文档频率，即统计一个词在文档集的多少个文档中出现，其基本的思想是，如果一个词在越少的文档中出现，其对文档的区分能力也就越强。

jieba可以基于TF-IDF算法进行关键词提取，也可以基于TextRank算法。使用jieba.analyse.extract_tags()方法进行关键词提取，其表达形式如下。

```
jieba.analyse.extract_tags(sentence, topK=20, withWeight=False, allowPOS=())
```

各参数描述如下。

- sentence：待提取的文本。
- topK：返回几个TF-IDF权重值最大的关键词，默认值为20。
- withWeight：判断是否一并返回关键词权重值，默认值为False。
- allowPOS：仅包括指定词性的词，默认值为空，即不筛选。

以下代码基于TF-IDF算法对中文文本提取出现频率最高的前5个词。

```
import jieba.analyse
str = '中文分词有很多种方法，可归纳为“规则分词”“统计分词”和“混合分词（规则+统计）”这三个主要流派。'
topK = 5
tags = jieba.analyse.extract_tags(str,topK=topK)
print('不带权重值的输出：')
print(tags)
# withWeight=True：将权重值一起返回
tags = jieba.analyse.extract_tags(str,topK=topK,withWeight=True)
print('带权重值的输出：')
print(tags)
```

输出结果为：

```
不带权重值的输出：
['分词', '规则', '统计', '归纳', '中文']
带权重值的输出：
[('分词', 2.600767349911111), ('规则', 0.72801001345), ('统计', 0.6337739160844444),
('归纳', 0.46001537701444445), ('中文', 0.45267250073055554)]
```

2.4.4 词性标注

扫一扫

词性是词的基本语法属性，通常也称为词类。词性标注是在给定句子中判定每个词的语法范畴，确定其词性并加以标注的过程。词性标注需要有一定的规范，如将词分为名词、形容词、动词等，然后用“n”“adj”和“v”等来进行表示。jieba 的词性标注同样采用结合规则和统计的方式，具体表现在词性标注的过程中，词典匹配和 HMM 共同作用。

以下代码是使用 jieba 分词进行词性标注的示例。

```
import jieba.posseg as psg
sent = '中文分词是文本处理不可或缺的一步！'
words = psg.cut(sent) #jieba默认模式
for word,flag in words:
    print('%s %s' % (word,flag))
```

输出结果为：

```
中文 nz
分词 n
是 v
文本处理 n
不可或缺 l
的 uj
一步 m
！ x
```

2.5 利用 Keras 进行文本预处理

tf.keras.preprocessing.text 中包含一系列可用于文本预处理的工具，下面将介绍 Keras 在文本分词器、整数编码、文本序列填充等方面的应用。

2.5.1 Unicode 编码

在学习利用 Keras 进行文本预处理前，让我们先简单了解下 Unicode 编码的知识。Unicode（Universal Multiple-Octet Coded Character Set）是一种标准编码系统，规定所有字符用两个固定的字节表示，容易被计算机识别。字符串在 Python 内部的表示为 Unicode，因此在做编码转换时，通常需要以 Unicode 作为中间编码，即先将其他编码的字符串解码（使用 decode()方法）成 Unicode 编码，再从 Unicode 编码（使用 encode()方法）成另一种编码。

- decode()方法的作用是将其他编码的字符串转换成 Unicode 编码，如 str1.decode('gb2312')，表示将 GB2312 编码的字符串 str1 转换成 Unicode 编码。
- encode()方法的作用是将 Unicode 编码转换成其他编码的字符串，如 str2.encode('gb2312')，表示将 Unicode 编码的字符串 str2 转换成 GB2312 编码。

下列代码是创建一个包含英语、德语和中文的文本的示例。

扫一扫

```
import tensorflow as tf
s = ['Python','Äffin','深度学习']
print(s)
```

输出结果为：

```
['Python', 'Äffin', '深度学习']
```

通过 encode()方法将字符串 s 转换成 UTF-8 编码的字符串。

```
u =[]
for i in s:
      u.append(i.encode('UTF-8'))
print(u)
```

输出结果为：

```
[b'Python', b'\xc3\x84ffin', b'\xe6\xb7\xb1\xe5\xba\xa6\xe5\xad\xa6\xe4\xb9\xa0']
```

2.5.2 分词器

扫一扫

分词器（Tokenizer）用于将文本向量化，或转换为序列（单个字词以及对应索引构成的列表，索引从 1 开始）。分词是进行文本预处理的第一步，词被称为令牌，将文本划分为令牌的方法也常被描述为令牌化。

tf.keras.preprocessing.text 提供了准备文本的 Tokenizer API，其中 Tokenizer()为一个向量。参数 num_words 为保留的最大词数，根据词频计算，默认为 None，处理所有词，如果设置为一个整数，则返回最常见的、出现频率最高的 num_words 个词；参数 filter 为要过滤掉的字符序列，例如标点符号，默认包含基本标点符号、制表符和换行符；参数 char_level 若为 True，则每个字符都将被视为标记。

下列代码先利用 jieba 进行中文文本分词，再使用 Tokenizer()构建分词器。

```
import jieba
from tensorflow.keras.preprocessing.text import Tokenizer,one_hot
zh = ['今天星期五','今天不加班','今天下班去逛街'] # 创建中文文本
w = []
for i in range(len(zh)):w.append((jieba.lcut(zh[i]))) # jieba 分词
tokenizer = Tokenizer(num_words=None) # 分词器
```

tokenizer 对象使用 fit_on_texts()方法之后将具有以下属性。

- word_counts：计算每个词出现的次数。
- word_docs：计算每个词出现在几个文档中。
- word_index：计算每个词对应的 index，即词典映射。
- document_count：计算一共有多少个文档。

```
tokenizer.fit_on_texts(w) # fit_on_texts()方法
print(tokenizer.word_counts) # 每个词出现的次数
print(tokenizer.word_docs)  # 每个单词出现在几个文档中
print(tokenizer.word_index) # 每个单词对应的 index，即词典映射
print(tokenizer.document_count) # 一共有多少个文档
```

输出结果为：

```
OrderedDict([('今天', 3), ('星期五', 1), ('不', 1), ('加班', 1), ('下班', 1), ('去', 1),
('逛街', 1)])
defaultdict(<class 'int'>, {'星期五': 1, '今天': 3, '加班': 1, '不': 1, '逛街': 1, '去
': 1, '下班': 1})
{'今天': 1, '星期五': 2, '不': 3, '加班': 4, '下班': 5, '去': 6, '逛街': 7}
3
```

词“今天”共出现了 3 次，出现在 3 个文档中，它的字典映射为 1，这个中文文本一共有 3 个文档。

2.5.3 独热编码

将文档表示为整数值序列是很流行的，其中文档中的每个词都被表示为唯一的整数。

Keras 提供了 one_hot()函数，使用它可以对文本文档进行标记和整数编码，而不是创建独热编码。该函数除了需要指定输入的文本外，还必须通过参数 n 指定词的量（维度），这个数字为编码文档的词数量。

以下代码将列表 w 转换为字符串 x，然后利用 one_hot()函数将每个词转换为一个整数的映射。

```
u = []
for i in range(len(w)):u.append(' '.join(w[i]))
x = ' '.join(u) # 转换为字符串
print('字符串 x 为: ',x)
print('转换为 one-hot 编码为: ',one_hot(x,n=10))
```

输出结果为：

```
字符串 x 为:  今天 星期五 今天 不 加班 今天 下班 去 逛街
转换为 one-hot 编码为:  [4, 8, 4, 2, 2, 4, 1, 5, 7]
```

从结果可知，“今天”被编码为整数 4，“星期五”被编码为 8，其他的单词编码以此类推。

2.5.4 填充序列

扫一扫

通过分词器得到的文本序列具有不同的长度，深度学习模型通常是将具有相同长度的数组作为输入。tf.keras.preprocessing.sequence 中的 pad_sequences()函数可填充可变长度的序列，使得文本集中的所有文本长度相同。该函数的默认填充值为 0，可以通过参数 value 指定填充值。

下面使用 texts_to_sequences()函数将文档 u 转换为符号序列。

```
t = Tokenizer()   # 初始化分词器
t.fit_on_texts(u) # fit_on_texts()方法
sentence = t.texts_to_sequences(u) # 将文档转换成符号序列
print(u) # 查看文档 u
print(sentence) # 查看符号序列
```

输出结果为：

```
['今天 星期五', '今天 不 加班', '今天 下班 去 逛街']
[[1, 2], [1, 3, 4], [1, 5, 6, 7]]
```

序列的长度为各序列的词数量，其中每个词对应的符号都保存在 word_index 词典中。

下一步利用 pad_sequences()函数把各序列填充为相同长度。

```
print(pad_sequences(sentence)) # 序列填充
```

输出结果为：

```
[[0 0 1 2]
 [0 1 3 4]
 [1 5 6 7]]
```

函数默认是把各序列的长度均填充到最长，长度不足时默认在序列的前面填充。可将参数 padding 设置为“post”，变成长度不足时在序列的后面填充。

```
print(pad_sequences(sentence,padding='post')) # 序列填充
```

输出结果为：

```
[[1 2 0 0]
 [1 3 4 0]
 [1 5 6 7]]
```

如果想对序列长度进行截取，可通过设置参数 truncating 实现。以下代码将序列的长度截取为 2，且当序列长度超过 2 时删除序列前面的内容。

```
print(pad_sequences(sentence,maxlen=2,truncating='post')) # 序列长度为 2，在序列的后面截取
```

输出结果为：

```
[[1 2]
 [3 4]
 [6 7]]
```

2.6 案例实训：对业务员工作日报进行文本处理

本案例收集了某企业 200 名业务员的工作日报，日报中记录了他们当天进行客户走访的事件内容。我们将利用文本预处理技术对业务员工作日报进行处理及展示。

首先，我们利用 pandas 的 read_excel()函数将业务员的工作日报数据读取到 Python 中，并查看前 5 行记录。

```
import os
import pandas as pd
import codecs
import glob
import jieba
import re
from collections import Counter
from pyecharts import options as opts
from pyecharts.charts import WordCloud
from pyecharts.globals import SymbolType
from tensorflow.keras.preprocessing.text import Tokenizer
from tensorflow.keras.preprocessing.sequence import pad_sequences
# 导入工作日报数据，并查看前 5 行
report = pd.read_excel('data/report.xlsx')
report.head()
```

输出结果如图 2-16 所示。

	report_content
0	今天去交行现代城营业厅沟通客户绑定官微，顺便给客户带了水果
1	今天在行里驻点，转介绍理财客户；与理财配合为客户讲解，自己多开口带动行里销售氛围！
2	继续做客户邀约
3	解决让客户感到迷惑的问题
4	今天沟通老客户一位

图 2-16　输出结果

为进一步提高中文文本分词效果，我们将引入外部停用词库进行停用词过滤。停用词就是分词过程中，我们不需要用作结果的词，像中英文的标点符号，英文语句中的 a、the、and 等，中文语句中的的、地、得、我、你、他等。这些词因为使用频率过高，会大量出现在一段文本中，对于分词后的结果而言，在统计词频的时候会增加很多的噪声，所以我们通常都会将这些词进行 过滤。

本地 stopwords 目录中包含 4 个中文常用停用词表，对应的词表文件如表 2-1 所示。

表 2-1　中文常用停用词表

词表文件	词表名
cn_stopwords.txt	中文停用词表
hit_stopwords.txt	哈工大停用词表
baidu_stopwords.txt	百度停用词表
scu_stopwords.txt	四川大学机器智能实验室停用词库

运行以下代码将这 4 个中文常用停用词表读入 Python 中。

```
path = 'stopwords'
files = os.listdir(path)
stopwords = []
for file in files: #遍历文件目录
     position = path+'\\'+ file #构造绝对路径的目录，'\\'中的一个'\'为转义符
     print (position)
     with open(position, "r",encoding='utf-8') as f:    #打开文件
          data = f.read()   #读取文件
          stopwords.append(data)
stopwords = ' '.join(stopwords) #转化为非数组类型
```

输出结果为：

```
stopwords\baidu_stopwords.txt
stopwords\cn_stopwords.txt
stopwords\hit_stopwords.txt
stopwords\scu_stopwords.txt
```

结果说明 4 个文件包含的停用词已经读入 Python 中。

通过以下代码自定义去除停用词函数。

```
def remove_stopword(seg, stopwords):
    l = []
    for i in seg:
        if i not in stopwords :  # 去除停用词
            l.append(i)
    return l
```

运行以下代码添加自定义词典。

```
jieba.load_userdict('dict/user.dic')
```

输出结果为：

```
Building prefix dict from the default dictionary ...
Dumping model to file cache C:\Users\Daniel\AppData\Local\Temp\jieba.cache
Loading model cost 1.258 seconds.
Prefix dict has been built successfully.
```

至此，完成中文分词前的准备工作。

运行以下代码将创建中文分词及词云展示的自定义函数，函数将展示每条记录的分词结果、进行词频统计及词云可视化。

```
def word_count(report):
    content = report['report_content']
    content_clear = content.dropna() # 如果有缺失记录，则删除列表
    if len(content_clear) > 0 : # 如果是非空列表
        # 词用逗号分隔，文本是纯数字，jieba.lcut()会报错，所以增加 str()
        content_clear_seg = content_clear.apply(lambda x:jieba.lcut(str(x)))
        # 去除停用词
        content_clear_seg_sub = content_clear_seg.apply(lambda x:remove_
stopword(x,stopwords))
        # 词频统计
        content_words_count = content_clear_seg_sub.apply(lambda x:Counter(x)).sum()
        # 将 Counter 类型转换为列表
        content_words_count_list = content_words_count.most_common()
        # 将单词按照词频进行降序排序
        content_words_count_list = sorted(content_words_count_list,key = lambda x:
x[1],reverse = True)
        # 将词频统计列表转换为数据框
```

```
        content_words_count_df = pd.DataFrame(content_words_count_list,columns =
['word','count'])
        # 词云可视化
        c = (
            WordCloud()
            .add("", content_words_count_list, shape=SymbolType.DIAMOND))
        return(content_clear_seg_sub,content_words_count_df,c)
```

运行以下代码将业务员的工作日报进行中文分词、词频统计及词云可视化，词云可视化如图 2-17 所示。

```
content_clear_seg_sub,content_words_count_
df,c= word_count(report)
c.render_notebook() # 词云可视化
```

以下代码使用 Tokenizer()构建分词器，并通过 texts_to_sequences()函数将单词序列转换为数字序列，并查看数字序列中的最长长度和最短长度。

图 2-17　业务员工作日志词云可视化

```
# 分词器
tokenizer = Tokenizer(num_words=None)
tokenizer.fit_on_texts(content_clear_seg_sub)
# 转换为数字序列
encodeDocuments = tokenizer.texts_to_sequences(content_clear_seg_sub)
# 查看数字序列中的最长长度
max_length = max(len(vector) for vector in encodeDocuments)
# 查看数字序列中的最短长度
min_length = min(len(vector) for vector in encodeDocuments)
print('查看数字序列中的最长长度:',max_length)
print('查看数字序列中的最短长度:',min_length)
```

输出结果为：

```
查看数字序列中的最长长度: 16
查看数字序列中的最短长度: 2
```

最后，运行以下代码进行序列填充，以保证每个序列长度相同。

```
paddedDocuments = pad_sequences(encodeDocuments, padding='post')
paddedDocuments.shape
```

输出结果为：

```
(200, 16)
```

我们已经完成了文本数据预处理的相关工作，紧接着就可以使用处理结果进行后续的建模工作了。

【本章知识结构图】

本章介绍了深度学习的数据预处理技术，包括对非结构化的图像数据和文本数据进行处理；分别利用 OpenCV 及 TensorFlow 对图像进行读取、显示及各种几何操作；利用 jieba 对中文文本进行分词等处理；利用 Keras 对文本进行构建分词器、独热编码及填充序列等操作。可扫码查看本章知识结构图。

扫一扫

【课后习题】

一、判断题

1. 图像数据、文本数据属于常见的非结构化数据。(　　)

A. 正确　　　　B. 错误

2. 数据标准化转换的主要目的是消除变量之间的量纲影响，让经过转换后的不同变量可以平等地分析和比较。(　　)

A. 正确　　　　B. 错误

3. 数据标准化转换常用手段之一为 Min-Max 标准化，转换后各变量的数据符合标准正态分布，即均值为 0，标准差为 1。(　　)

A. 正确　　　　B. 错误

4. 使用 OpenCV 读取图像时，其通道顺序为 RGB。(　　)

A. 正确　　　　B. 错误

二、选择题

1.（单选）使用 cv2.imread()进行图像读取时，取以下哪个值可以按灰度模式读取图像？(　　)

A. cv2.WINDOW_NORMAL　　　　B. cv2.IMREAD_COLOR

C. cv2.IMREAD_GRAYSCALE　　　　D. cv2.IMREAD_UNCHANGED

2.（单选）使用 cv2.resize()可进行图像缩放，取以下哪个值可以进行基于局部像素的重采样？(　　)

A. cv2.INTER_NEARES　　　　B. cv2.INTER_LINEAR

C. cv2.INTER_CUBIC　　　　D. cv2.INTER_AREA

3.（单选）tf.image.resize()可以实现图像的缩放功能，其参数 method 表示图像缩放的方法，取以下哪个值时表示按照最近邻插值？(　　)

A. bilinear　　B. lanczos3　　C. nearest　　D. area

4.（单选）在使用 jieba 进行分词时，可通过以下哪种方法在程序中动态修改词典？(　　)

A. load_userdict()　　　　B. add_word()

C. del_word()　　　　D. get_word()

5.（单选）tf.keras.preprocessing.sequence 中的 pad_sequences()函数可用于填充可变长度的序列，使得文本集中的所有文本长度相同。可以使用以下哪个参数设置文本长度？(　　)

A. value　　　　B. padding

C. maxlen　　　　D. truncating

6.（多选）cv2.flip()可将图像进行翻转变换，关于它的第二个参数描述正确的有(　　)。

A. 1 表示水平翻转　　　　B. 0 表示垂直翻转

C. −1 表示水平加垂直翻转　　　　D. 2 表示水平加垂直翻转

7.（多选）jieba 分词结合了规则分词和统计分词这两类方法。jieba 提供了以下哪些分词模式？

（　　）

A. 精确模式　　B. 全模式

C. 搜索引擎模式　　D. paddle 模式

三、上机实验题

1. 在本地目录 image 中有一张名为 rose.jpg 的玫瑰花图片，分别使用 OpenCV 和 TensorFlow 两种方式将其读取并显示，目标效果如图 2-18 所示。

图 2-18　使用 OpenCV 和 TensorFlow 两种方式读取并显示图片

2. 请利用 jieba 包对文本“深度学习的数据预处理技术”进行中文分词，要求不同词之间用“/”分开，且“深度学习”需作为一个专有名词，不能被分开。目标效果如下。

分词前：深度学习的数据预处理技术。

分词后：深度学习/的/数据/预处理/技术。

第 3 章 使用 Keras 开发深度学习模型

学习目标

1. 掌握 Keras 深度学习模型操作流程：定义、编译、训练、评估及预测网络；
2. 了解最常用的两种 Keras 模型：顺序型 API 模型及函数式 API 模型；
3. 重点掌握 TensorBoard 可视化的界面信息解读方法；
4. 掌握回调函数的用法；
5. 掌握使用 SaveModel 格式保存及加载模型的方法；
6. 了解网络拓扑可视化的绘制方法；
7. 了解使用 JSON 格式保存 Keras 模型的方法。

导　言

在本章中，读者将了解如何利用 Keras 定义、编译、训练及评估深度学习网络，以及如何使用训练好的模型进行预测。读者还将学习 Keras 的最常用的两种模型：顺序型模型和使用函数式 API 创建的模型。函数式 API 将在设计模型时提供更强的灵活性。同时读者还将学习模型可视化技术，将深度神经网络的拓扑结构可视化及训练模型过程可视化。最后读者将学习 Keras 的回调函数以及如何进行模型保存及加载。

3.1 Keras 模型生命周期

如图 3-1 所示，Keras 模型生命周期包括以下 5 个步骤：定义网络、编译网络、训练网络、评估网络、做出预测。

图 3-1　Keras 模型生命周期的 5 个步骤

3.1.1　定义网络

tf.keras 提供了高度封装的接口，能够快捷、方便地定义神经网络，可满足简单任务神经网络的搭建，其中最常见的一类模型是一组层的对接。使用 tf.keras.Sequential 可以让你通过堆叠 tf.keras.layers 的方法定义 Keras 网络。tf.keras.Sequential 搭建的是具有单一输出的神经网络。

深度学习网络由“输入层”“隐藏层”和“输出层”3 部分组成。我们通过以下代码定义只含有一个隐藏层的深度学习网络。

```
from tensorflow import keras
from tensorflow.keras import Sequential,layers
model = Sequential([
    # 隐藏层
    layers.Dense(units=40,activation='relu',input_shape=
(10,)),
    # 输出层
    layers.Dense(units=1, activation='sigmoid')])
```

layers.Dense()的参数 units 指定各层神经元的数量，参数 kernel_initializer 指定权重（weight）和偏置（或偏差，bias）的初始化值，参数 activation 指定该层使用的激活函数，参数 input_shape 指定输入特征的形状。此例第一个全连接层是隐藏层，共有 40 个神经元，使用 ReIU 激活函数，通过参数 input_shape 指定输入特征形状；第二个全连接层是输出层，此例假设只有一个输出变量，该层神经元数量为 1，假设为二分类模型，所以选择 Sigmoid 激活函数。

网络定义好后，可利用 model.summary()方法输出完整的模型摘要。这个功能非常重要，尤其是在你想核实这个模型是否正确地定义并检查模型定义是否存在错误时。

```
#展示网络结构
model.summary()
```

输出结果为：

```
Model: "sequential"
_________________________________________________________________
 Layer (type)                Output Shape              Param #
=================================================================
 dense (Dense)               (None, 40)                440

 dense 1 (Dense)              (None, 1)                 41

=================================================================
Total params: 481
Trainable params: 481
Non-trainable params: 0
_________________________________________________________________
```

我们可以看到共有以下两层。

- **隐藏层（dense）**：共 40 个神经元，因为输入层与隐藏层是一起建立的，所以没有显示输入层。
- **输出层（dense_1）**：共 1 个神经元。

模型的摘要还有 Param 字段，它统计每一层的参数数量，即我们需要通过 BP 算法更新神经元连接的权重值与偏差。所以每一层 Param（参数数量）的计算方式如下。

Param=（上一层的神经元数量）×（本层的神经元数量）+（本层的神经元数量）

隐藏层的 Param 是 440，这是因为：10×40+40=440。

输出层的 Param 是 41，这是因为：40×1+1=41。

Total params 表示神经网络的总参数数量，其为每一层 Param 的总和，计算方式如下：440 + 41 = 481。

Trainable params 表示神经网络中必须训练的总参数数量，Non-trainable params 表示神经网络中不用于训练的总参数数量。通常，Trainable params 的值越大，表示此模型越复杂，需要花更多时间进行训练。

除了使用 model.summary()方法输出模型摘要外，我们还可以使用 get_config()方法返回一个包含模型配置的词典。

```
# 查看模型配置
model.get_config()
```

输出结果为：

```
{'name': 'sequential',
 'layers': [{'class_name': 'InputLayer',
   'config': {'batch_input_shape': (None, 10),
    'dtype': 'float32',
    'sparse': False,
    'ragged': False,
    'name': 'dense_input'}},
  {'class_name': 'Dense',
   'config': {'name': 'dense',
    'trainable': True,
    'batch_input_shape': (None, 10),
    'dtype': 'float32',
    'units': 40,
    'activation': 'relu',
    'use_bias': True,
    'kernel_initializer': {'class_name': 'GlorotUniform',
     'config': {'seed': None}},
    'bias_initializer': {'class_name': 'Zeros', 'config': {}},
    'kernel_regularizer': None,
    'bias_regularizer': None,
    'activity_regularizer': None,
    'kernel_constraint': None,
    'bias_constraint': None}},
  {'class_name': 'Dense',
   'config': {'name': 'dense_1',
    'trainable': True,
    'dtype': 'float32',
    'units': 1,
    'activation': 'softmax',
    'use_bias': True,
    'kernel_initializer': {'class_name': 'GlorotUniform',
     'config': {'seed': None}},
    'bias_initializer': {'class_name': 'Zeros', 'config': {}},
    'kernel_regularizer': None,
    'bias_regularizer': None,
    'activity_regularizer': None,
    'kernel_constraint': None,
    'bias_constraint': None}}]}
```

还可以使用 get_weights()方法访问某一层的所有参数。对于全连接层，这些参数包括连接权重值和偏置项。以下代码可提取隐藏层的连接权重值和偏置项。

```
# 查看隐藏层的所有参数
hidden = model.layers[0]
weights,biases = hidden.get_weights()
print('查看隐藏层第一个神经元的连接权重值：')
print(weights[0])
print('查看连接权重值的形状：')
print(weights.shape)
print('查看偏置项的值：')
print(biases)
print('查看偏置项的形状：')
print(biases.shape)
```

输出结果为：

```
查看隐藏层第一个神经元的连接权重值：
[-0.02086106  0.34124458 -0.02506211 -0.14988215  0.2683953   0.04128557
```

```
  0.19298917  0.31475204  0.04962787  0.20802659 -0.24487878 -0.30906516
  0.30118668 -0.18145266 -0.03316408 -0.24076733 -0.19836128  0.17601466
  0.107429   -0.22076984 -0.3456202  -0.00339636 -0.09305567 -0.07639459
  0.2165904   0.2382412   0.29785424  0.17289579 -0.2034747  -0.19911921
 -0.01963913 -0.18402413 -0.19055736 -0.03537059  0.3247196  -0.34057778
  0.02679884  0.2986608  -0.06907442  0.23034984]
查看连接权重值的形状:
(10, 40)
查看偏置项的值:
[0. 0. 0. 0. 0. 0. 0. 0. 0. 0. 0. 0. 0. 0. 0. 0. 0. 0. 0. 0. 0. 0. 0. 0.
 0. 0. 0. 0. 0. 0. 0. 0. 0. 0. 0. 0. 0. 0. 0. 0.]
查看偏置项的形状:
(40,)
```

还可以通过 keras.utils.plot_model()函数绘制定义好的神经网络结构图。结构图中展示了神经网络各层间的数据关系，以及每层的输入与输出的维度，神经网络数据流由输入层依次流向隐藏层和输出层，如图 3-2 所示。

```
# 绘制网络结构图
keras.utils.plot_model(model,'images/
titanic_seq.png',show_shapes=True)
```

dense_input	InputLayer	input:	[(None,10)]
		output:	[(None,10)]
dense	Dense	input:	(None,10)
		output:	(None,40)
dense_1	Dense	input:	(None,40)
		output:	(None,1)

图 3-2　神经网络结构

3.1.2　编译网络

扫一扫

定义好了的网络在训练模型前需要进行编译。编译是提高效率的一个步骤，它将我们定义的简单图层序列转换为高效的矩阵变换序列，其格式应在 CPU 或 GPU 上都可执行。可以将编译视为网络的预计算步骤，定义网络后必须进行编译。通过使用 compile()方法设置训练神经网络的损失函数、优化器及评估指标等。代码如下。

```
model.compile(optimizer='rmsprop', # 优化器
              loss='binary_crossentropy', # 损失函数
              metrics=['accuracy']) # 评估指标
```

3.1.3　训练网络

扫一扫

一旦网络编译完成，就可以进行网络训练了。这意味着需要根据训练集调整网络权重值。训练网络需要指定训练数据，包括输入矩阵 $\boldsymbol{X}$ 和匹配输出数组 y。使用 BP 算法训练网络，并根据编译网络时指定的优化算法和损失函数对其进行优化。

训练网络时通过 fit()方法可以指定训练周期、设置参数等，其中，参数 batch_size 用来按批次设置数据尺寸，即每次更新的数据量，默认值为 32；参数 epochs 用来设置模型训练周期；参数 verbose 用来设置训练网络的输出日志格式，有“auto”“0”“1”和“2”共 4 种模式，“0”只显示保存的模型，不展示训练过程，“1”以进度条的形式展示训练过程，“2”每次训练作为一行代码；参数 validation_split 是范围为[0,1]的浮点数，用于指定将训练数据的部分数据作为验证数据。

下列示例中，参数 validation_split 设置为 0.1，训练之前 Keras 会自动将数据分成两部分，90%的数据作为训练集，10%的数据作为验证集；参数 epochs 设置为 10，表示模型将执行 10

次训练；参数 batch_size 设置为 32，表示每一批次有 32 条数据；参数 verbose 设置为 2，表示编译器将显示训练过程。

```
model.fit(
    x=x_train,y=y_train, # 指定测试集 x 和 y
    batch_size=32,
    epochs=10,
    validation_split=0.1,
    verbose=2)
```

3.1.4 评估网络

扫一扫

一旦网络训练完成，就可以对其进行评估。我们可以利用在训练期间没有用到的测试集来评估模型的性能，这样才能反映我们训练的这个网络的真实情况。使用 evaluate()方法按照批次计算在某些输入数据上模型的误差。与训练网络一样，它提供详细的输出以展示模型评估的进度，可以通过将参数 verbose 设置为 0 来关闭它。

下列示例利用测试集来评估模型的准确率。

```
model.evaluate(x=x_test,y=y_test,verbose=0)
```

3.1.5 做出预测

如果我们对训练模型的性能感到满意，就可以用它来预测新数据。以下示例调用 predict()方法对新数据做出预测。

```
model.predict(newdata,verbose=0)
```

3.2 Keras 模型类型

模型（model）是神经网络的子类，它将训练和评估这样的例行操作添加到神经网络中。

Keras 有以下 3 种模型类型。

- 顺序型 API 模型。
- 函数式 API 模型。
- 子类方法。

其中顺序型和函数式 API 模型基本可以处理全部可能的场景。子类方法是一种定义模型的方法。这种方法是面向对象且更灵活的，但是更容易出错，并且难以调试。所以下面我们重点介绍顺序型和函数式 API 模型。

3.2.1 顺序型 API 模型

扫一扫

创建顺序型 API 模型有两种方式，3.1 节中的方式是使用 Sequential 内置序列化搭建网络结构，还有一种方式是使用 Sequential 外置序列化搭建网络结构，即通过使用 Sequential 类的 add()方法按照神经网络层次独立搭建神经网络。

以下代码通过 Sequential 类的 add()方法搭建顺序型 API 模型，通过 plot_model()函数绘制的网络结构，运行结果如图 3-3 所示。

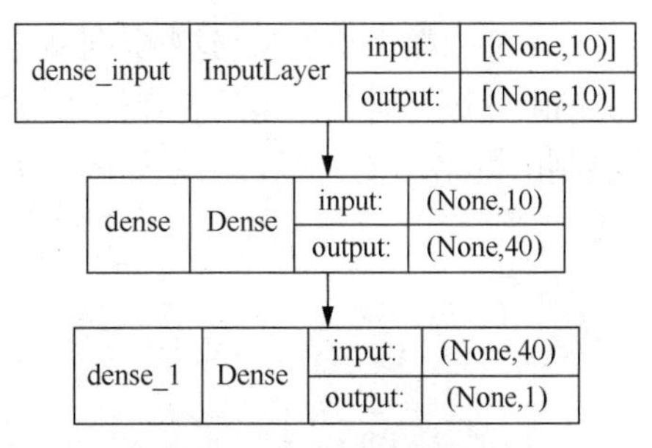

图 3-3 神经网络结构

```
from tensorflow import keras
from tensorflow.keras import Sequential,layers
# Sequential 实例化
model = Sequential()
# 添加隐藏层
model.add(layers.Dense(units=40,
activation='relu',input_shape=(10,)))
# 添加输出层
model.add(layers.Dense(units=1, activation= 'sigmoid'))
# 展示网络结构
model.summary()
# 绘制网络结构图
keras.utils.plot_model(model,'seq_add.png',show_shapes=True)
```

输出结果为：

```
Model: "sequential_1"
_________________________________________________________________
 Layer (type)                Output Shape              Param #
=================================================================
 dense (Dense)               (None, 40)                440

 dense_1 (Dense)             (None, 1)                 41

=================================================================
Total params: 481
Trainable params: 481
Non-trainable params: 0
_________________________________________________________________
```

3.2.2 函数式 API 模型

扫一扫

顺序型 API 是最简单、最常用的定义模型的方式之一。然而，它的局限性在于不允许创建共享层或者具有多个输入或输出的模型。Keras 中的函数式 API 是定义模型的另一种方式，可提供更强的灵活性，包括创建更复杂、无须考虑层顺序的模型。

利用函数式 API 可以定义多输入、多输出的模型和易于共享的层，也可以定义残差连接，还可以定义由任意复杂拓扑构成的模型。一旦定义完成，一个 Keras 层就是一个可调用的对象。这个对象接收一个输入张量并产生一个输出张量，它可以将这些张量当作函数来对待，并以此构建层，仅通过传递输入层和输出层就可以构建一个 tf.keras.Model。

下列代码展示了如何用函数式 API 来定义 Keras 模型。该模型采用输入尺寸为 32 像素×32 像素×3 像素的彩色图像。有两个共享此输入的卷积神经网络特征提取子模型，其中，一个子模型的内核大小为 4，另一个的内核大小为 8。这些特征提取子模型输出被 layers. Flatten 展平后再通过 layers.concatenate()函数进行合并。最后，在输出层之前增加一个全连接层。下列代码通过 plot_model()函数绘制的网络结构，运行结果如图 3-4 所示。

```
# 引入 Keras
from tensorflow import keras
# 引入 Keras 层结构
from tensorflow.keras import layers
# 输入层
visible = keras.Input(shape = (32,32,3))
# 第一个特征提取层
flat1 = layers.Conv2D(32,4,activation='relu')(visible)
flat1 = layers.MaxPooling2D(2,2)(flat1)
flat1 = layers.Flatten()(flat1)
# 第二个特征提取层
flat2 = layers.Conv2D(16,8,activation='relu')(visible)
flat2 = layers.MaxPooling2D(2,2)(flat2)
flat2 = layers.Flatten()(flat2)
# 合并两个特征提取层
merge = layers.concatenate([flat1,flat2])
hidden1 = layers.Dense(512,activation='relu')(merge)
# 输出层
output = layers.Dense(10,activation='softmax')(hidden1)
# 构建 Keras 模型
model = keras.Model(visible,output)
# 绘制网络结构图
keras.utils.plot_model(model,'function_api.png',show_shapes=True)
```

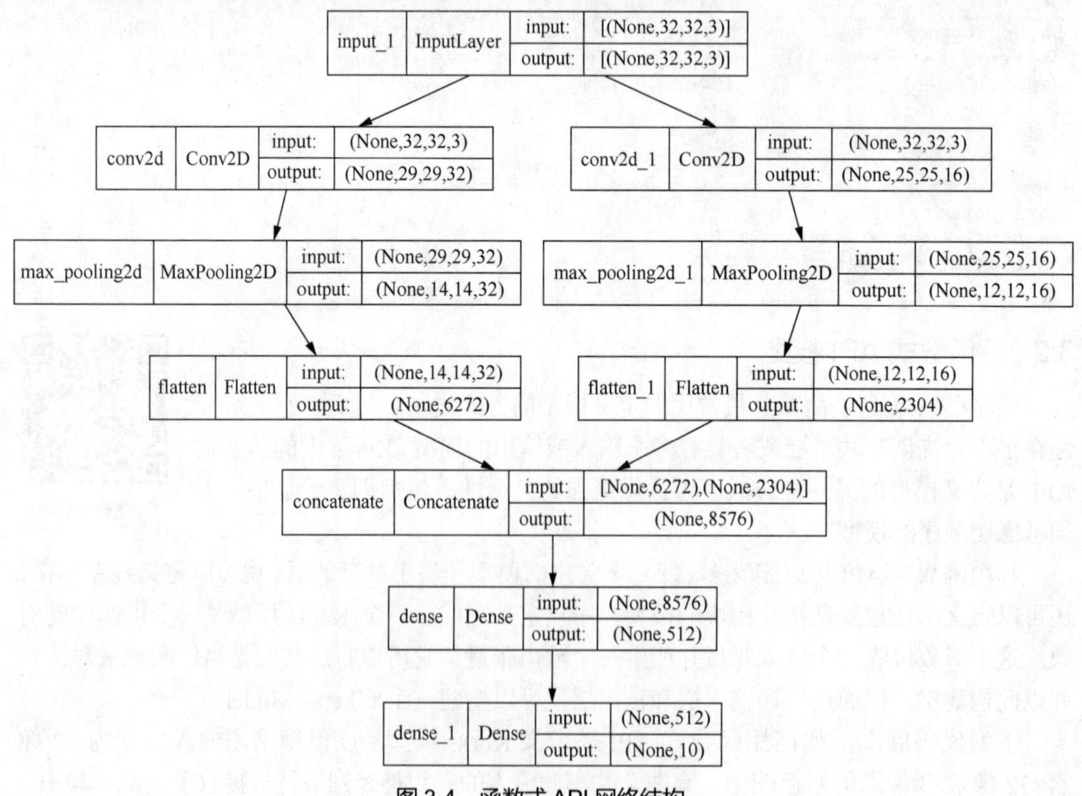

图 3-4　函数式 API 网络结构

3.3 模型可视化

对复杂的网络拓扑和模型训练过程进行可视化有助于读者理解和调优模型。接下来分别讲解网络拓扑可视化和模型训练过程可视化。

3.3.1 网络拓扑可视化

对于较简单的模型，可直接查看简单的模型摘要，但对于较复杂的网络拓扑，Keras API 提供可视化模型的方法，即使用 Graphviz 包。以下是用 Python 安装 Graphviz 和 pydot 包的程序代码。

```
pip install -i https://pypi.tuna.tsinghua.edu.cn/simple pydot
pip install -i https://pypi.tuna.tsinghua.edu.cn/simple pydot_ng
pip install -i https://pypi.tuna.tsinghua.edu.cn/simple graphviz
```

下载 Graphviz 软件，将其安装目录添加到计算机的系统环境变量中即可完成安装。

Keras 通过 plot_model()函数将神经网络绘制成图形。该函数的主要参数如下。

- model（必需）：用于指定要绘制的模型。
- to_file：用于指定保存模型图的文件名称，若不指定，则在当前目录中保存为模型名称.png 的文件。
- show_shapes（可选，默认为 False）：布尔值，用于显示每层的维度。
- show_layer_names（可选，默认为 True）：布尔值，用于显示每层的名称。

以下通过一个简单的例子来介绍如何使用 Keras 的 plot_model()函数。运行以下代码得到网络拓扑，如图 3-5 所示。

```
# 创建网络拓扑
from tensorflow.keras.models import
Sequential
from tensorflow.keras.layers import
Dense
from tensorflow.keras.utils import
plot_model
model = Sequential()
model.add(Dense(32, activation='relu',
input_dim=100))
model.add(Dense(1, activation='sigmoid'))
# 绘制网络拓扑图
plot_model(model,to_file='model_plot.png',
show_shapes=True,show_layer_names=True)
```

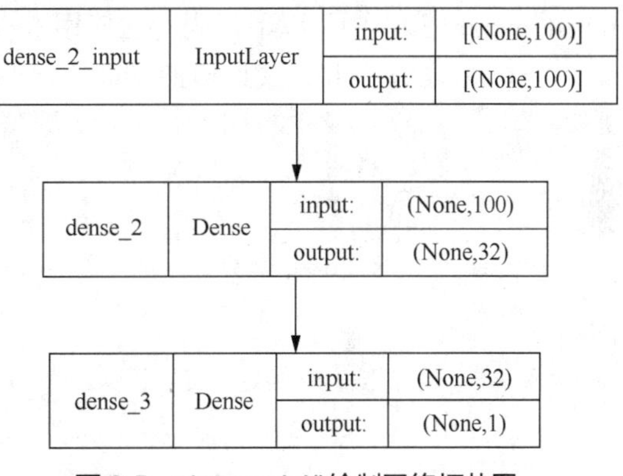

图 3-5　plot_model()绘制网络拓扑图

3.3.2 TensorBoard 可视化

在训练大型深度学习网络时，其中的计算过程可能非常复杂。为了理解、调试和优化我们设计的网络，模型训练过程中各种汇总数据都可以通过 TensorBoard 展示出来。TensorBoard 是 TensorFlow 官方推出的可视化工具，并不需要进行额外的安装。在 TensorFlow 安装时，TensorBoard 会自动被安装，其页面基于 Web，在程序运行过程中可以输出汇总了各种类型数据的日志文件。可视化程序的运行状态就是使用 TensorBoard 读取这些日志文件，解析其中的数据并生成可视化的 Web 页面。这样我们就可以在浏览器中观察各种汇总的数据。

TensorBoard 的启用非常简单，在 Prompt 窗口中执行以下命令。

```
tensorboard --logdir=logs\run_a
```

此时 TensorBoard 自动启动了一个端口号为 6006 的 HTTP 地址，如图 3-6 所示。

```
Serving TensorBoard on localhost; to expose to the network, use a proxy or pass --bind_all
TensorBoard 2.7.0 at http://localhost:6006/ (Press CTRL+C to quit)
```

图 3-6　启用 TensorBoard

在浏览器中输入 http://localhost:6006 即可打开 TensorBoard，打开的页面如图 3-7 所示。

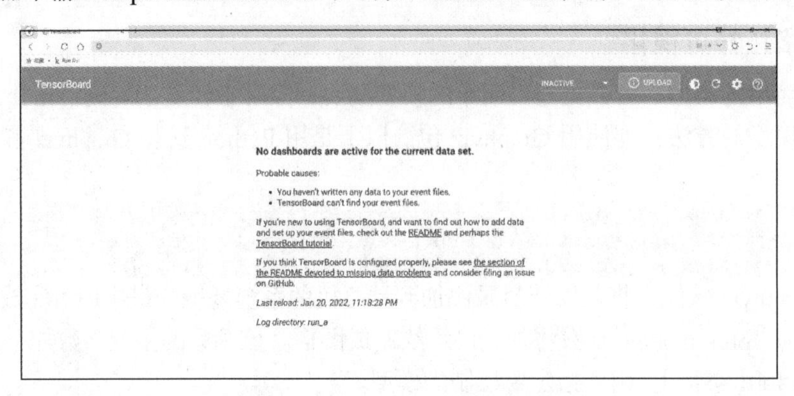

图 3-7　打开 TensorBoard 页面

因为 logs/run_a 目前为空目录，所以此时打开的 TensorBoard 页面为空白页面。我们在训练模型的时候调用 tf.keras.callbacks.TensorBoard()函数，可直观地观察模型的训练情况。该函数中的参数 log_dir 用来设置保存被 TensorBoard 分析的日志的目录。

此处我们以 MNIST 数据集为例，预处理数据和模型定义、模型编译代码都存放在 mnist_mlp.py 脚本中。以下代码将在使用 fit()方法对 MNIST 数据集进行训练的过程中，实例化一个 Callbacks 类并显式地传递到训练模型中，以便该类被回调。

```
# 读入 mnist_mlp.py 脚本，其中包含 MNIST 数据集的预处理数据和模型定义及模型编译
from mnist_mlp import *
# 初始化 TensorBoard
import tensorflow as tf
tensorboard = tf.keras.callbacks.TensorBoard(log_dir='../logs/run_a')
# 模型训练
epochs = 30
validation_split = 0.2
model.fit(train_x,train_y,epochs=epochs,verbose = 2,
                    validation_split=validation_split, callbacks=[tensorboard])
```

训练结束后，打开的 TensorBoard 页面会默认进入“SCALARS”选项卡页面，如图 3-8 所示。

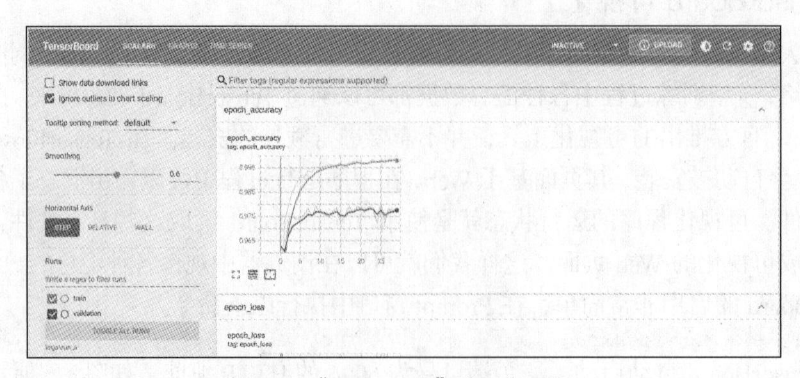

图 3-8　“SCALARS”选项卡页面

“SCALARS”选项卡页面显示了TensorFlow中标量数据随着训练同期而变化。图3-8主图中的epoch_accuracy折线图按照训练周期展示了正确率的值；epoch_loss折线图按照训练周期展示了计算损失的值。将光标停在折线上时紧挨着图表的下方会显示一个黑色的提示框，里面有关于折线上某一点更精确的数值信息，包括得到数值的时间等，如图3-9所示。

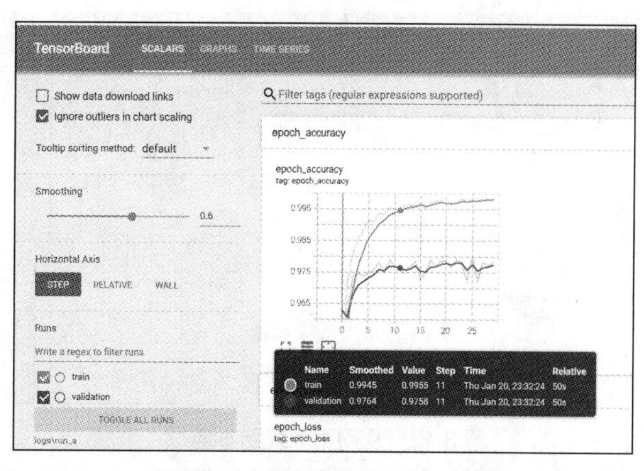

图3-9 提示框显示更丰富的信息

紧挨着图表的左下方有3个按钮：单击左边按钮可以放大这个图表；单击中间按钮可以调整纵坐标轴的范围，以便更清楚地显示图像；单击右边按钮可以使图表恢复到原本的数据域。图3-10展示了epoch_accuracy折线图放大之后的效果。

页面的左侧是一些显示控制选项，下面来看一下这些选项能够帮助我们做些什么。

首先在中部有一个“Horizontal Axis”选项，用于控制图表中横坐标的含义，默认选择的是“STEP”，表示按照训练周期展示相关汇总的信息。我们还可以选择“RELATIVE”，表示相对于训练开始时完成汇总时所用的时间，单位是小时。我们还可以选择“WALL”，表示折线图的横坐标是完成汇总时的运行时间。图3-11展示了选择“RELATIVE”的情况。

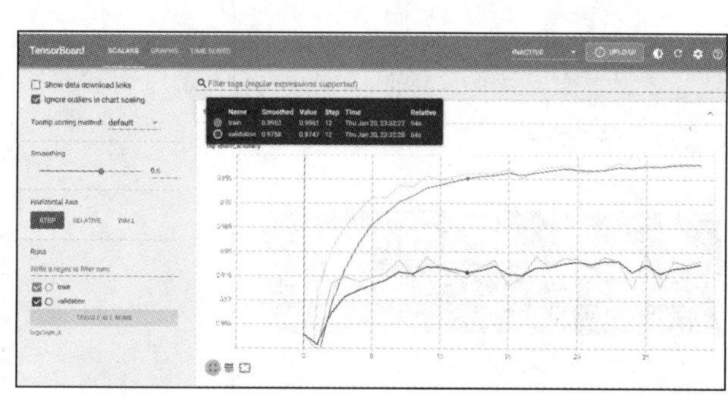

图3-10 epoch_accuracy折线图放大之后的效果

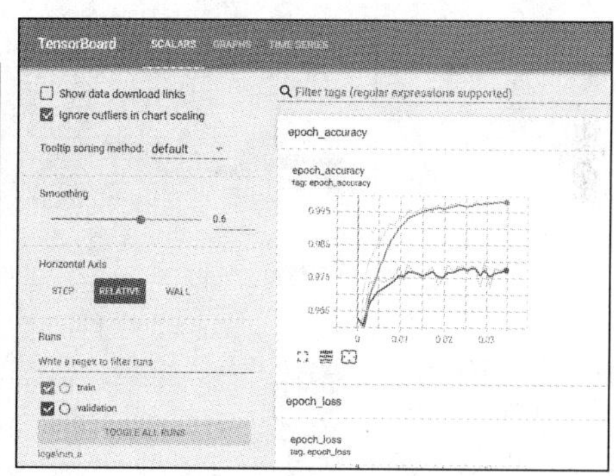

图3-11 选择“RELATIVE”

在“Horizontal Axis”选项的上方有一个“Smoothing”选项，通过调整它的大小可以控制对折线的平滑处理程度，“Smoothing”数值越小越接近实际值，但具有较大的波动；“Smoothing”数值越大，折线越平缓，但与实际值可能偏差较大（实际值是图中颜色较浅的折线，在此基础上经过平滑处理的结果是图中颜色较深的折线）。

接着，再往上有一个“Show data download links”选项（默认没有选中），用于从网页下载图表或数据到本地。如果勾选这个复选框，在所有的折线图下面就会出现下载箭头（Download Current as SVG）、CSV和JSON这3个链接项，如图3-12所示。

最后，在“Horizontal Axis”下面有“Runs”选项，可以勾选“train”“validation”，默认两者都勾选，在图表中同时显示训练和验证数据图表。当只勾选“train”时，右边图表只显示训练集的统计图表，如图3-13所示。

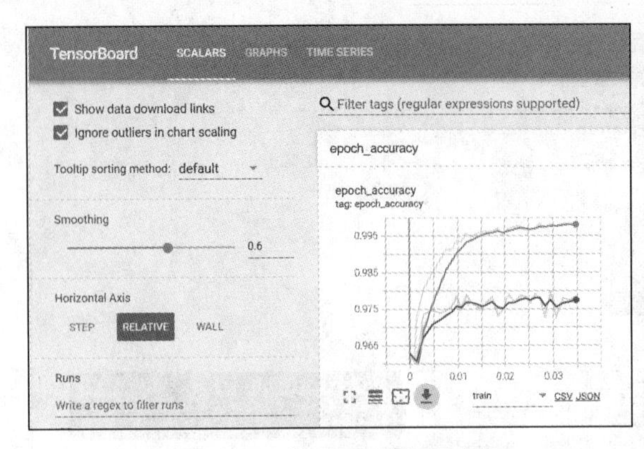

图 3-12　从网页下载到本地

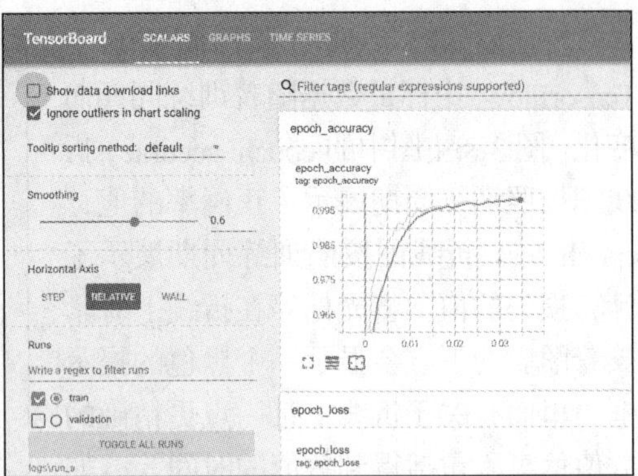

图 3-13　只显示训练集的统计图表

我们还可以在 TensorBoard 上对比多个模型的训练结果，方便对比差异。比如我们已经在 logs 文件目录下创建了两个子目录 run_a（模型迭代 30 次的训练结果）和 run_b（模型迭代 50 次的训练结果）。在 Prompt 窗口运行以下程序代码可以得到图 3-14 所示的“SCALARS”选项卡。

```
tensorboard --logdir=logs
```

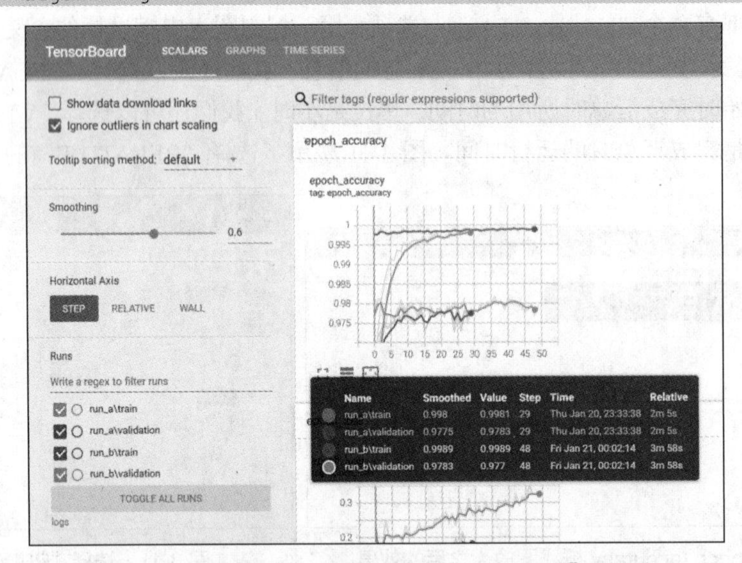

图 3-14　同时查看两个训练结果的“SCALARS”选项卡

从图 3-14 可知，两次训练模型的 4 条准确率曲线或误差曲线均在一个折线图中呈现。可以很容易看出模型迭代 30 次时已经达到不错的效果，后面的训练对模型的提升效果不明显。

3.4 回调函数

之前的深度学习模型的训练过程都是先训练一遍，然后得到一个验证集的识别率变化趋势，从而知道最优的训练周期，最后根据得到的最优训练周期再训练一遍，得到最终结果，这样做很浪费时间。一个好方法是在测试识别率不再上升的时候，我们就终止训练。

扫一扫

回调函数是一组在训练的特定阶段被调用的函数。我们可以使用回调函数来观察训练过程中网络内部的状态和统计信息。

回调函数可以用来做以下这些事情。

- **模型断点续训**：保存当前模型的所有权重值。
- **提早结束训练**：当模型的损失不再下降的时候就终止训练。当然，此时会保存最优的模型。
- 动态调整训练时的参数，比如优化学习速度。

3.4.1 回调函数简介

tf.keras 中的回调函数属于对象类型，它可以让模型去拟合，常在各个点被调用。它存储模型的状态，能够采取措施打断训练、保存模型、加载不同的权重值，或者替代模型状态。虽然我们称之为回调“函数”，但事实上 tf.keras 的回调函数是一个类，这里的回调函数只是习惯性的称呼。比如在 3.3 节出现的 callbacks.TensorBoard()函数就是一个回调函数，其将日志信息写入 TensorBoard，使得我们可以可视化地动态观察训练和测试指标。

以下是 tf.keras.callbacks 模块内置的回调函数。

- BaseLogger()：回调度量的累积 epoch（训练周期）平均值。
- CSVLogger()：将 epoch（训练周期）结果流式地传输到 CSV 文件的回调中。
- Callback()：用于构建新回调的抽象基类。
- EarlyStopping()：当监控数据停止改善时停止训练。
- History()：将事件记录到 History 对象中的回调。
- LambdaCallback()：用于动态创建简单的自定义回调的回调。
- LearningRateScheduler()：学习率调度程序。
- ModelCheckpoint()：在每个训练期后保存模型。
- ProgbarLogger()：将指标输出到 stdout 的回调。
- ReduceLROnPlateau()：当指标停止改善时降低学习率。
- RemoteMonitor()：用于将事件流式地传输到服务器的回调中。
- TensorBoard()：TensorBoard 可视化。
- TerminateOnNaN()：遇到 NaN 损失时会停止训练。

3.4.2 使用回调函数寻找最优模型

扫一扫

扫一扫

应用回调函数时，应在每次训练中观察到改进时输出模型的权重值。我们可以将 ModelCheckpoint()函数设置成当验证集的分类精度提高时保存网络权重值（monitor='val_acc'和 mode='max'），其中，monitor 为需要检测的值；mode 在 save_weight_only=True 时决定性能最优模型的评判准则；当检测值为 val_acc 时，模式应设置为 max；当检测值为 val_loss 时，模式应设置为 min。在 auto 模式下，评估准则由被检测值的名字自动推断。

我们继续以 mnist_mlp.py 脚本为例，使用 fit()方法在 MNIST 数据集训练过程中，调用 ModelCheckpoint()函数，将每次训练的当前权重值保存在一个包含评估的文件中（"weights.

{epoch:02d}-val_loss-{val_loss:.2f}-val_acc-{val_accuracy:.2f}.hdf5）。

```
# 读入mnist_mlp.py脚本，包含对MNIST数据集的预处理数据和模型定义及模型编译
from mnist_mlp import *
os.makedirs('../checkpoints') # 创建用于保存模型文件的目录
os.chdir('../checkpoints') # 改变默认目录
os.listdir() # 查看当前目录下的文件
# 创建回调函数
import tensorflow as tf
checkpoint_filepath  =
                'weights.{epoch:02d}-val_loss-{val_loss:.2f}-val_acc-
{val_accuracy:.2f}.hdf5'
callbacks_list = tf.keras.callbacks.ModelCheckpoint( # 在每次训练过后保存当前权重值
     filepath=checkpoint_filepath, # 目标模型文件的保存路径
     save_weight_only=True, # 只保存模型权重值
     monitor='val_acc',   # 使用val_acc作为检测指标
     mode='max', # 当检测值为val_acc时，模式应设置为max
     verbose=1)
# 训练模型
model.fit(train_x,train_y,epochs=10,verbose = 1,
          validation_split=0.1, callbacks=[callbacks_list])
os.listdir() # 查看checkpoints路径下的文件
```

输出结果为：

```
['weights.01-val_loss-0.09-val_acc-0.97.hdf5',
 'weights.02-val_loss-0.08-val_acc-0.98.hdf5',
 'weights.03-val_loss-0.07-val_acc-0.98.hdf5',
 'weights.04-val_loss-0.08-val_acc-0.98.hdf5',
 'weights.05-val_loss-0.09-val_acc-0.98.hdf5',
 'weights.06-val_loss-0.09-val_acc-0.98.hdf5',
 'weights.07-val_loss-0.09-val_acc-0.98.hdf5',
 'weights.08-val_loss-0.09-val_acc-0.98.hdf5',
 'weights.09-val_loss-0.10-val_acc-0.98.hdf5',
 'weights.10-val_loss-0.09-val_acc-0.98.hdf5']
```

将每一次训练的结果都保存为文件是一个非常简单的 checkpoint（检查点）策略。但如果验证精度在训练周期上下波动，则可能会创建大量不必要的 checkpoint 文件。一个更有效的 checkpoint 策略是，只有在验证精度提高的情况下才将模型权重值保存到相同的文件中。下列示例结合 EarlyStopping()函数，如果在经过 3 个训练周期后验证集的准确率没有提升的话就终止训练，并将最优的模型保存到目录中。

```
# 仅保存最优模型
callbacks_list1 = [
     tf.keras.callbacks.ModelCheckpoint('model.best.hdf5',
                                  save_weight_only=True,monitor='val_acc'),
     tf.keras.callbacks.EarlyStopping(monitor = 'accuracy',patience = 3)
     ]
# 训练模型
model.fit(train_x,train_y,epochs=10,verbose = 1,
          validation_split=0.1, callbacks=callbacks_list1)
os.listdir() # 查看checkpoints目录下的文件
```

输出结果为：

```
['model.best.hdf5',
 'weights.01-val_loss-0.09-val_acc-0.97.hdf5',
 'weights.02-val_loss-0.08-val_acc-0.98.hdf5',
 'weights.03-val_loss-0.07-val_acc-0.98.hdf5',
 'weights.04-val_loss-0.08-val_acc-0.98.hdf5',
 'weights.05-val_loss-0.09-val_acc-0.98.hdf5',
```

```
'weights.06-val_loss-0.09-val_acc-0.98.hdf5',
'weights.07-val_loss-0.09-val_acc-0.98.hdf5',
'weights.08-val_loss-0.09-val_acc-0.98.hdf5',
'weights.09-val_loss-0.10-val_acc-0.98.hdf5',
'weights.10-val_loss-0.09-val_acc-0.98.hdf5']
```

这是在模型训练中需要经常用到的且使用起来很方便的一种 checkpoint 策略。它将确保你的最优模型被保存，以便之后使用。它避免了输入代码来手动跟踪训练，并在训练时序列化最优模型。

3.5 模型保存及加载

在完成模型训练后或者在模型训练过程中都可以保存模型训练的进度。这意味着模型训练可以从中断的地方继续进行，避免了长时间的训练。你也可以共享模型，其他人可以利用此模型进行开发。Keras 模型由以下多个组件组成。

- **架构或配置**：指定模型包含的层及其连接方式。
- **权重值**：模型的状态。
- **优化器、损失和指标**：通过编译模型来定义。

你可以通过 Keras API 将这些内容一次性保存到磁盘中，或仅选择性地保存其中一些内容。

- 标准做法是将所有内容以 TensorFlow SavedModel 格式（或较早的 Keras H5 格式）保存到单个文档。
- 仅保存架构/配置，通常保存为 JSON 文件。
- 仅保存权重值，通常在训练模型时使用。

3.5.1 使用 SavedModel 格式保存及加载模型

使用 model.save()或 tf.keras.models.save_model()可以保存整个模型，包括模型结构和模型参数。可以使用两种格式将整个模型保存到磁盘：TensorFlow SavedModel 格式和较早的 Keras H5 格式。推荐使用 SavedModel 格式，它是使用 model.save()时的默认格式。

可以通过以下方式切换成 H5 格式。

- 将 save_format='h5' 传递给 save()。
- 将以.h5 或.keras 结尾的文件名传递给 save()。

扫一扫

我们继续以 mnist_mlp.py 脚本为例，在完成模型训练后，使用 model.save()保存整个模型，默认为 SavedModel 格式。

```
# 读入 mnist_mlp.py 脚本，包含对 MNIST 数据集的数据预处理和模型定义及编译
from mnist_mlp import *
# 训练模型
model.fit(train_x,train_y,epochs=10,validation_split=0.1,verbose = 2)
os.makedirs('../models/my_model') # 创建用于保存模型文件的目录
# 保存模型
model.save("../models/my_model")
#等价于 tf.keras.models.save_model(model,'../models/my_model')
```

调用 model.save('../models /my_model')，将结果保存在 models/ my_model 目录下。该目录包含以下内容。

```
# 查看 my_model 目录的内容
import os
os.listdir('../models/my_model')
```

输出结果为：

```
['assets', 'saved_model.pb', 'variables']
```

模型结构和训练配置（包括优化器、损失函数和评估指标）存储在 saved_model.pb 中。权重值保存在 variables 目录下。

使用 tf.keras.models.load_model()加载保存好的模型，并通过 NumPy 的 array_equal()函数判断原始模型与加载的模型对测试集的预测结果是否一致。

```
# 加载模型
loaded_model = tf.keras.models.load_model('../models/my_model')
# 利用原始模型对测试集进行预测
prediction = model.predict(test_x)
# 利用加载的模型对测试集进行预测
new_prediction = loaded_model.predict(test_x)
# 对比原始模型和加载的模型对测试集的预测结果是否一致
import numpy as np
np.array_equal(prediction, new_prediction)
```

输出结果为：

```
True
```

返回结果为 True，说明原始模型和加载的模型对测试集的预测结果是一致的。

Keras 还支持保存单个 H5 文件，其中包含模型的结构、权重值和编译信息。它是 SavedModel 的轻量化替代选择。以下代码将模型保存为 H5 格式。

```
# 将模型保存为 H5 格式
model.save('../models/my_model.h5')
# 查看 models 目录的内容
os.listdir('../models')
```

输出结果为：

```
['my_model', 'my_model.h5']
```

可见，在 models 目录下已经生成 my_model.h5 文件。

有时候，如果你只对结构感兴趣，则无须保存权重值或优化器。在这种情况下，可以通过 get_config()方法得到一个包含模型配置的 Python 词典，使你可以从头开始初始化创建相同的模型，而无须知道先前模型在训练期间学到的任何信息。然后可以通过 Sequential.from_config(config)（针对顺序型 API 模型）或 Model.from_config(config)（针对函数式 API 模型）重构同一模型。使用以下程序重构模型，该模型仅仅继承了之前模型的网络结构，并不包含模型训练得到的权重值（此时的权重值为初始化值）和优化器。

```
config = model.get_config()
reinitialized_model = tf.keras.Sequential.from_config(config)
```

下一步，利用重新创建的模型对测试集进行预测，并判断是否与原始模型 model 预测结果一致。

```
reinitialized_model = tf.keras.Sequential.from_config(config)
# 重新对测试集进行预测
new_prediction2 = reinitialized_model.predict(test_x)
# 判断预测结果是否一致
np.array_equal(prediction, new_prediction2)
```

输出结果为：

```
False
```

返回结果为 False，说明此时的预测结果是有差异的，原因在于我们重新创建的模型只保留了模型结构，并没有保留模型状态（权重值和优化器）。

我们可以利用 get_weights()方法得到模型权重值，并返回一个数组。比如，在定义网络时，偏置项的权重值初始化的默认值为 0。我们利用 get_weights()方法查看 reinitialized_model 模型第一个隐藏层偏置项的权重值。

```
reinitialized_model.get_weights()[1]
```

reinitialized_model 仅继承了 model 的网络结构，并未保留 model 中的网络权重值，因此 reinitialized_model 的每层中的各神经元的偏置项的权重值均为 0。可利用 set_weights()方法将 reinitialized_model 的权重值设置为与 model 的权重值一致。

```
reinitialized_model.set_weights(model.get_weights())
# 重新对测试集进行预测
new_prediction3 = reinitialized_model.predict(test_x)
# 判断预测结果是否一致
np.array_equal(prediction, new_prediction3)
```

输出结果为：

```
True
```

返回为 True，说明此时 reinitialized_model 的权重值已经和 model 的一致。

还可以组合使用 get_config()/from_config()和 get_weights()/set_weights()来以相同权重值重新创建模型，但是这将不包括对损失函数和优化器的设置。所以，我们如果想使用该模型进行训练，必须先使用 compile()重新编译网络，否则会报错。

```
reinitialized_model.fit(train_x,train_y,epochs=10,validation_split=0.1,verbose = 2)
```

输出结果为：

```
RuntimeError: You must compile your model before training/testing. Use `model.
compile(optimizer, loss)`.
```

错误提示说明在利用 reinitialized_model 模型进行训练之前需要使用 compile()编译网络。

3.5.2 使用 JSON 格式保存及加载模型

扫一扫

你可以用 tf.keras.models.model_to_json()将模型的结构保存为 JSON 格式，并使用 tf.keras.models.model_from_json()加载 JSON 格式的模型。

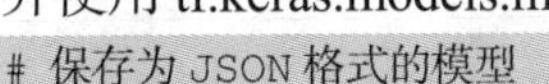

```
# 保存为 JSON 格式的模型
json_config = model.to_json()
# 加载 JSON 格式的模型
new_model = keras.models.model_from_json(json_config)
# 查看第一个隐藏层的偏置项值
new_model.get_weights()[1]
```

因为 json_config 仅保存了模型结构，所以第一个隐藏层的偏置项值全部都为 0。你可以将原始模型训练好的权重值通过 save_weights()保存到文件中，再通过读取该文件将权重值赋给 new_model。

```
# 保存原始模型的权重值
model.save_weights('../models/model_weights.h5')
# 加载原始模型的权重值到 new_model 模型中
new_model.load_weights('../models/model_weights.h5')
# 判断原始模型和 new_model 的第一个隐藏层的偏置项值是否一致
np.array_equal(model.get_weights()[1], new_model.get_weights()[1])
```

输出结果为：

```
True
```

通过上面前两行代码，已经将原始模型的权重值导出并加载到 new_model 中。此时 new_model 的权重值已经与原始模型的权重值一致。

再次利用原始模型和 new_model 对测试集进行预测，判断两者预测结果是否一致。

```
# 利用原始模型对测试集进行预测
prediction = model.predict(test_x)
# 利用 new_model 对测试集进行预测
new_prediction4 = new_model.predict(test_x)
# 判断预测结果是否一致
np.array_equal(prediction, new_prediction4)
```

输出结果为：

```
True
```

返回结果为 True，说明两者无差异。

请注意，此模型的优化器未保留，如果我们想重新进行模型训练，需在训练前利用 compile()编译网络。

```
# 不进行编译会报错
new_model.fit(train_x,train_y,epochs=10,validation_split=0.1,verbose = 2)
```

输出结果为：

```
RuntimeError: You must compile your model before training/testing. Use
`model.compile(optimizer, loss)`.
```

3.6 案例实训：使用 Keras 预测泰坦尼克号上的旅客是否生存

本案例将使用 Keras 预测泰坦尼克号上的旅客是否生存。泰坦尼克号数据集共有 1309 个样本，11 个字段。各字段说明如表 3-1 所示。

表 3-1 字段说明

字段	字段说明	数据说明
pclass	船舱等级	1=头等舱，2=二等舱，3=三等舱
survived	是否生存	0=否，1=是
name	姓名	
sex	性别	female=女性，male=男性
age	年龄	
sibsp	手足或配偶也在船上的旅客数量	
parch	双亲或子女也在船上的旅客数量	
ticket	船票号码	
fare	旅客费用	
cabin	舱位号码	
embarked	登船港口	C=Cherbourg，Q=Queenstown，S=Southampton

首先利用 pandas 的 read_excel()函数将数据集导入 Python 中。由于字段 name、ticket、cabin 与要预测的结果 survived 关联不大，在导入数据后将删除这些字段。

```
#导入数据
import pandas as pd
titanic = pd.read_excel('data/titanic3.xls')
# 删除 name、ticket、cabin 字段
titanic.drop(['name','ticket','cabin'],axis=1,inplace= True)
# 查看此时的字段的名称
titanic.columns
```

输出结果为：

```
Index(['pclass', 'survived', 'sex', 'age', 'sibsp', 'parch', 'fare',
       'embarked'],
      dtype='object')
```

此时，数据框 titanic 中已经没有 name、ticket、cabin 字段。

下列代码用于查看数据框 titanic 中各字段的缺失值情况。

```
# 统计缺失值数量
missing=titanic.isnull().sum().reset_index().rename(columns={0:'missNum'})
# 计算缺失率
missing['missRate']=missing['missNum']/titanic.shape[0]
# 按照缺失率排序显示
miss_analy=missing[missing.missRate>0].sort_values(by='missRate',ascending=False)
# miss_analy 存储的是每个变量数据缺失情况的数据框
print(miss_analy)
```

输出结果为：

```
    index    missNum  missRate
3      age      263   0.200917
7  embarked       2    0.001528
6     fare        1    0.000764
```

从结果可知，8 个字段中有 3 个字段存在数据缺失情况，其中，字段 age 缺失的样本数为 263；fare 字段有 1 个样本存在数据缺失；embarked 字段有 2 个样本存在数据缺失。接下来将对缺失数据进行插补。由于 age 和 fare 属于数值型变量，所以可采用均值插补，而 embarked 属于字符型变量，所以可采用后面样本的值替换的方式进行插补。通过以下代码实现。

```
#均值填充
titanic['age'] = titanic['age'].fillna(titanic['age'].mean())
titanic['fare'] = titanic['fare'].fillna(titanic['fare'].mean())
# 用后面的值替换
titanic['embarked'].fillna(method='backfill',inplace=True)
# 再次查看各变量数据缺失情况
print(titanic.isnull().sum())
```

经过处理后，各变量均无数据缺失情况。

由于深度学习模型输入特征只接收由数字组成的数组，故下一步需要对 sex 和 embarked 进行独热编码处理，可通过 pd.get_dummies()函数实现。

```
# 查看各变量数据类型
print(titanic.dtypes)
# pd.get_dummies()直接对文本属性进行独热编码
titanic_onehot = pd.get_dummies(titanic)
# 查看独热编码转换后的各变量数据类型
print('独热编码转换后的各变量数据类型:')
print(titanic_onehot.dtypes)
```

经过处理后，变量 sex 被转换为 sex_female 和 sex_male，变量 embarked 被转换成

embarked_C、embarked_Q、embarked_S，新生成的变量值均为 0 或 1。

在深度学习建模前，通常会留一部分数据出来作为测试集，不参与模型训练。这部分数据用于验证模型的泛化（generalization）能力。利用 sklearn. model_selection 中的 train_test_split()函数将数据集划分为两部分，其中，80%的数据作为训练集用于模型训练，剩余的 20%的数据作为测试集用于模型验证，并将参数 random_state 设置为固定的数字，保证每次抽样的结果一致。通过以下代码实现。

```
# 数据集划分
from sklearn.model_selection import train_test_split
x_train,x_test,y_train,y_test = train_test_split(titanic_onehot.drop
(['survived'],axis=1),
                                                titanic_onehot['survived'],
                                                test_size = 0.2, random_state = 7)
```

由于不同变量的取值范围不同，我们在训练模型前还需要对各变量进行标准化处理。通过以下代码实现。

```
# 数据标准化
mean = x_train.mean(axis=0)
x_train-= mean
std = x_train.std(axis=0)
x_train /= std

x_test -= mean
x_test /= std
```

到此已经完成数据的预处理，接下来就可以使用 Keras 建立深度学习网络，训练模型并进行预测。

此案例中使用的数据集不大，我们就建立只含有一个隐藏层的神经网络。定义网络的代码如下。

```
from tensorflow import keras
from tensorflow.keras import Sequential,layers
# 定义网络
model = Sequential([
    # 隐藏层
    layers.Dense(units=40,activation='relu',input_shape=(x_train.shape[1],)),
    # 输出层
    layers.Dense(units=1, activation= 'sigmoid')])
```

网络定义好后，使用 compile()方法设置训练神经网络的损失函数、优化器及评估指标等。实现代码如下。

```
model.compile(optimizer='rmsprop', # 优化器
              loss='binary_crossentropy', # 损失函数
              metrics=['accuracy']) # 评估指标
```

网络编译后，通过使用 fit()方法训练深度学习网络，其中，参数 epochs 设置为 10，表示将执行 10 个训练周期；参数 batch_size 设置为 32，表示每一批次有 32 条数据；参数 verbose 设置为 2，表示将显示训练过程，并通过参数 validation_split 随机选择训练集数据的 10%为验证集。

```
history = model.fit(
     x=x_train,y=y_train,
     batch_size=32,
     epochs=10,
     validation_split=0.1,
     verbose=2)
```

训练过程如下。

```
Train on 942 samples, validate on 105 samples
Epoch 1/10
30/30 - 1s - loss: 0.7463 - accuracy: 0.4660 - val_loss: 0.6590 - val_accuracy: 0.5238
- 817ms/epoch - 27ms/step
Epoch 2/10
30/30 - 0s - loss: 0.5908 - accuracy: 0.7495 - val_loss: 0.5280 - val_accuracy: 0.8190
- 79ms/epoch - 3ms/step
......
Epoch 9/10
30/30 - 0s - loss: 0.4404 - accuracy: 0.8004 - val_loss: 0.3808 - val_accuracy: 0.8571
- 79ms/epoch - 3ms/step
Epoch 10/10
30/30 - 0s - loss: 0.4382 - accuracy: 0.7994 - val_loss: 0.3795 - val_accuracy: 0.8571
- 70ms/epoch - 2ms/step
```

使用以下程序代码画出准确率的执行结果，如图3-15所示。

```
# 定义绘制执行周期趋势的函数
import matplotlib.pyplot as plt
def show_history(history,train,validation):
    plt.plot(history.history[train])
    plt.plot(history.history[validation],'--g')
    plt.title('Train History')
    plt.ylabel(train)
    plt.xlabel('Epoch')
    plt.legend(['train', 'validation'], loc='upper left')
    plt.show()
# 绘制准确率执行周期趋势
show_history(history,'accuracy','val_accuracy')
```

蓝色实线表示的是训练数据的准确率执行周期趋势，绿色虚线表示的是验证数据的准确率执行周期趋势，共执行了10个训练周期，无论是训练数据还是验证数据，其准确率都在逐步提高。

以下代码用于绘制误差的执行周期趋势，如图3-16所示。

```
show_history(history,'loss','val_loss')
```

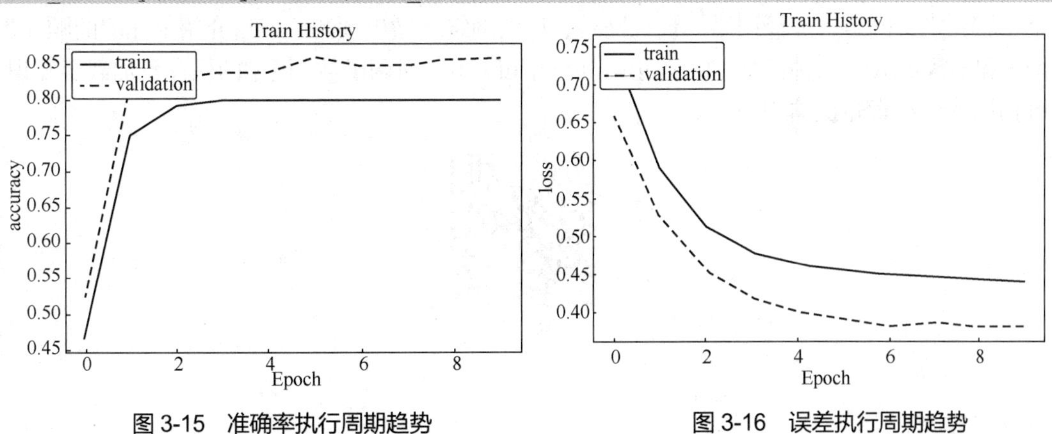

图3-15 准确率执行周期趋势　　图3-16 误差执行周期趋势

蓝色实线表示的是训练数据的误差执行周期趋势，绿色虚线表示的是验证数据的误差执行周期趋势，共执行了10个训练周期，无论是训练数据还是验证数据，其误差都越来越低。

下列代码利用x_test测试集来评估模型的准确率。

```
socre = model.evaluate(x=x_test,y=y_test,verbose=0)
socre[1] # 查看准确率
```

输出结果为：

```
0.805343508720398
```

模型在测试集上的准确率约为 80.5%。

如果我们对训练模型的性能感到满意，就可以用它来预测新数据。调用 predict()方法可以实现预测。

```
predictions = model.predict(x_test,verbose=0)
predictions[0:6]# 查看前 6 行数据
```

输出结果为：

```
array([[0.14069775],
       [0.10531363],
       [0.11323759],
       [0.1519981 ],
       [0.1578205 ],
       [0.22240302]], dtype=float32)
```

预测输出的形式由网络输出层的格式决定。在回归问题上，输出结果就是样本预测值，一般由线性激活函数完成。对于二元分类问题，预测结果以其中一个类别的概率形式出现。我们从预测结果的前 6 行可知，返回结果为每个样本预测为 1 的概率值。

下列代码将预测概率值大于 0.5 的样本结果预测为 1，然后计算预测准确率。

```
predictions_classes = (predictions>.5).astype(int).ravel() # 大于 0.5 的概率值预测为 1
print('预测准确率：',sum(y_test==predictions_classes)/y_test.shape[0])
```

输出结果为：

```
预测准确率： 0.8053435114503816
```

与用 model. evaluate()方法对测试集做出的评估结果一致。

【本章知识结构图】

本章详细介绍了使用 Keras 开发深度学习模型。首先介绍 Keras 模型生命周期，它包含 5 个步骤：定义网络、编译网络、训练网络、评估网络、做出预测。然后介绍 Keras 的顺序型 API 和函数式 API 两种模型、TensorBoard 模型可视化、回调函数、模型的保存及加载等知识。可扫码查看本章知识结构图。

扫一扫

【课后习题】

一、判断题

1. 使用 Keras 创建深度学习模型时，定义好网络结构后即可进行网络训练。(　　)

   A. 正确　　　　　　　　　　　　B. 错误

2. 使用 tf.keras.layers.Dense()可以创建神经网络层，其中参数 units 用于指定各网络层的神经元数

量。(　　)

A. 正确　　B. 错误

3. 定义好模型后可以使用 summary()输出完整的模型摘要，其中 Non-trainable params 表示神经网络中必须训练的全部参数数量。(　　)

A. 正确　　B. 错误

4. Keras 通过 plot_model()函数对网络拓扑进行可视化时，其参数 show_layer_names 为 True 时将显示每层的名称。(　　)

A. 正确　　B. 错误

二、选择题

1.（单选）使用 tf.keras.layers.Dense()创建神经网络层时，以下哪个参数用于指定网络层的激活函数？（　　）

A. units　　B. kernel_initialize　　C. activation　　D. input_shape

2.（单选）使用 model.compile()方法编译模型时，以下哪个参数用于指定优化器？（　　）

A. optimizer　　B. loss　　C. metrics　　D. verbose

3.（单选）使用 model.save()保存整个模型时，以下哪个目录用于保存模型权重值？（　　）

A. assets　　B. keras_metadata.pb　　C. saved_model.pb　　D. variables

4.（单选）Keras 通过 plot_model()函数对网络拓扑进行可视化时，以下哪些参数为必需项？（　　）

A. model　　B. to_file　　C. show_shapes　　D. show_layer_names

三、上机实验题

1. Scikit-learn 包的 datasets 自带 iris 数据集，我们可以通过以下命令将其导入。

```
from sklearn import datasets
# 导入iris数据集
dataset = datasets.load_iris()
x = dataset.data
Y = dataset.target
```

请按照以下要求创建并训练深度学习模型。

（1）定义网络：创建包含两个隐藏层的深度学习模型，第一个隐藏层有 4 个神经元，第二个隐藏层有 6 个神经元。

（2）编译网络：采用 Adam 优化器，采用 sparse_categorical_crossentropy 作为损失函数，采用 accuracy 作为评估指标

（3）训练网络：训练周期为 50，批次大小为 5，并使用 10%的数据作为验证集。

2. 请使用上机实验题 1 中训练好的模型对 iris 数据集进行评估，并输出评估的准确率结果。

3. 请使用 model.save()将上机实验题 1 的整个模型保存到本地的 iris_model 目录中。

第 4 章 卷积神经网络及图像分类

学习目标

1. 掌握卷积层的原理及其 TensorFlow 实现；
2. 掌握池化层的原理及其 TensorFlow 实现；
3. 掌握构建卷积神经网络进行图像分类；
4. 掌握迁移学习的 Keras Applications 实现；
5. 掌握迁移学习的 TensorFlow Hub 实现；
6. 掌握深度强化学习的 DQN 算法实现。

导　言

前面我们均利用全连接神经网络构建深度学习模型，本章将介绍另一种神经网络结构——卷积神经网络（Convolutional Neural Network，CNN）。相对于全连接神经网络而言，卷积神经网络引入了卷积层和池化层结构，这两种层结构是卷积神经网络的重要组成部分。本章将首先介绍卷积层、池化层的原理及其 TensorFlow 实现，接着对迁移学习进行概述，并通过 Keras Applications 和 TensorFlow Hub 两种方式实现迁移学习；最后介绍深度强化学习的概念及其中 DQN 算法的实现，并通过案例详细讲解如何构建卷积神经网络来识别 CIFAR-10 图像。

4.1 卷积神经网络原理及实现

扫一扫

前文所学的全连接网络中的每一层都和它的相邻层全连接。全连接网络的好处：从它的连接方式上看，每个输入维度的信息都会传播到其后任何一个节点中去，会最大限度地让整个网络中的节点都不会“漏掉”这个维度所贡献的因素。不过用全连接网络来处理图像时，它的缺点非常明显，主要存在以下两个问题。

- **参数太多**：假设输入图像大小为 128×128×3（图像高度为 128，宽度为 128，颜色通道为 3：RGB）。在全连接网络中，输入层到第一个隐藏层的每个神经元都有 49152（128×128×3）个相互独立的连接，每个连接都对应一个权重值参数。随着隐藏层数量和神经元数量的增多，参数的规模会急剧增加，这会导致整个神经网络的训练效率非常低。
- **局部不变性特征**：图像中的物体都具有局部不变性特征，比如尺寸缩放、平移、旋转等操作并不会影响其语义信息。而全连接网络很难提取这些局部不变性特征，通常需要通过进行数据增强来提高性能。

卷积神经网络又称卷积网络，是一种具有局部连接、权重共享等特性的深层前馈神经网络，也是一种专门用来处理具有类似网络结构数据（如图像数据）的神经网络。

虽然卷积神经网络是为图像分类而发展起来的，但现在已经被用在多种任务中，如语音识别和机器翻译等。只要信号满足多层次结构、特征局部性和平移不变性 3 个特性，就可以使用卷积神经网络进行处理。在本章中，我们只学习卷积神经网络在图像分类中的应用。

4.1.1　卷积神经网络原理

卷积神经网络的基本结构包括两层，其一为特征提取层，每个神经元的输入与前一层的局部接收域相连，并提取该局部的特征（该局部特征一旦被提取，它与其他特征间的位置关系也随之确定下来）；其二为特征映射层，网络的每个计算层由多个特征映射组成，每个特征映射是一个平面，平面上所有神经元的权重值相等。特征映射结构采用 Sigmoid 函数作为卷积神经网络的激活函数。该函数使得特征映射具有平移不变性。此外，由于一个映射面上的神经元共享权重值，因此减少了网络自由参数的个数。卷积神经网络中的每一个卷积层都紧跟着一个用来求局部平均与二次提取的计算层。这种特有的两次特征提取结构降低了特征分辨率。

由于卷积神经网络的特征提取层通过训练数据进行学习，所以在使用卷积神经网络时，避免了显式的特征提取，隐式地从训练数据中进行学习；再者，由于同一特征映射面上的神经元权重值相同，所以网络可以并行学习，这也是卷积神经网络相对于神经元彼此相连的网络的一大优势。卷积神经网络以其局部权重值共享的特殊结构，在图像处理和语音识别方面有着独特的优越性，其布局更接近实际的生物神经网络，局部权重值共享降低了网络的复杂性，特别是多维输入向量的图像可以直接输入网络这一特点，避免了特征提取和分类过程中数据重建的复杂度。

卷积神经网络通过使用小的输入数据来学习图像的内部特征，并保持像素之间的空间关系。特征在整个图像中被学习和使用，因此图像中的对象在场景中被移动时，仍然可以被网络检测到。这就是卷积神经网络被广泛应用于照片识别、手写数字识别、人脸识别等不同方面的对象识别的原因。以下是使用卷积神经网络的一些好处。

- 与全连接网络相比，使用较少的参数（权重值）来学习。
- 忽略需要识别的对象在图像中的位置和失真带来的影响。
- 自动学习和获取输入域的特征。

在理论上，卷积神经网络是一种特殊的多层感知机或前馈神经网络。标准的卷积神经网络一般由输入层（input layer）、交替的卷积层（convolution layer）和池化层（pooling layer）、全连接层（fully connected layer）和输出层（output layer）构成，如图 4-1 所示。

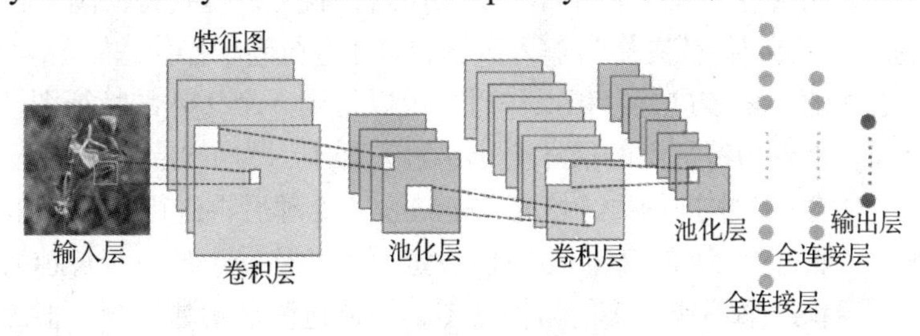

图 4-1　卷积神经网络的结构

其中，卷积层也称为“检测层”“池化层”，又称为“下采样层”，它们可以被看作特殊的隐藏层。卷积层的权重值也称为卷积核。

接下来，我们介绍卷积神经网络的结构及每一层的训练方法。

扫一扫

4.1.2 卷积层原理

卷积层可以保持形状不变。当输入数据是图像数据时，卷积层会以三维数据的形式接收输入数据，并同样以三维数据的形式输出至下一层。因此，在卷积神经网络中，可以正确理解图像等具有形状的数据。另外，卷积神经网络中，有时将卷积层的输入与输出数据称为特征映射或特征图（feature map），其中，卷积层的输入数据称为输入特征图（input feature map），输出数据称为输出特征图（output feature map）。

卷积神经网络有两个突出的特点。

❑ 卷积神经网络至少有一个卷积层，用来提取特征。

❑ 卷积神经网络的卷积层通过权重值共享的方式进行工作，大大减少了权重值 w 的数量，使得在训练中达到同样识别率的情况下卷积神经网络的收敛速度明显快于全连接神经网络的收敛速度。

在卷积层进行的处理就是卷积运算。卷积运算相当于图像处理中的“滤波器运算”。在一个卷积运算中，第一个参数通常叫作输入（input），第二个参数叫作核函数（kernel function，或称为卷积核）。

我们先来看一下数学中关于卷积运算的定义。假设使用二维的网格数据（其标识为 I，坐标为(m,n)），其二维卷积核用 K 作为标识，得到的特征映射也是一个二维的网格数据（其标识为 S，坐标为(i,j)）。于是卷积运算的过程可以用下面公式标识：

$$S(i,j)=(I*K)(i,j)=\sum_m\sum_n I(m,n)K(i-m,j-n)$$

这是 I 和 K 对应位置的数据相乘最后对乘积求和的过程（即输入样本和卷积核的内积运算）。卷积满足交换律，所以等价的公式可以写作：

$$S(i,j)=(I*K)(i,j)=\sum_m\sum_n I(i-m,j-n)K(m,n)$$

交换后的坐标(m,n)成了卷积核的坐标值。通常，交换后的公式比较容易实现，因为 m 和 n 的有效取值范围相对较小。

在实际应用中，通常卷积运算在许多机器学习库中运用的是下面这个计算公式：

$$S(i,j)=(I*K)(i,j)=\sum_m\sum_n I(i+m,j+n)K(m,n)$$

出于实际的考虑，我们以后使用的卷积运算运用的都是这种形式，也会默认将它当作卷积运算。在第一层卷积层对输入样本进行卷积操作后，就可以得到特征图。在第二层及其以后的卷积层，会把前一层的特征图作为输入数据，同样进行卷积操作。如图 4-2 所示，对 3×5 的输入样本使用 2×2 的卷积核进行卷积操作后，可以得到一个 2×4 的特征图。

从图 4-2 可知，得到的特征图的尺寸会小于输入样本，为了得到和原始输入样本大小相同的特征图，可以对输入样本进行边缘填充（padding）处理后再进行卷积操作。在图 4-2 中，卷积核的移动步长（stride）为 1，我们也可以设定更大的移动步长，步长越大得到的特征图尺寸越小。另外，卷积结果不能直接作为特征图，需通过激活函数计算，把函数输出结果作为特征图。常见的激活函数包括 Sigmoid、Tanh、ReLU 等。一个卷积层中可以有多个不同的卷积核，而每一个卷积核都对应一个特征图。

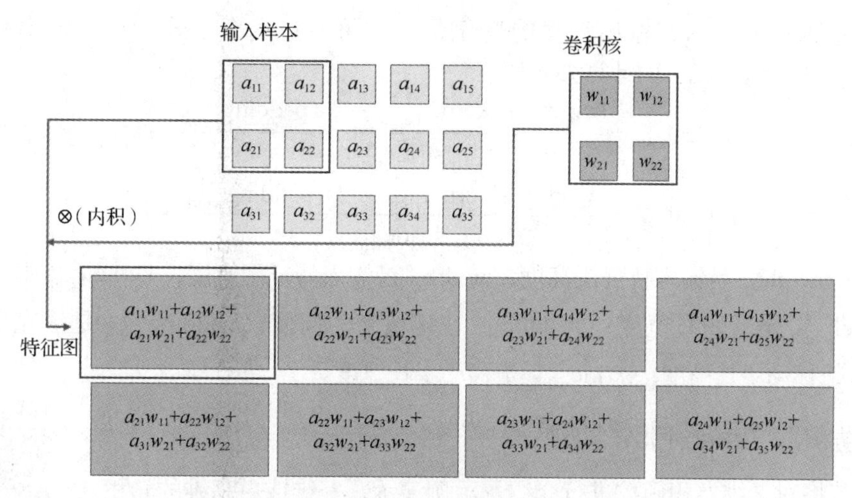

图 4-2　卷积运算示意

当对图像边界进行卷积时，卷积核的一部分位于图像外面，无像素值与之相乘，此时有两种策略：一种是舍弃图像边缘，这样会使“新图像”尺寸较小（如图 4-2 所示）；另一种是采用边缘填充技巧，这是为了捕获边缘信息而产生的手段，人为指定位于图像外面的像素值，使卷积核能与之相乘。边缘填充主要有两种方式：0 填充和复制边缘像素。在 CNN 中，普遍采用 0 填充方式，填充大小为 $P=(F-1)/2$，其中 F 为卷积核尺寸。

图 4-3 演示了进行边缘填充的卷积运算示意，其中输入特征图的尺寸为 4×4，采用 0 填充后的尺寸为 6×6，卷积核大小为 3×3，移动步长为 1，则输出特征图的尺寸为 4×4。

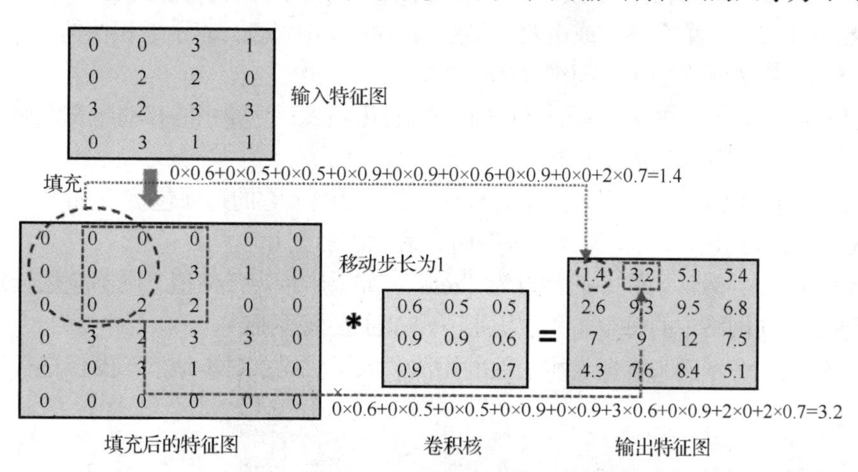

图 4-3　经过边缘填充的卷积运算示意

移动步长则是卷积核每次扫描所移动的像素点数，扫描一般有水平和垂直两个移动方向，移动步长常用的取值有 1×1 和 2×2。

图 4-4 演示了调整移动步长后输出特征图尺寸的变化，其中输入特征图的尺寸为 4×4，卷积核大小为 2×2，移动步长为 2×2，则输出特征图的尺寸为 2×2。

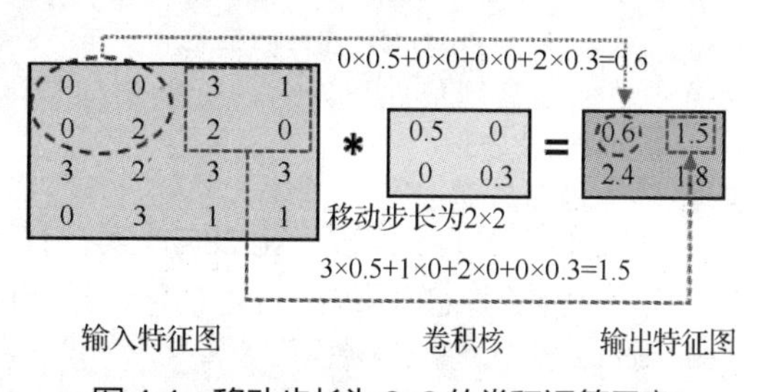

图 4-4　移动步长为 2×2 的卷积运算示意

对于卷积运算输入与输出尺寸的变化，其实可通过一个公式计算。输出特征图高（$\text{height}_{\text{out}}$）、宽（$\text{width}_{\text{out}}$）的计算公式如下。

$$\text{height}_{\text{out}}=\frac{\text{height}_{\text{in}}-\text{kernel}_{\text{height}}+2\times\text{padding}_{\text{height}}}{\text{stride}_{\text{height}}}+1$$

$$\text{width}_{\text{out}}=\frac{\text{width}_{\text{in}}-\text{kernel}_{\text{width}}+2\times\text{padding}_{\text{width}}}{\text{stride}_{\text{width}}}+1$$

其中，$\text{height}_{\text{in}}$ 是输入特征图高度，width_{in} 是输入特征图宽度；$\text{kernel}_{\text{height}}$ 是卷积核高度，$\text{kernel}_{\text{width}}$ 是卷积核宽度；$\text{padding}_{\text{height}}$ 是填充的高度，$\text{padding}_{\text{width}}$ 是填充的宽度；$\text{stride}_{\text{height}}$ 是移动步长高度，$\text{stride}_{\text{width}}$ 是移动步长宽度。

4.1.3 卷积层 TensorFlow 实现

扫一扫

本小节将对二维卷积函数进行介绍及示例演示，一维或更高维的卷积函数与之类似。二维卷积有两种常用方式：tf.nn.conv2d 和 tf.keras.layers.Conv2D。其中，tf.nn.conv2d 是函数调用，而 tf.keras.layers.Conv2D 是 Keras layer 方式调用，它能将卷积核（过滤器）定义为可以训练的变量。卷积层的每个卷积核就是一个特征映射，用于提取某一个特征，卷积核的数量决定了卷积层输出特征的个数，或者输出深度。因此，图像每经过一个卷积层，输出深度都会增加，并且其数量等于卷积核的数量。

对 tf.keras.layers.Conv2D 最重要的 5 个参数的描述如下。

- filters：表示卷积核的个数，用于卷积计算时折算使用的空间维度。
- kernel_size：单个整数或由两个整数构成的元组/列表，表示卷积核的高度和宽度，如为单个整数，则表示在各个空间维度的值相同。
- strides：单个整数或由两个整数构成的元组/列表，为卷积的移动步长，如为单个整数，则表示在各个空间维度的步长相同。
- padding：填充方式，用于指定卷积如何处理边缘。它的选项包括“valid”和“same”，默认为“valid”，表示不填充；为“same”时，表示添加全 0 填充。
- activation：激活函数，通常设为“relu”。如果未指定任何值，则不应用任何激活函数。强烈建议你向网络中的每个卷积层添加一个 ReLU 激活函数。

让我们通过一个示例来掌握卷积函数的用法。以下代码将对本地汽车图像进行读取并进行编码转换。

```
import tensorflow as tf
import matplotlib.pyplot as plt
car = tf.io.read_file('../data/car.jpg') # 读取本地图像
car = tf.image.decode_jpeg(car,channels=3) # 将 JPEG 编码图像解码为 uint8 张量
car.shape # 查看汽车图像的形状
```

输出结果为：

```
TensorShape([175, 287, 3])
```

这幅图像高 175 像素，宽 287 像素，有 3 个通道（RGB）的颜色。

以下代码对汽车图像进行可视化，绘制的图像如图 4-5 所示。

```
plt.imshow(car) # 绘制汽车图像
```

那么经过一层卷积运算后该汽车图像会变成什么样子呢？利用 layers. Conv2D()创建一

个二维卷积层，其中，参数 filter 为 3，说明有 3 个卷积核；参数 kernel_size 为(3,3)，说明卷积核的高度和宽度均为 3；参数 input_shape 为输入数据的维度。实现代码如下。

```
# 一层卷积运算
from tensorflow.keras import Sequential,layers
model = Sequential()
model.add(layers.Conv2D(3,(3,3),input_shape=car.shape))
```

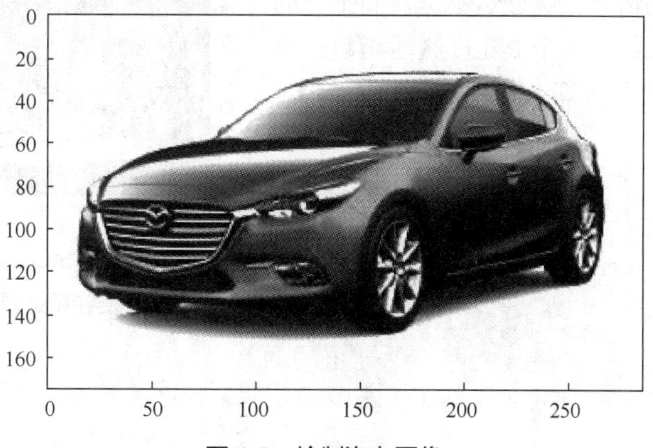

图 4-5　绘制汽车图像

输入数据要求是四维张量，即可设置为(batch_size, height, width, channels)。我们利用 np.expand_dims()将数据从三维变成四维。

```
import numpy as np
car_batch = np.expand_dims(car,axis=0)
print('数据处理后的形状：',car_batch.shape)
```

输出结果为：

```
数据处理后的形状：  (1, 175, 287, 3)
```

经过处理后，输入数据已经从三维变成四维。第一维是样本数量，因为只有 1 个样本，所以对应数字为 1。

利用 model.predict()方法对输入数据进行一层卷积运算，并查看运算后的特征图形状。

```
conv_car = model.predict(car_batch)
print('查看进行卷积运算后的形状：',conv_car.shape)
```

输出结果为：

```
查看进行卷积运算后的形状：  (1, 173, 285, 3)
```

进行卷积运算时，padding 默认为“valid”，不进行边缘填充，移动步长默认为 1。所以在进行一层卷积运算后得到的特征图宽为 173，高为 285。

以下代码将移除特征图中的第一维，并进行可视化展示，绘制的图像如图 4-6 所示。

```
def visualize_car(car_batch):
    print('查看特征图最小值：',car_batch.
min())
    car = np.squeeze(car_batch,axis=0)
    print('转换后的形状：',car.shape)
    plt.imshow(car)
visualize_car(conv_car)
```

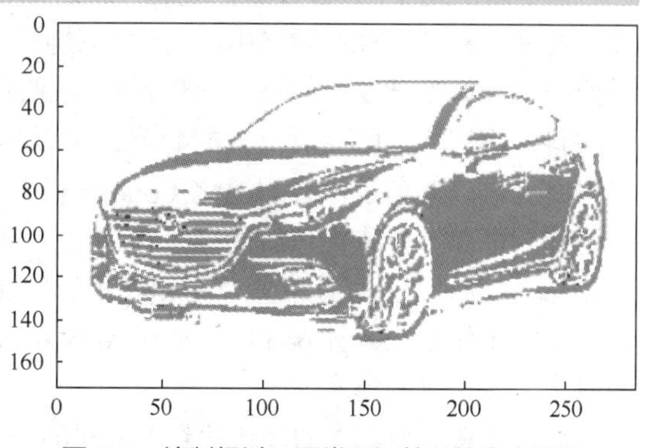

图 4-6　绘制经过一层卷积运算后的汽车图像

输出结果为：

```
查看特征图最小值：  -203.74442
转换后的形状：  (173, 285, 3)
```

进行一层卷积运算时，没有指定激活函数，默认使用了线性激活函数（a(x)=x），所以得到的特征图中有负元素存在的情况，这显然不是我们想要的结果。我们在卷积层指定一个 ReLU 激活函数，重新对输入数据进行卷积运算，可视化效果如图 4-7 所示。

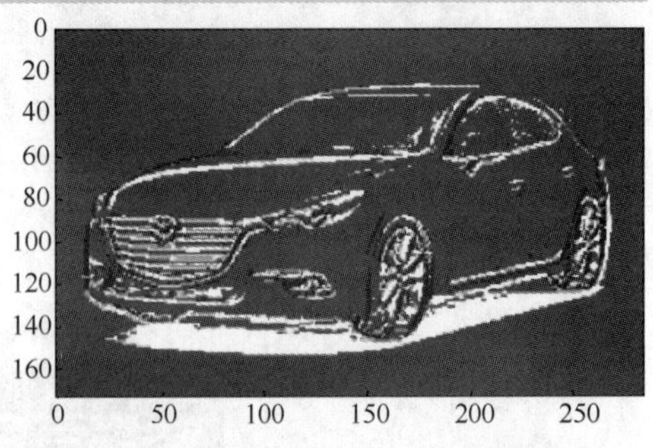

图 4-7　绘制经过指定 ReLU 激活函数的一层卷积运算后的汽车图像

```
# 指定 ReLU 激活函数的一层卷积运算
model1 = Sequential()
model1.add(layers.Conv2D(3,(3,3),activation=
'relu',input_shape=car.shape))
# 一层卷积运算
conv_car1 = model1.predict(car_batch)
# 对特征图进行可视化
visualize_car(conv_car1)
```

输出结果为：

```
查看特征图最小值：  0.0
转换后的形状：  (173, 285, 3)
```

在利用 ReLU 激活函数进行处理后，输出特征图的最小值为 0。

4.1.4　池化层原理

扫一扫

在通过卷积获得特征（feature）之后，下一步要做的是利用这些特征进行分类。理论上，所有经过卷积提取到的特征都可以作为分类器的输入（例如 Softmax 分类器），但这样做将面临巨大的计算量。例如，对于一幅 128 像素×128 像素的图像，假设已经学到了 300 个定义在 8×8 卷积上的特征，每一个特征和 8×8 的卷积都会得到一个 $(128-8+1)\times(128-8+1)=14641$ 维的卷积特征，由于有 300 个特征，所以每个样例都会得到一个 $14641\times300=4392300$ 维的卷积特征向量。学习一个拥有超 439 万输入特征的分类器十分不便，且容易出现过拟合的现象。

为了解决这个问题，此时一般会使用池化层来进一步对卷积操作得到的特征映射结果进行处理。在卷积神经网络中，池化层对输入的特征图进行压缩，一方面使特征图变小，降低网络计算复杂度；另一方面进行特征压缩，提取主要特征。采用池化层可以忽略目标的倾斜、旋转之类的相对位置的变化，可以提高精度，同时降低特征图的维度，并且在一定程度上可以避免过拟合。池化（pooling）会将平面内某一位置及其相邻位置的特征值进行统计与汇总，并将汇总后的结果作为这一位置在该平面内的值。例如，常见的最大池化（max pooling）会计算该位置及其相邻矩形区域内的最大值，并将这个最大值作为该位置的值；平均池化（average pooling）会计算该位置及其相邻矩形区域内的平均值，并将这个平均值作为该位置的值。

池化常常会用 2×2 的步长达到下采样的目的，同时取得局部抗干扰的效果。如图 4-8 所示，原本特征图尺寸是 4×4 的，经过最大池化运算转换后，尺寸变为了 2×2。

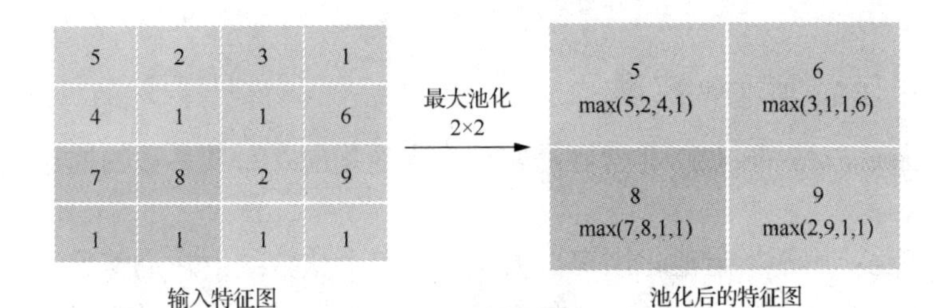

图 4-8 最大池化运算示意

为什么通常采用最大值进行池化操作？这是因为卷积层后接 ReLU 激活函数，ReLU 激活函数把负值都变为 0，正值不变，所以神经元的激活值越大，说明该神经元对输入局部窗口数据的反应越激烈，提取的特征越好。因此，用最大值代表局部窗口的所有神经元是很合理的。对最大值进行操作还能保持图像的平移不变性，同时能适应图像的微小变形和小角度旋转。

池化层有以下特征。

- **没有要学习的参数**：池化层和卷积层不同，没有要学习的参数。池化只是从目标区域中取最大值（或者平均值），所以不存在要学习的参数。
- **通道数不发生变化**：经过池化，输入数据和输出数据的通道数不会发生变化。如图 4-9 所示，计算是按通道独立进行的。

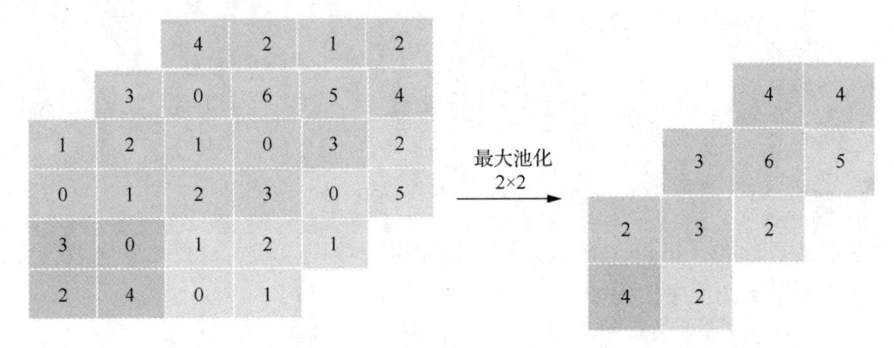

图 4-9 池化中通道数不变

- **对微小的位置变化具有鲁棒性**：输入特征产生微小偏差时，池化仍会返回相同的结果。因此，池化对输入特征的微小偏差具有鲁棒性。比如，在 3×3 池化的情况下，如图 4-10 所示，池化会吸收输入特征的偏差（根据数据的不同，结果有可能不一致）。

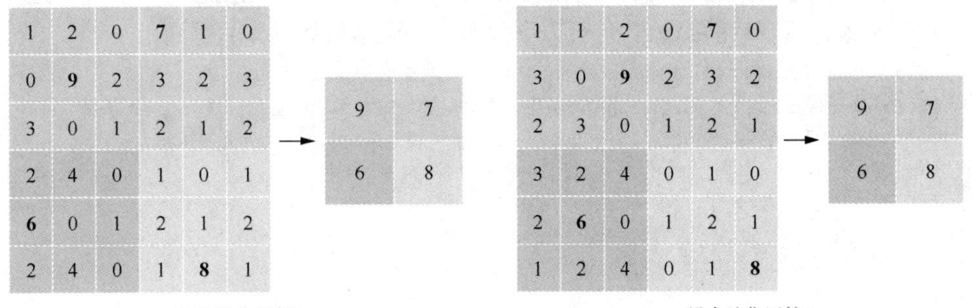

图 4-10 输入数据产生微小偏差时输出特征不变

4.1.5　池化层 TensorFlow 实现

用 tf.keras.layers.MaxPool2D 非常容易实现最大池化层，对其参数的描述如下。

- pool_size：用于指定池化层窗口大小，为单个整数或由两个整数构成的元组。例如，(2,2)会把输入张量的两个维度都缩小一半。如果只指定一个整数，那么两个维度都会使用同样的窗口长度。
- strides：为整数或两个整数表示的元组，或者为 None。它用于表示窗口移动步长。如果是 None，那么默认值是 pool_size。
- padding：为"valid"时表示不填充特征边界，为"same"时表示用 0 填充输入特征边界。
- data_format：是字符串，可为"channels_last"（默认）或"channels_first"，用于表示输入各维度的顺序。"channels_last"代表输入尺寸是(batch, height, width, channels)，而"channels_first"代表输入尺寸是(batch, channels, height, width)。

让我们自定义 build_model()函数，创建只有一层卷积运算或一层卷积运算加一层池化运算的模型，程序代码如下。

```
def build_model(object = car,pool = False):
    # 创建一层卷积运算
    model = Sequential()
    model.add(layers.Conv2D(3,(3,3),activation='relu',input_shape=car.shape))
    # 如果 pool 为 True，则增加一个池化层
    if(pool):
        model.add(layers.MaxPool2D(pool_size=(8,8)))
    return model
```

接着自定义 visualize_image()函数，用于绘制进行卷积运算或卷积和池化运算后的图像，并输出特征图的形状，程序代码如下。

```
def visualize_image(model,car=car):
    car_batch = np.expand_dims(car,axis=0)
    # 对输入数据进行卷积运算或卷积和池化运算
    conv_car = model.predict(car_batch)
    car = np.squeeze(conv_car,axis=0)
    print(car.shape)
    # 绘制输出特征图的图像
    plt.imshow(car)
```

继续以汽车图像为例进行演示，将图像读入 Python 中，并对比仅经过一层卷积运算与经过一层卷积和池化运算后的图像。运行以下代码，得到结果如图 4-11 所示。

```
car = tf.io.read_file('../data/car.jpg') # 读取本地图像
car = tf.image.decode_jpeg(car,channels=3) # 将 JPEG 编码图像解码为 uint8 张量
plt.subplot(2,2,1)
visualize_image(build_model())
plt.title('pool=False')
plt.subplot(2,2,2)
visualize_image(build_model(pool=True))
plt.title('pool=True')
```

输出结果为。

```
(173, 285, 3)
(21, 35, 3)
```

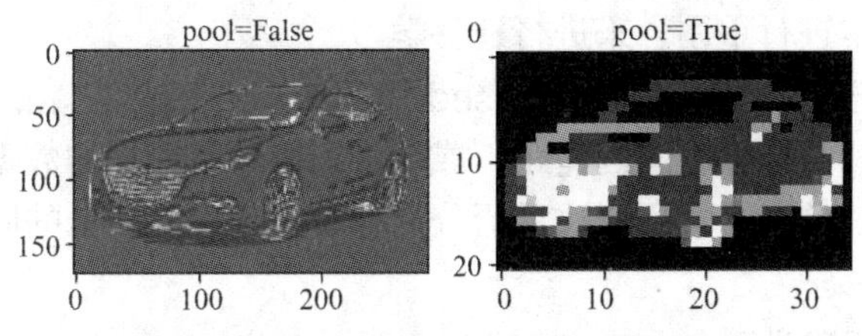

图 4-11 增加一层池化运算前后图像对比

图 4-11 左图是仅经过一层卷积运算后得到的图像，右图是经过一层卷积运算和一层池化运算后得到的图像。增加一层池化运算后的图像大小约为仅经过一层卷积运算后图像的 1/8。

4.1.6 全连接层

扫一扫

全连接层在整个卷积神经网络中起到“分类器”的作用。如果说卷积层、池化层等是将原始数据映射到隐藏层的特征空间的话，全连接层则起到将学习到的“分布式特征表达”映射到样本标记空间的作用。和多层感知机一样，全连接层也是首先计算激活值，然后通过激活函数计算各单元的输出值。激活函数包括 Sigmoid、Tanh、ReLU 等函数。由于全连接层的输入就是卷积层或池化层的输出，也就是二维的特征图，所以需要对二维特征图进行降维处理。这可以通过在全连接层前增加一个平坦层来实现。

平坦层就是用来将输入“压平”的，即把多维的输入一维化，常用在卷积层到全连接层的过渡中。平坦层不影响批次样本大小。在 TensorFlow 中，可以使用 tf.keras.layers.Flatten 实现平坦层的增添。

4.2 迁移学习

迁移学习（transfer learning）是深度学习中的一个重要研究话题，也是在实践中具有重要价值的一类技术，因为它可以花费更短的时间来建立精确模型。顾名思义，迁移学习是指将知识从一个领域迁移到另一个领域的能力，它不是从零开始学习，而是从之前解决各种问题时学到的知识开始，通过一定的技术手段将这部分知识迁移到新领域中，进而解决目标领域标签样本较少甚至没有标签的学习问题。

在计算机视觉领域中，迁移学习通常使用预训练模型来表示。预训练模型是在大型基准数据集上训练的模型，用于解决相似的问题。由于训练这种模型的计算成本较高，因此导入已发布的成果并使用相应的模型是比较常见的做法。

4.2.1 迁移学习概述

扫一扫

迁移学习是依靠先前学习过的任务来学习新任务的过程，其总体思路可以概括为：开发算法来最大限度地利用有标注的领域知识，辅助目标领域的知识获取和学习。其核心是找到源领域和目标领域之间的相似性，并加以合理利用。

迁移学习的基本方法可以分成以下 4 种。

- **基于样本的迁移学习（instance based transfer learning）**：根据一定的权重值生成

规则，通过对数据样本进行重用，来进行迁移学习。

- **基于特征的迁移学习（feature based transfer learning）**：指通过特征变换的方式互相迁移，来减少源域和目标域之间的差距；或者将源域和目标域的数据特征变换到统一特征空间中，然后利用传统的机器学习方法进行分类与识别。根据特征的同构性和异构性，又可以分为同构和异构迁移学习。
- **基于模型的迁移学习（parameter/model based transfer learning）**：指通过从源域和目标域中找到二者共享的参数信息，以实现迁移的方法。这种迁移方法要求的假设条件是：源域中的数据与目标域中的数据可以共享一些模型的参数。
- **基于关系的迁移学习（relation based transfer learning）**：与上述 3 种方法具有截然不同的思路，这种方法比较关注源域和目标域的样本之间的关系。

基于特征和基于模型的迁移学习方法是目前绝大多数研究工作的热点。因为卷积神经网络被证明擅长于解决计算机视觉方面的问题，所以常用的几个预训练模型是基于大规模卷积神经网络的。迁移学习的高性能和易训练的特点是最近几年卷积神经网络流行的主要原因。

计算机视觉领域有 3 个著名的比赛，分别是 ImageNet ILSVRC、PASCAL VOC 挑战赛和 Microsoft COCO 图像识别大赛。其中，Keras 中的模型大多是以 ImageNet 提供的数据集进行权重训练的。ImageNet 是一个包含将近 1500 万幅人工标记的高分辨率图像的数据库，它的训练数据足够充分，因此这些经过预训练的网络模型的泛化能力足够强。

对于卷积神经网络来说，经过预训练的网络模型可以实现网络结构与参数信息的分离，在保证网络结构一致的前提下，可以利用经过预训练的权重值参数初始化新的网络，这种方法可以极大地缩短训练时间。在实际的应用中，我们通常不会针对一个新任务从头开始训练一个神经网络，因为这样的操作显然是非常耗时的。尤其是我们的训练集不可能像 ImageNet 那么大，可以训练出泛化能力足够强的深度神经网络。即使有如此之大的训练集，我们从头开始训练的代价也是不可承受的。所以，深度神经网络的微调（fine tuning）也许就是简单的深度神经网络迁移方法。微调就是利用他人已经训练好的网络，针对自己的任务对网络再进行调整。

根据需要复用预训练模型时，首先要删除原始的分类器，然后添加一个适合的新分类器，最后必须根据以下的 3 种策略之一对模型进行微调。

- **训练整个模型**。在这种情况下，利用预训练模型的网络结构和训练集对其进行训练。如果从零开始学习模型，就需要使用大量数据集和大量计算资源。
- **训练一些层而冻结其他层**。对于已经训练完毕的网络模型来说，通常其前几层学习到的是通用特征，随着网络层次的加深，更深层次的网络层更偏重于学习特定的特征，因此可将通用特征迁移到其他领域。通常，如果有一个较小数据集和大量参数，你应该冻结很多层，以避免过度拟合。相反，如果数据集很大，并且参数数量很少，那么可以通过给新任务训练更多的层来完善模型。
- **冻结卷积基**。卷积基由卷积层和池化层的堆栈组成，其主要作用是由图像生成特征。这适用于训练/冻结平衡的极端情况。冻结卷积基的主要思想是将卷积基保持在原始形式，然后将其输出提供给分类器。把你正在使用的预训练模型作为固定的特征提取途径，如果缺少计算资源，并且数据集很小，那么冻结卷积基的策略就很有用。

基于 ImageNet 训练完毕的网络模型的泛化能力非常强，无形中扩充了训练数据，使得新网络模型的训练精度提升了，其泛化能力更强、鲁棒性更强。

4.2.2 使用 Keras Applications 实现迁移学习

扫一扫

tf.keras.applications.*系列函数提供了带有预训练权重的 Keras 模型。这些模型可以用来进行预测、特征提取和模型微调。Keras Applications 提供的预训练好的神经网络模型信息如表 4-1 所示。

表 4-1 Keras Applications 内置的预训练好的神经网络模型信息

模型	大小	Top1 准确率	Top5 准确率	参数数目	深度
Xception	88MB	0.790	0.945	22910480	126
VGG16	528MB	0.713	0.901	138357544	23
VGG19	549MB	0.713	0.900	143667240	26
ResNet50	99MB	0.749	0.921	25636712	168
InceptionV3	92MB	0.779	0.937	23851784	159
InceptionResNetV2	215MB	0.803	0.953	55873736	572
MobileNet	16MB	0.704	0.895	4253864	88
MobileNetV2	14MB	0.713	0.901	3538984	88
DenseNet121	33MB	0.750	0.923	8062504	121
DenseNet169	57MB	0.762	0.932	14307880	169
DenseNet201	80MB	0.773	0.936	20242984	201
NASNetMobile	23MB	0.744	0.919	5326716	—
NASNetLarge	343MB	0.825	0.960	88949818	—

表 4-1 中常用的预训练模型为 VGG16、VGG19、ResNet50、InceptionV3、Xception 和 MobileNet。它们在复杂性和网络结构方面有所不同，但是对于大多数相对简单的应用场景而言，选择哪个模型可能并不重要。VGG16 的深度最浅，因此我们更容易验证该模型。InceptionV3 网络深度比 VGG16 更深一些，但是其参数数组（23，851，784）比 VGG16（138，357，544）减少了 85%，这使得它的加载速度更快，而且内存密集度更低。

下面介绍 VGG16 神经网络结构，如果读者对其他神经网络结构感兴趣，请自行查阅资料。

VGGNet 是由牛津大学视觉几何小组提出的一种深层卷积神经网络结构。在原论文中，VGGNet 包含 6 个版本的演进，分别为 VGG11、VGG11-LRN、VGG13、VGG16-1、VGG16-3 和 VGG19，名称中不同的数值表示不同的网络层数[VGG11-LRN 表示在第一层中采用了 LRN（Local Response Normalization，局部响应归一化）的 VGG11，VGG16-1 表示后 3 组卷积块中最后一层卷积采用的卷积核尺寸为 1×1，相应的 VGG16-3 表示卷积核尺寸为 3×3]。VGG16 通常指的是 VGG16-3，其网络结构如图 4-12 所示。

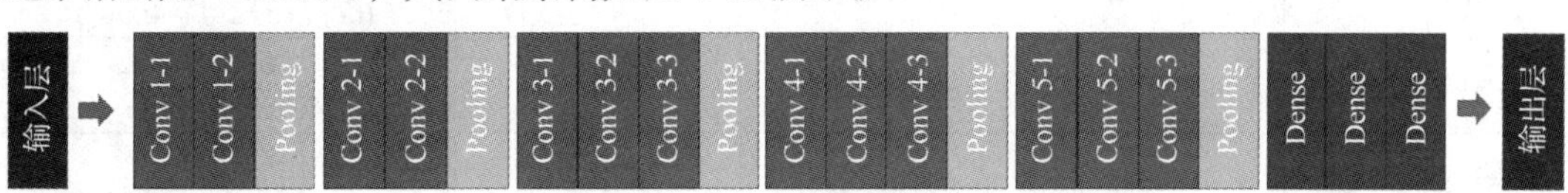

图 4-12 VGG16-3 的网络结构

VGGNet 默认的输入图像的大小是 224×224×3。从图 4-12 可知，VGG16 是指该网络结构含有参数的网络层一共有 16 层，即 13 个卷积层和 3 个全连接层，不包括池化层和 Softmax 激活函数层。VGG16 的卷积核大小是固定的，即 3×3，不同卷积层的卷积核个数不同。最大池化层的池化窗口大小为 2×2，步长为 2。3 个全连接层的神经元个数分别为 4096、4096 和 1000。其中，第 3 个全连接层有 1000 个神经元，负责分类输出，最后一层为 Softmax 输出层。表 4-2 所示是 VGG16 网络的参数配置。

表 4-2　VGG16 网络的参数配置

网络层	输入尺寸	核尺寸	输出尺寸	参数个数
卷积层 C_{11}	224×224×3	3×3×64/1	224×224×64	1792 ((3×3×3+1)×64)
卷积层 C_{12}	224×224×64	3×3×64/1	224×224×64	36928 ((3×3×64+1)×64))
下采样层 S_{max1}	224×224×64	2×2/2	112×112×64	0
卷积层 C_{21}	112×112×64	3×3×128/1	112×112×128	73856 ((3×3×64+1)×128))
卷积层 C_{22}	112×112×128	3×3×128/1	112×112×128	147584 ((3×3×128+1)×128))
下采样层 S_{max2}	112×112×128	2×2/2	56×56×128	0
卷积层 C_{31}	56×56×128	3×3×256/1	56×56×256	295168 ((3×3×128+1)×256))
卷积层 C_{32}	56×56×256	3×3×256/1	56×56×256	590080 ((3×3×256+1)×256))
卷积层 C_{33}	56×56×256	3×3×256/1	56×56×256	590080 ((3×3×256+1)×256))
下采样层 S_{max2}	56×56×256	2×2/2	28×28×256	0
卷积层 C_{41}	28×28×256	3×3×512/1	28×28×512	1180160 ((3×3×256+1)×512))
卷积层 C_{42}	28×28×256	3×3×512/1	28×28×512	2359808 ((3×3×512+1)×512))
卷积层 C_{43}	28×28×512	3×3×512/1	28×28×512	2359808 ((3×3×512+1)×512))
下采样层 S_{max4}	28×28×512	2×2/2	14×14×512	0
卷积层 C_{51}	14×14×512	3×3×512/1	14×14×512	2359808 ((3×3×512+1)×512))
卷积层 C_{52}	14×14×512	3×3×512/1	14×14×512	2359808 ((3×3×512+1)×512))
卷积层 C_{53}	14×14×512	3×3×512/1	14×14×512	2359808 ((3×3×512+1)×512))
下采样层 S_{max5}	14×14×512	2×2/2	7×7×512	0
全连接层 FC_1	7×7×512	(7×7×512)×4096	1×4096	102764544 ((7×7×512+1)×4096))
全连接层 FC_2	1×4096	4096×4096	1×4096	16781312 ((4096+1)×4096))
全连接层 FC_3	1×4096	4096×4096	1×1000	4097000 ((4096+1)×1000))

Keras Applications 使用 tf.keras.applications.vgg16.VGG16()函数下载及加载训练好的 VGG16 网络。第一次实例化模型时会自动下载权重，并将下载内容存储在～/.keras/models 目录中，因此通常你只需要下载一次。tf.keras.applications.vgg16.VGG16 的基本表达形式如下。

```
tf.keras.applications.vgg16.VGG16(
   include_top=True, weights='imagenet', input_tensor=None,
   input_shape=None, pooling=None, classes=1000,
   classifier_activation='softmax')
```

对各参数的描述如下。

- include_top：用于指定是否保留顶层的 3 个全连接层，默认为 True。
- weights：为 None 时，代表随机初始化，即不加载预训练权重；为 imagenet 时，代表加载预训练权重，默认为 imagenet。
- input_tensor：可选参数，用作模型图像输入的 Keras 张量。
- input_shape：用于指定输入网络中的图像张量的形状，仅当参数 include_top 为 False 时有效（否则输入图像的形状应为(224,224,3)）。
- pooling：用于指定当 input_shape 为 False 时对特征提取的可选池化模式。
- classes：可选参数，图像分类的类别数，仅当 include_top 为 True 且不加载预训练权重值时可用。
- classifier_activation：当 include_top 为 True 时用于设置顶层使用的激活函数。

运行以下代码实例化 VGG16 模型，并查看～/.keras/models 目录中的文件。

```
import tensorflow as tf
from tensorflow.keras.applications.vgg16 import VGG16, preprocess_input, decode_
predictions
import os
model_vgg16 = VGG16() # VGG16 实例化
model_path = r'C:\Users\Daniel\.keras\models' # 存放下载模型的目录
os.listdir(model_path) # 查看该目录下的文件
```

输出结果为：

```
['imagenet_class_index.json',
 'mobilenet_v2_weights_tf_dim_ordering_tf_kernels_1.0_224.h5',
 'resnet50_weights_tf_dim_ordering_tf_kernels.h5',
 'vgg16_weights_tf_dim_ordering_tf_kernels.h5']
```

下载完成后你会在～/.keras/models 目录中得到一个名称以.h5 结尾的模型文件。

运行以下代码查看 VGG16 的模型摘要，输出结果将与表 4-2 中的结果一致，其中输入图像的尺寸为(224,224,3)，顶层包含 3 个全连接层。

```
model_vgg16.summary() # 查看模型摘要
```

我们利用预训练的 VGG16 网络进行图像内容预测。由于默认的 VGG16 网络的输入图像的尺寸为(224,224,3)，所以我们在进行图像内容预测前需先进行图像数据预处理。

运行以下代码对本地一幅汽车图像进行读取与展示，展示的图像如图 4-13 所示。

```
import matplotlib.pylab as plt
img = tf.image.decode_image(tf.io.read_
file('../data/car.jpg'),channels=3)
print('读入图像大小：',img.shape)
plt.imshow(img)
```

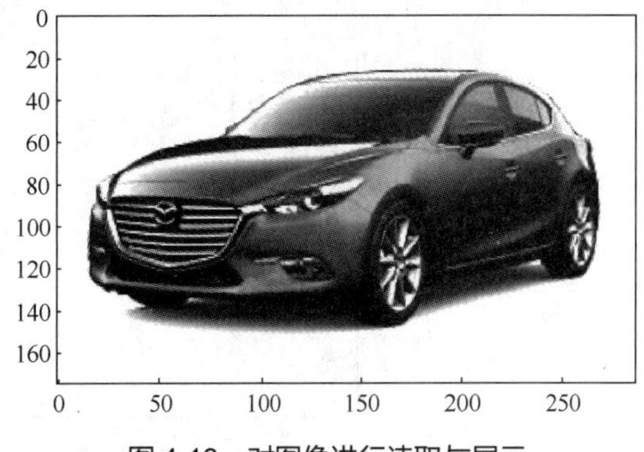

图 4-13　对图像进行读取与展示

输出结果为：

```
读入图像大小： (175, 287, 3)
```

通过以下代码将图像尺寸转换为(244,244,
3)，并按其需要扩展数组维度使其成为批次数据，即将 img 对象从三维数组转换为四维数组。

```
img = tf.image.resize(img,(224,224))
img = tf.expand_dims(img, axis=0)
print('image shape: ',img.shape)
```

输出结果为：

```
image shape:  (1, 224, 224, 3)
```

至此，图像数据预处理已经完成，运行以下代码对图像进行预测，并查看预测结果的数据形状。

```
img = preprocess_input(img)
preds = model_vgg16.predict(img)
print('预测结果的数据形状：',preds.shape)
print('预测结果数据合计：',np.round(preds.sum()))
```

输出结果为：

```
预测结果的数据形状： (1, 1000)
预测结果数据合计： 1.0
```

对于批次数据中的每幅图像，预测结果为(1,1000)的数组形式。数组中的每一个条目分别对应一个标签，条目的数值表示图像展示内容为该标签的可能性，1000 个条目对应的数值总和为 1。

Keras Applications 中有一个非常方便使用的 decode_predictions()函数。该函数可以找到可能性得分最高的条目，并返回包含该条目对应标签、描述和具体分值的元组列表。运行以下代码得到预测可能性最高的前 3 个条目的具体分值。

```
print('Predicted:', decode_predictions(preds, top=3)[0])
```

输出结果为：

```
Predicted: [('n04285008', 'sports_car', 0.7479204), ('n03100240', 'convertible',
0.18137446), ('n03459775', 'grille', 0.021423139)]
```

从预测结果可以看出，VGG16 网络认为我们看到的最可能是 sports_car（跑车），对应的可能性约为 0.748，其次是 convertible（敞篷车），对应的可能性约为 0.181。

4.2.3 使用 TensorFlow Hub 实现迁移学习

TensorFlow Hub 是一个包含经过训练的机器学习模型的代码库，这些模型稍做调整便可部署到任何设备上。你只需几行代码即可重复使用经过训练的模型，例如 BERT 和 Faster R-CNN。TensorFlow Hub 库中提供了许多预训练模型，比如文本嵌入向量、图像分类模型、TensorFlow.js/TFLite 模型等，网站页面如图 4-14 所示。

图 4-14 TensorFlow Hub 的网站页面

TensorFlow Hub 库可与 TensorFlow 1 和 TensorFlow 2 一起安装。在安装好 TensorFlow 后，可运行以下代码从豆瓣镜像下载并安装 TensorFlow Hub 库。

```
pip install --upgrade tensorflow-hub -i https://pypi.douban.com/simple
```

本书使用的是 TensorFlow 2.1.0 的 GPU 版本和 TensorFlow Hub 0.12.0，通过以下代码可以查看。

扫一扫

扫一扫

```
import tensorflow as tf
import tensorflow_hub as hub
print('查看 TensorFlow 版本：',tf.__version__)
print('查看 TensorFlow Hub 版本：',hub.__version__)
```

输出结果为：

```
查看 TensorFlow 版本：2.1.0
查看 TensorFlow Hub 版本：0.12.0
```

通过 hub. KerasLayer 类可以从 TensorFlow Hub 网站下载预先训练好的模型，运行以下代码在线下载 mobilenet_v2 预训练模型。

```
path = "https://tfhub.dev/google/tf2-preview/mobilenet_v2/classification/4"
IMAGE_SHAPE=(224, 224)
tfhub_model = tf.keras.Sequential([
    hub.KerasLayer(path, input_shape=IMAGE_SHAPE+(3,), output_shape=[1001]),
    tf.keras.layers.Softmax()
])
```

如果在线下载文件失败，也可以通过离线下载再载入的方式实现。此时需要将地址中的 tfhub.dev 替换成 storage.googleapis.com/tfhub-modules，并在地址最后面添加 tar.gz。

下载后将压缩包进行解压，再通过 hub. KerasLayer()函数导入即可，实现代码如下所示。

```
path  = '../models/mobilenet_v2'
IMAGE_SHAPE = (224, 224)
tfhub_model = tf.keras.Sequential([
    hub.KerasLayer(path, input_shape=IMAGE_SHAPE+(3,), output_shape=[1001]),
    tf.keras.layers.Softmax()
])
```

下一步我们将利用预训练好的 mobilenet_v2 模型对汽车图像进行预测，并通过 decode_predictions()函数查看预测概率前三的结果。

```
tfhub_preds = tfhub_model.predict(img)
tfhub_preds = np.expand_dims(tfhub_preds[0][1:],axis=0)
print('Predicted:', decode_predictions(tfhub_preds, top=3)[0])
```

输出结果为：

```
Predicted: [('n03459775', 'grille', 0.18667106), ('n03908618', 'pencil_box', 
0.055560187), ('n04548362', 'wallet', 0.04068646)]
```

预测结果最有可能为 grille（铁栅），对应的概率约为 0.187，其次为 pencil_box（铅笔盒），对应的概率约为 0.056。

4.2.4 使用迁移学习实现花卉图像分类器

实际上，所有用于分类的卷积架构都具有固定的结构，我们可以重复使用其中的部分作为神经网络模型的构建块。通用结构由 3 个元素组成。

- **输入层：**旨在接收具有精确分辨率的图像，如 VGG16 网络输入层的图像分辨率为 244 像素×244 像素。
- **特征提取器：**卷积、池化、标准化以及在输入层和第一个全连接层之间的每一层的集合。该架构会以低维表示形式总结输入图像中包含的所有信息。

- **分类层**：全连接层的堆叠（一个全连接的分类器），建立在分类器提取的输入的低维表示之上。

将一个训练好的模型的知识迁移到一个新模型中，需要移除网络中特定的任务部分（分类层），并将卷积神经网络固定为特征提取器。这种方法允许我们使用预先训练好的模型的特征提取器作为新分类架构的构建块。在进行迁移学习时，预训练的模型保持不变，只有附在特征向量上的新分类层是可训练的。

通过这种方式，我们可以重复利用在海量数据集上学习到的知识，并将其嵌入模型中来训练分类器。这带来了两个显著的优势。

- 由于可训练参数的数量很少，因此可以加快训练过程。
- 由于提取的特征来自不同的领域，并且在训练过程中无法对其进行修改，因此可能会缓解过拟合的问题。

下面将分别利用 Keras Applications 和 TensorFlow Hub 构建分类器以进行花卉图像识别。

1. 花卉数据预处理

花卉数据来源于 Kaggle 上的 Flower Color Images 数据集。数据内容非常简单，其中包含 10 种开花植物的 210 幅图像（128×128×3）和带有标签的文件 flower-labels.csv，照片文件采用 PNG 格式，标签为整数（0～9）。标签数字对应的花名如表 4-3 所示。

表 4-3　标签数字对应的花名

标签	花名	标签	花名	标签	花名	标签	花名
0	phlox	1	rose	2	calendula	3	iris
4	max chrysanthemum	5	bellflower	6	viola	7	rudbeckia laciniata
8	peony	9	aquilegia				

首先将带有标签文件的数据读入 Python 中，并查看前五行。

```
image_path = '../data/flower_images/'
# 读取标签数据
flower_labels = pd.read_csv(image_path + 'flower_labels.csv')
# 标签对应的花名
label_names = ['phlox','rose','calendula','iris','max chrysanthemum','bellflower',
            'viola','rudbeckia laciniata','peony','aquilegia']
print(flower_labels.head())
```

输出结果为：

```
      file    label
0  0001.png     0
1  0002.png     0
2  0003.png     2
3  0004.png     0
4  0005.png     0
```

字段 file 为图像在本地目录中的图像编号，字段 label 为图像对应的标签。

通过以下代码提取图像编号的路径，并查看前 3 条记录。

```
filenames = [image_path + fname for fname in flower_labels["file"]]
print(filenames[0:3])
```

输出结果为：

```
['../data/flower_images/0001.png',
'../data/flower_images/0002.png',
'../data/flower_images/0003.png']
```

下一步将创建变量 x 和 y，并对变量 y 进行独热编码处理。

```
x = filenames
y = tf.keras.utils.to_categorical(flower_labels['label'])
print(f"Number of flower images: {len(x)}")
print(f"Number of labels: {len(y)}")
```

输出结果为：

```
Number of flower images: 210
Number of labels: 210
```

一共有 210 个样本。我们将前 180 幅图像作为训练集，后 30 幅图像作为测试集，并将随机抽取 20%的训练集作为验证集，通过以下代码实现。

```
from sklearn.model_selection import train_test_split
# 拆分训练集及验证集
x_train, x_val, y_train, y_val = train_test_split(x[:180],
                                                  y[:180],
                                                  test_size=0.2,
                                                  random_state=42)
len(x_train), len(y_train), len(x_val), len(y_val)
```

输出结果为：

```
(144, 144, 36, 36)
```

此时，训练集中有 144 个样本，验证集中有 36 个样本。

自定义 process_image()函数，在读取目录中的图像文件后，将其图像像素值从[0,255]转换为[0,1]，最后将图像大小调整为我们期望的(128,128)。

```
IMAGE_SHAPE = (128, 128)
def process_image(image_path):
  image = tf.io.read_file(image_path)
  image = tf.image.decode_jpeg(image, channels=3)
  image = tf.image.convert_image_dtype(image, tf.float32)
  image = tf.image.resize(image, size=IMAGE_SHAPE)
  return image
```

以下代码创建一个简单函数 get_image_label()，返回包含图像和标签的元组。

```
def get_image_label(image_path, label):
  image = process_image(image_path)
  return image, label
```

至此已经完成花卉数据预处理的工作，我们再通过以下代码构建一个将数据转换为批次的函数，批次大小默认为 32。

```
# 批次大小默认为 32
BATCH_SIZE = 32
def create_data_batches(x, y=None, batch_size=BATCH_SIZE,
                        valid_data=False, test_data=False):
  # 如果是测试集，我们可能没有标签
  if test_data:
     print("创建测试数据批次……")
     data = tf.data.Dataset.from_tensor_slices((tf.constant(x)))
     data_batch = data.map(process_image).batch(BATCH_SIZE)
     return data_batch
  # 如果是验证集，我们不需要重新洗牌
  elif valid_data:
     print("创建验证数据批次...")
     data = tf.data.Dataset.from_tensor_slices((tf.constant(x),
                                               tf.constant(y)))
     data_batch = data.map(get_image_label).batch(BATCH_SIZE)
     return data_batch
  else:
     # 如果是训练集，我们需要重新洗牌
```

```
    print("创建训练数据批次……")
    data = tf.data.Dataset.from_tensor_slices((tf.constant(x),
                                              tf.constant(y)))
    data = data.shuffle(buffer_size=len(x))
    data = data.map(get_image_label)
    data_batch = data.batch(BATCH_SIZE)
  return data_batch
```

运行以下代码创建训练和验证批次，并查看数据批次的属性。

```
# 创建训练和验证批次
train_data = create_data_batches(x_train, y_train)
val_data = create_data_batches(x_val, y_val, valid_data=True)
# 查看数据批次的属性
train_data.element_spec, val_data.element_spec
```

输出结果为：

```
((TensorSpec(shape=(None, 128, 128, 3), dtype=tf.float32, name=None),
  TensorSpec(shape=(None, 10), dtype=tf.float32, name=None)),
 (TensorSpec(shape=(None, 128, 128, 3), dtype=tf.float32, name=None),
 TensorSpec(shape=(None, 10), dtype=tf.float32, name=None)))
```

让我们创建一个函数用于对数据批次的图像进行可视化，可视化结果如图 4-15 所示。

```
def show_25_images(images, labels):
  plt.figure(figsize=(10, 10))
  for i in range(25):
    ax = plt.subplot(5, 5, i+1)
    plt.imshow(images[i])
    plt.title(label_names[labels[i].argmax()])
    plt.axis("off")
train_images, train_labels = next(train_data.as_numpy_iterator())
show_25_images(train_images, train_labels)
```

图 4-15　对数据批次的图像进行可视化的结果

下面分别利用 Keras Applications 和 TensorFlow Hub 的迁移学习对花卉图像进行分类。

2. 使用 Keras Applications 迁移学习实现花卉图像分类

由于花卉图像的分辨率为 128 像素×128 像素，非 VGG16 网络输入层的输入图像的默认尺寸，此时需要通过将参数 input_shape 设置为(128,128,3)，且必须将参数 include_top 设置为 False，否则会报错。

```
IMAGE_SHAPE = (128,128)
base_model = VGG16(include_top = False,
                   input_shape = IMAGE_SHAPE+(3,))
```

```
print('查看输入层的输入图像大小：',
      base_model.get_config()['layers'][0]['config']['batch_input_shape'])
print('查看模型层数量：',len(base_model.layers))
```

输出结果为：

```
查看输入层的输入图像大小： (None, 128, 128, 3)
查看模型层数量： 19
```

此时得到的模型的网络结构的输入图像形状为(128,128,3)，网络中删除了平坦层及随后的 3 个全连接层。

```
from tensorflow.keras.preprocessing import image
from tensorflow.keras.models import Model
from tensorflow.keras.layers import Dense, GlobalAveragePooling2D
```

在得到基础模型的输出特征后，我们将添加一个全局平均池化层，一个有 1024 个神经元、激活函数为 ReLU 的全连接层，一个有 10 个神经元、激活函数为 Softmax 的输出层。实现代码如下所示。

```
x = base_model.output
x = GlobalAveragePooling2D()(x)
x = Dense(1024, activation='relu')(x)
predictions = Dense(10, activation='softmax')(x)
model = Model(inputs=base_model.input, outputs=predictions)
```

因为只需要训练随机初始化的顶层，所以通过以下代码冻结 VGG16 的所有卷积层。

```
for layer in base_model.layers:
    layer.trainable = False
```

编译模型时，采用 Adam 优化器，采用 categorical_crossentropy 作为损失函数，同时采用准确率来评估模型的性能。

```
model.compile(optimizer='adam', loss='categorical_crossentropy',metrics=
['accuracy'])
```

训练模型时，将训练周期参数 epochs 设置为 10。

```
history = model.fit(x=train_data,epochs=10,
                    validation_data=val_data,verbose=2)
```

让我们创建测试数据批次，利用训练好的模型对其进行类别预测，并计算预测准确率。实现代码如下。

```
# 创建测试数据批次
test_filenames = filenames[180:]
test_data = create_data_batches(test_filenames, test_data=True)
# 预测测试集的标签
y_test_pred = np.argmax(model.predict(test_data), axis=-1)
# 查看测试数据实际标签值
y_test_true = flower_labels[180:]['label'].values
# 计算预测准确率
accuracy = np.sum(y_test_true==y_test_pred) / len(y_test_true)
print("测试数据预测准确率：{:.2%}".format(accuracy))
```

输出结果为：

```
测试数据预测准确率：56.67%
```

利用 VGG16 预训练模型作为特征提取器的预测模型对测试集的预测准确率约为 56.67%。

3. 使用 TensorFlow Hub 迁移学习实现花卉图像分类

让我们利用 4.2.3 小节下载好的 mobilenet_v2 预训练模型实现花卉图像分类。在得到预训练模型的输出特征后，增加一个有 10 个神经元、激活函数为 Softmax 的输出层，构建模型的代码如下。

```
path  = '../models/mobilenet_v2'
IMAGE_SHAPE = (224, 224)
# 构建模型
model1 =  tf.keras.Sequential([
      hub.KerasLayer(path,input_shape=IMAGE_SHAPE+(3,)),
      tf.keras.layers.Dense(10,activation='softmax')
])
```

编译模型时，采用 Adam 优化器，采用 categorical_crossentropy 作为损失函数，同时采用准确率来评估模型的性能。

```
model1.compile(optimizer='adam',
              loss='categorical_crossentropy',
              metrics=['accuracy'])
```

以下代码用于重新创建训练数据和验证数据批次。

```
train_data = create_data_batches(X_train, y_train)
val_data = create_data_batches(X_val, y_val, valid_data=True)
# 查看数据批次的不同属性
train_data.element_spec, val_data.element_spec
```

输出结果为：

```
((TensorSpec(shape=(None, 224, 224, 3), dtype=tf.float32, name=None),
 TensorSpec(shape=(None, 10), dtype=tf.float32, name=None)),
(TensorSpec(shape=(None, 224, 224, 3), dtype=tf.float32, name=None),
 TensorSpec(shape=(None, 10), dtype=tf.float32, name=None)))
```

训练模型时，将训练周期参数 epochs 设置为 10。

```
history1 = model1.fit(x=train_data,epochs=10,
                      validation_data=val_data,verbose=2)
```

让我们创建测试数据批次，利用训练好的模型对其进行类别预测，并计算预测准确率。实现代码如下。

```
# 创建测试数据批次
test_filenames = filenames[180:]
test_data = create_data_batches(test_filenames, test_data=True)
# 预测测试集的标签
y_test_pred = np.argmax(model1.predict(test_data), axis=-1)
# 查看测试数据实际标签值
y_test_true = flower_labels[180:]['label'].values
# 计算预测准确率
accuracy = np.sum(y_test_true==y_test_pred) / len(y_test_true)
print("测试数据预测准确率: {:.2%}".format(accuracy))
```

输出结果为：

```
测试数据预测准确率: 80.00%
```

利用 mobilenet_v2 预训练模型作为特征提取器的预测模型对测试集的预测准确率约为 80%。

4.3 深度强化学习

强化学习（Reinforcement Learning，RL），也叫增强学习，是机器学习的一个重要分支，主要用来解决连续决策的问题。强化学习受到了生物能够有效适应环境的启发，能够在复杂的、不确定的环境中通过试错机制与环境交互，并学习到如何实现设计的目标（比如获得最大奖励值）。

深度强化学习（deep reinforcement learning）是将强化学习和深度学习结合在一起，用强化学习来定义问题和优化目标，用深度学习来解决策略和值函数的建模问题，然后使用 BP 算法来优化目标函数。深度强化学习在一定程度上具备解决复杂问题的通用智能，并在很多任务上都取得了很大的成功。

4.3.1　强化学习基本概念

扫一扫

和深度学习类似，强化学习中的关键问题也是贡献度分配问题，其中的每一个动作并不能直接得到监督信息，而需要通过整个模型的最终监督信息（奖励）得到，并且有一定的延时性。强化学习和监督学习的不同之处在于，强化学习问题不需要给出“正确”策略作为监督信息，只要给出策略的（延迟）回报，并通过调整策略来取得最大化的期望回报。

在强化学习中，有可以进行交互的两个对象，即智能体（agent）和环境（environment）。智能体通过与环境交互来从环境中学习并提高性能，而且智能体的学习方式是反复试错而不是人为监督。图 4-16 说明了智能体如何对环境起作用并在每个操作后得到反馈。反馈由两部分组成：奖励（reward）和下一个环境状态（state）。

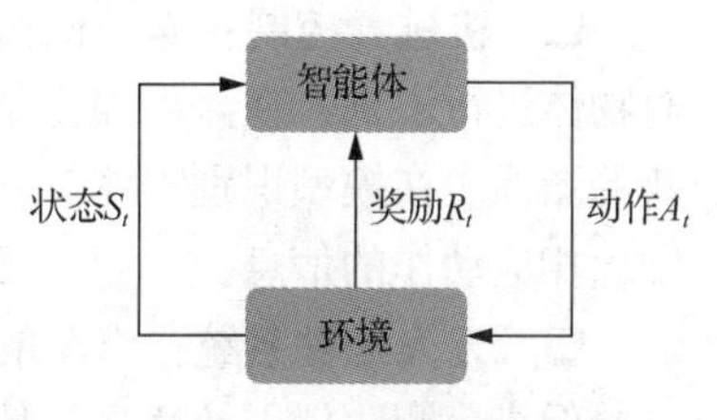

图 4-16　强化学习

由图 4-16 可知，智能体可以感知外界环境的状态和反馈的奖励，并进行学习和决策。智能体的决策功能是指根据环境的状态来做出不同的动作（action），而学习功能是指根据环境的奖励来调整策略。环境是指智能体外部的所有事物，并受智能体动作的影响而改变状态，并反馈给智能体相应的奖励。

强化学习的基本要素如下。

- **动作（A）**：智能体可以采取的所有可能的行动。
- **状态（S）**：环境返回的当前情况。
- **奖励（R）**：环境的即时返回值，用于评估智能体的上一个动作。
- **策略（π）**：智能体根据当前状态决定下一步动作的策略。
- **价值（V）**：折扣（discount）下的长期期望返回，与 R 代表的即时返回相区分。$V_\pi(S)$ 则被定义为在策略 π 下当前状态 S 的期望长期返回值。
- **Q 值或行动值（Q）**：Q 值与价值相似，两者的不同点在于 Q 值多一个参数，也就是当前动作 A。$Q_\pi(S, A)$指当前状态 S 在策略 π 下采取动作 A 的长期回报。

4.3.2　深度强化学习思路

扫一扫

早期的强化学习算法主要关注状态和动作都离散且有限的问题，可以使用表格来记录这些概率。但在很多实际问题中，有些任务的状态和动作的数量非常多。为了有效地解决这些问题，可用一个复杂的函数（比如深度神经网络）来使得智能体可以感知更复杂的环境状态并建立更复杂的策略，提高强化学习算法的能力，并提高其泛化能力。

深度学习促使智能体对外界环境的识别感知能力（如图像识别、语音识别）得到了巨大提升。强化学习的试错机制表明智能体可以不断地与外界环境进行交互，在以决策能力持续获取收益为目标的前提下得到最优的决策。深度强化学习结合了深度学习的感知能力和强化学习的决策能力，可以使智能体直接根据输入的信息（图像、视频、语音、文字等）做出对应的一系列动作。

DeepMind 在 2013 年发表了一篇名为“Playing Atari with Deep Reinforcement Learning”的论文，文中介绍了一种称为 DQN（Deep Q Network）的新算法。该论文解释了智能体如何通过观察屏幕而不是了解游戏的相关信息进行学习，就准确率而言，实验的效果非常好。深度学习和强化学习的结合，开启了深度强化学习的时代。DQN 可以看作第一个运用了深度强化学习算法的网络模型，它可以自动玩 Atari 2600 系列的游戏，并且能够达到很高的水平。DQN 的输入是当前游戏场景的原始图像。经过包括卷积层和全连接层等多个层，DQN 可以输出智能体可执行的每个动作的 Q 值。

深度强化学习得到了广泛地应用，比如机器人学习跑步、机械臂控制、无人驾驶系统、自动游戏系统、棋类游戏、控制系统、推荐等。这里我们介绍几个比较典型的深度强化学习的例子。

- **机械臂控制**：操控机械臂装置是深度强化学习最常见的应用之一。为了能让机械臂对物体进行识别，在深度强化学习模型中会首先搭建出卷积神经网络来处理和分析摄像头捕获的图像。在模型识别物体及其在环境中所处的位置后，深度强化学习框架会发出让机械臂做出相应动作的信息。
- **无人驾驶系统**：汽车的无人驾驶可以作为深度强化学习要攻克的一个难题。汽车通过摄像头、测距仪以及诸多的传感器采集周围环境的信息。这些采集的信息会先通过深度强化学习模型中较前的神经网络（如卷积神经网络）进行抽象和转化等处理，处理后的结果会结合深度强化学习算法预测出汽车最应该执行的动作，从而实现自动驾驶。
- **自动游戏系统**：我们也可以通过深度强化学习设计出自动游戏的系统，比如利用 DeepMind 提出的 DQN 实现让模型自动玩 *Flappy Bird* 游戏。在 *Flappy Bird* 游戏中，有一只小鸟会在屏幕中上下自动跳跃，在它的上下有高低不等的柱子。这个游戏的玩法是控制小鸟飞行的高度，如果小鸟碰到柱子，则游戏失败。DQN 前几层通常是卷积层，卷积层特别擅长处理图像数据，因此 DQN 获得了根据游戏图像进行游戏场景学习的能力，游戏图像中的物体可以很好地被识别。DQN 的后几层的神经网络凭借深度强化学习算法可以对动作的期望价值进行学习并做出一些游戏的动作。
- **棋类游戏**：AlphaZero 算法作为棋牌问题的通用做法，在许多挑战巨大的棋类游戏中都取得了超过人类的表现，例如在围棋、国际象棋中等。AlphaZero 算法完全基于自博弈的强化学习从零开始提升。它没有利用人类专家数据进行监督学习，而是直接从随机动作选择开始搜索。AlphaZero 有两个关键部分：在自博弈中使用蒙特卡洛树搜索来收集数据；使用深度神经网络拟合数据，并在树搜索过程中将深度神经网络用于动作概率和状态价值估计。

4.3.3 Gym 平台

扫一扫

在强化学习中，可以直接让机器人与真实环境进行交互，并通过传感器获得更新后的环境状态与奖励。但是考虑到真实环境的复杂性以及实验代价等因素，一般会优先在虚拟的软件环境中测试算法，再考虑将算法迁移到真实环境中。

深度强化学习算法可以通过大量的游戏环境来测试。为了方便研究人员调试和评估算法模型，OpenAI 开发了 Gym 游戏交互平台。在该平台上，用户通过 Python 语言（仅支持 Python 3.7+），只需要少量代码即可完成游戏的创建与交互，使用起来非常方便。

OpenAI Gym 环境包括简单、经典的控制小游戏，如平衡车、过山车等，也可以调用 Atari 游戏环境和复杂的物理环境模拟器 MuJoco。在 Atari 游戏环境中，有我们熟悉的小游戏，如太空侵略者、打砖块、赛车等，这些游戏规模虽小，但是对决策能力的要求很高，非常适合评估算法的智能程度。

我们运行以下代码在 Python 中安装 Gym 包。

```
pip install gym -i https://pypi.douban.com/simple
```

安装完毕后，我们就可以利用 Gym 环境来创建游戏了。一般来说，在 Gym 环境中创建游戏并进行交互主要包含以下 5 个步骤。

（1）创建游戏：通过 gym.make()即可创建指定名称的游戏，并返回游戏对象 env。

（2）复位游戏状态：一般游戏都具有初始状态，通过调用 env.reset()即可复位游戏，同时返回游戏的初始状态 observation。

（3）显示游戏画面：通过调用 env.render()即可显示每个时间戳的游戏画面，一般用作测试。在训练时渲染游戏画面会引入一定的计算代价，因此训练时一般不显示游戏画面。

（4）与游戏环境交互：通过 env.step()即可执行动作，并返回新的状态（observation）、当前奖励（reward）、游戏是否结束标志（done）以及额外的信息载体（info）。通过循环此步骤即可持续与环境交互，直至游戏回合结束。

（5）关闭游戏界面：调用 env.close()即可。

下面演示了一段 *CarPole-v1*（平衡车）的交互代码，每次交互时在动作空间{向左,向右}中随机采用一个，与环境进行交互，直至游戏结束（如果 Windows 环境中运行失败，则需安装 pygame 包，通过 pip install pygame 即可安装）。

```
import gym
env = gym.make('CartPole-v1') # 创建游戏环境
observation = env.reset()  # 游戏回到初始状态
for _ in range(1000):
    env.render() # 显示当前时间戳的游戏画面
    action = env.action_space.sample() # 随机生成一个动作
    # 与环境交互、返回新的状态、当前奖励、游戏是否结束标志，以及额外的信息载体
    observation,reward,done,info = env.step(action)
    if done: # 游戏回合结束，进入复位游戏状态
        observation = env.reset()
env.close() # 关闭游戏界面
```

输出游戏界面如图 4-17 所示。

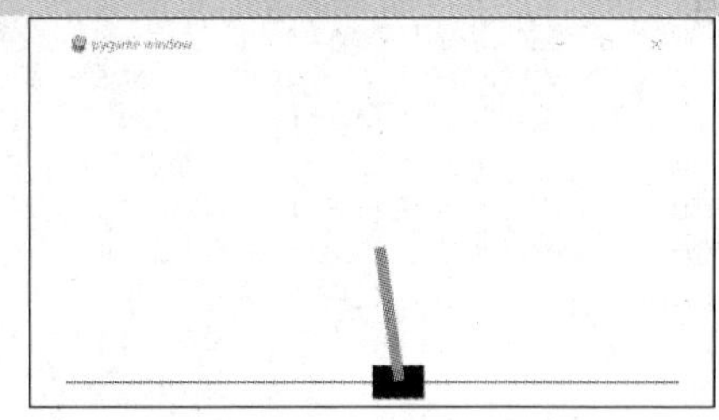

图 4-17　*CarPole-v1* 游戏界面

4.3.4　使用 Keras-RL2 的 DQN 算法实现 *CartPole* 游戏

使用 Keras-RL 可以轻松实现 DQN、双 DQN、深度确定性策略梯度（Deep Deterministic Policy Gradient，DDPG）、连续 DQN（CDQN 或 NAF）、交叉熵方法（Cross-Entropy Method，CEM）和 SARSA（State-Action-Reward-State-Action）算法。Keras-RL GitHub 还包含一些示例，读者可以使用它们来入门。不幸的是，Keras-RL 尚未得到很好的维护，其官方文档也不是最好的。Keras-RL2 是 Keras-RL 的一个分支，二者最大的不同是 Keras-RL2 得到了更好的维护，并使用了 TensorFlow 2。Keras-RL2 在 Python 中实现了一些最先进的深度强化学习算法，并能与深度学习库 Keras 无缝集成。当然，你也可以使用内置的 Keras 回调函数和指标，根据自己的需要定义扩展的 Keras-RL2。

推荐使用以下代码从 PyPI 安装 Keras-RL2。

```
pip install keras-rl2
```

通过以下步骤实现基于 DQN 算法智能体的 *CartPole* 游戏程序。

（1）初始化 OpenAI Gym 环境 env。

（2）定义 env 中的操作数 nb_actions。

（3）创建一个简单的顺序型神经网络 model。

（4）初始化 SequentialMemory，其中将 limit 设置为 100，window_length 设置为 1。

（5）初始化 BoltzmannQPolicy 实例策略（玻尔兹曼 Q 策略，该方法并不总是采取随机操作或最优操作，而是选择具有加权概率的操作）。

（6）创建 DQNAgent。

（7）编译 DQNAgent，优化方法为 Adam，损失函数为平均绝对误差（Mean Absolute Error，MAE）。

（8）训练模型，调用 dqn.fit()获得奖励值。

实现以上步骤的代码如下所示。

```
import numpy as np
import gym

from tensorflow.keras.models import Sequential
from tensorflow.keras.layers import Dense, Activation, Flatten
from tensorflow.keras.optimizers import Adam

from rl.agents.dqn import DQNAgent
from rl.policy import BoltzmannQPolicy
from rl.memory import SequentialMemory

ENV_NAME = 'CartPole-v1'

# 初始化环境 env 并获取操作数
env = gym.make(ENV_NAME)
np.random.seed(123)
env.seed(123)
nb_actions = env.action_space.n

# 创建一个简单的神经网络模型
model = Sequential()
model.add(Flatten(input_shape=(1,) + env.observation_space.shape))
model.add(Dense(16))
model.add(Activation('relu'))
model.add(Dense(16))
model.add(Activation('relu'))
model.add(Dense(16))
model.add(Activation('relu'))
model.add(Dense(nb_actions))
model.add(Activation('linear'))

# 配置和编译智能体 DQNAgent
memory = SequentialMemory(limit=100, window_length=1) # 初始化 SequentialMemory()
policy = BoltzmannQPolicy()  # 初始化 BoltzmannQPolicy()
dqn = DQNAgent(model=model, nb_actions=nb_actions, memory=memory,
              nb_steps_warmup=10,target_model_update=1e-2,
              policy=policy) # 创建 DQNAgent
dqn.compile(Adam(learning_rate=1e-3), metrics=['mae']) # 编译 DQNAgent

# 训练模型，调用 fit()获得奖励值
dqn.fit(env, nb_steps=1000, visualize=False, verbose=2)
```

训练完成后，运行以下代码保存模型最终的权重值。

```
dqn.save_weights(f'keras_rl2_dqn_{ENV_NAME}_weights.h5f', overwrite=True)
```

最后，运行以下代码评估 5 个 episodes。

```
dqn.test(env, nb_episodes=5, visualize=True)
```

输出结果为：

```
Testing for 5 episodes ...
Episode 1: reward: 16.000, steps: 16
Episode 2: reward: 26.000, steps: 26
Episode 3: reward: 15.000, steps: 15
Episode 4: reward: 17.000, steps: 17
Episode 5: reward: 16.000, steps: 16
Out[21]: <keras.callbacks.History at 0x2dea073eb20>
```

4.4 案例实训：对 CIFAR-10 数据集进行图像识别

在本节将会通过 CIFAR-10 这个比较经典的数据集，进一步说明卷积神经网络在图像识别方面的应用。

1. CIFAR-10 数据描述

CIFAR-10 数据集由阿莱士·克里瑟夫斯基（Alex Krizhevsky）、维诺德·奈尔（Vinod Nair）和杰弗里·欣顿（Geoffrey Hinton）收集整理，共包含 60000 幅 32 像素×32 像素的彩色图像，其中，50000 幅用于训练模型，10000 幅用于评估模型。该数据集中的图像共分为 10 个类别，它们是飞机、汽车、鸟、猫、鹿、狗、青蛙、马、船、卡车。每个分类有 6000 幅图像。这 10 个类别如图 4-18 所示。

图 4-18　CIFAR-10 图像类别

2. 下载 CIFAR-10 数据

Keras 作为高级 API，CIFAR-10 数据集就是它自带的数据集函数。以下代码将利用 Keras 下载及加载 CIFAR-10 数据集。第一次运行 cifar10.load_data()函数时，程序会检查是否有 cifar-10-batches-py.tar.gz 文件，如果还没有，就会下载文件，并且解压下载的文件。如果第一次运行时需要下载文件，运行时间可能就会比较长，之后就可以直接从本地加载数据。

```
import tensorflow as tf
from tensorflow.keras import layers, models
import matplotlib.pyplot as plt
cifar10 = tf.keras.datasets.cifar10
(x_train, y_train), (x_test, y_test) = cifar10.load_data()
```

如果是 Windows 环境，该文件将被存放在 C:\Users\用户名\.keras\datasets 中。运行以下代码查看解压后的 cifar-10-batches-py 目录下的内容。

```
# 查看解压后的目录下的内容
import os
file = r'C:\Users\Daniel\.keras\datasets\cifar-10-batches-py'
os.listdir(file)
```

输出结果为：

```
['batches.meta',
 'data_batch_1',
 'data_batch_2',
 'data_batch_3',
 'data_batch_4',
 'data_batch_5',
 'readme.html',
 'test_batch']
```

如果使用 Keras 导入 CIFAR-10 数据集自动下载时报错，可以通过先离线下载再导入的方式来实现。下载完成后需将文件名 cifar-10-python.tar.gz 改为 cifar-10-batches-py.tar.gz，然后将其移到 C:\Users\用户名\.keras\datasets 中即可。

CIFAR-10 数据集分为训练集和测试集两部分。训练集构成了 5 个训练批次（data_batch_1、data_batch_2、data_batch_3、data_batch_4、data_batch_5），每一个批次包含 10000 幅图像。另外用于测试的 10000 幅图像单独构成一个批次（test_batch）。注意，一个训练批次中的各类图像数量并不一定相同，总的训练样本包含来自每一类的 5000 幅图像。数据导入时，该数据集会直接被分割成训练集和测试集两部分，训练和测试数据又由图像数据和标签所组成。运行以下代码查看各数据集的形状大小。

```
print('x_train shape:', x_train.shape)
print('y_train shape:', y_train.shape)
print('x_test shape:', x_test.shape)
print('y_test shape:', y_test.shape)
```

输出结果为：

```
x_train shape: (50000, 32, 32, 3)
y_train shape: (50000, 1)
x_test shape: (10000, 32, 32, 3)
y_test shape: (10000, 1)
```

可见，训练集一共有 50000 幅图像，测试集一共有 10000 幅图像，每幅图像的大小为 32×32×3。

训练集有 50000 项数据，测试集有 10000 项数据。x_train 和 x_test 是四维数组，第一维是样本数，第二、三维是指图像大小为 32×32，第四维是 RGB 三原色，所以对应的数值是 3。y_train 和 y_test 是二维数组，它们的第一维是样本数，第二维是图像数据的实际真实值。每一个数字代表一种图像类别的名称：0 代表飞机（airplane）、1 代表汽车（automobile）、2 代表鸟（bird）、3 代表猫（cat）、4 代表鹿（deer）、5 代表狗（dog）、6 代表青蛙（frog）、7 代表马（horse）、8 代表船（ship）、9 代表卡车（truck）。

运行以下程序代码，绘制训练集中前 10 幅图像，如图 4-19 所示。

```
class_names = ['airplane', 'automobile',
'bird', 'cat', 'deer',
              'dog', 'frog', 'horse',
'ship', 'truck']
plt.figure(figsize=(10,4))
for i in range(10):
      plt.subplot(2,5,i+1)
      plt.xticks([])
      plt.yticks([])
      plt.grid(False)
      plt.imshow(x_train[i])
      plt.xlabel(class_names[y_train[i][0]])
plt.show()
```

图 4-19　CIFAR-10 训练集前 10 幅图像

3. CIFAR-10 数据预处理

为了将数据送入卷积神经网络模型进行训练与预测，必须对数据进行预处理。由前面的维度分析可知，x_train 和 x_test 的图像数据已经是四维数组，符合卷积神经网络模型的维度要求。运行以下代码查看 x_train 和 x_test 图像数据的最小值和最大值。

```
print('查看训练集图像数据最大值：',x_train.max())
print('查看训练集图像数据最小值：',x_train.min())
print('查看测试集图像数据最大值：',x_test.max())
print('查看测试集图像数据最小值：',x_test.min())
```

输出结果为：

```
查看训练集图像数据最大值： 255
查看训练集图像数据最小值： 0
查看测试集图像数据最大值： 255
查看测试集图像数据最小值： 0
```

从结果可知，图像数据的取值范围为[0,255]，图像数据标准化可以提高模型的准确率，运行以下代码对图像数据进行标准化处理。

```
x_train = x_train.astype('float32') / 255.0
x_test = x_test.astype('float32') / 255.0
```

对于 CIFAR-10 数据集，我们希望预测图像的类型，例如“船”图像的标签是 8，经过独热编码转换为 0000000010，这 10 个数字正好对应输出层的 10 个神经元。运行以下代码可以利用 tf.keras.utils.to_categorical()函数进行转换。

```
num_classes = 10
y_train = tf.keras.utils.to_categorical(y_train, num_classes)
y_test = tf.keras.utils.to_categorical(y_test, num_classes)
```

4. 构建卷积神经网络识别 CIFAR-10 图像

构建一个简单的卷积神经网络，来验证卷积神经网络在 CIFAR-10 数据集上的性能。这个简单的卷积神经网络具有两个卷积层、一个最大池化层、一个平坦层和一个全连接层，网络拓扑如下。

- 卷积层，具有 32 个特征图，卷积核大小为 3×3，激活函数为 ReLU。
- Dropout 概率为 20%的 Dropout 层。
- 卷积层，具有 64 个特征图，卷积核大小为 3×3，激活函数为 ReLU。
- Dropout 概率为 20%的 Dropout 层。
- 采样因子为 2×2 的最大池化层。
- 平坦层。
- 具有 512 个神经元和激活函数为 ReLU 的全连接层。
- Dropout 概率为 20%的 Dropout 层。
- 具有 10 个神经元的输出层，激活函数为 Softmax。

编译模型时，采用 ADAM 优化器，categorical_crossentropy 作为损失函数，同时采用准确率（accuracy）来评估模型的性能。

构建及编译模型的代码如下所示。

```
# 构建模型
model = models.Sequential()
model.add(layers.Conv2D(32, (3, 3), activation='relu', input_shape=(32, 32, 3)))
model.add(layers.Dropout(0.2))
model.add(layers.Conv2D(64, (3, 3), activation='relu'))
model.add(layers.Dropout(0.2))
model.add(layers.MaxPooling2D((2, 2)))
model.add(layers.Flatten())
model.add(layers.Dense(512, activation='relu'))
model.add(layers.Dropout(0.2))
model.add(layers.Dense(10,activation='softmax'))
# 编译模型
model.compile(loss='categorical_crossentropy',
                optimizer='adam',metrics=['accuracy'])
```

模型构建后，使用 fit()方法进行模型训练。将训练周期参数 epochs 设置为 25，batch_size

参数设置为 256，validation_split 参数设置为 0.2，说明从训练样本中抽取 20%作为验证集。

```
history = model.fit(x_train,y_train,epochs=25,batch_size=256,validation_
split=0.2, verbose=2)
```

输出结果为：

```
Train on 40000 samples, validate on 10000 samples
Epoch 1/25
157/157 - 142s 844ms/step - loss: 1.7043 - accuracy: 0.3873 - val_loss: 1.3997 -
val_accuracy: 0.5190
......
Epoch 25/25
157/157 - 119s 760ms/step - loss: 0.0557 - accuracy: 0.9818 - val_loss: 1.4774 -
val_accuracy: 0.7082
```

经过 25 个训练周期后，训练集的准确率约为 98.18%，验证集的准确率约为 70.82%。

下一步利用 evaluate()方法对测试集进行预测，评估模型效果。

```
score = model.evaluate(x_test,y_test,verbose=0)
score[1] # 查看准确率
```

输出结果为：

```
0.6962000131607056
```

模型对测试集的预测准确率约为 69.62%。

利用训练好的卷积神经网络模型对测试集进行预测，并得到混淆矩阵。

```
import numpy as np
from sklearn.metrics import confusion_matrix
y_test_pred = np.argmax(model.predict(x_test), axis=-1) # 预测测试集的标签
y_test = np.argmax(y_test,axis=-1) # 将独热编码的标签转换为实际数字
# 查看混淆矩阵
confusion_mtx = confusion_matrix(y_test, y_test_pred)
```

对于混淆矩阵，我们常用可视化的方式来进行展示，通过以下代码自定义函数实现可视化，结果如图 4-20 所示。

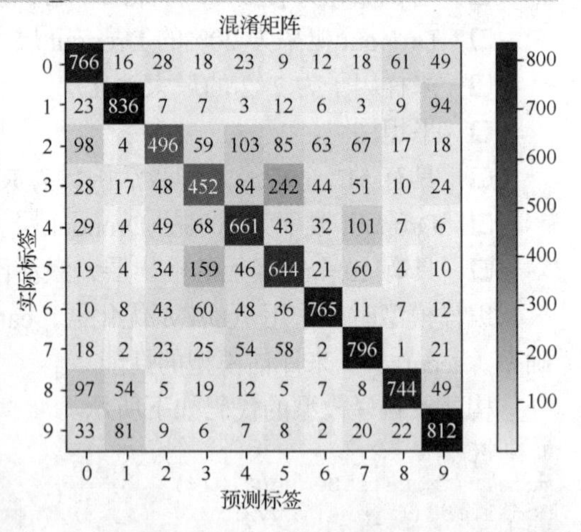

图 4-20 混淆矩阵可视化

```
import itertools
plt.rcParams['font.sans-serif']=
['SimHei'] #用来正常显示中文标签
plt.rcParams['axes.unicode_minus'] =
False  #用来正常显示负号
def plot_confusion_matrix(cm, classes,
                          normalize=False,
                          title='混淆矩阵',
                          cmap=plt.cm.Blues):
    plt.imshow(cm, interpolation=
'nearest', cmap=cmap)
    plt.title(title)
    plt.colorbar()
    tick_marks = np.arange(len(classes))
    plt.xticks(tick_marks, classes,
rotation=45)
    plt.yticks(tick_marks, classes)
    if normalize:
        cm = cm.astype('float') / cm.sum(axis=1)[:, np.newaxis]
    thresh = cm.max() / 2.
    for i, j in itertools.product
(range(cm.shape[0]), range(cm.shape[1])):
        plt.text(j, i, cm[i, j],
                 horizontalalignment="center",
                 color="white" if cm[i, j] > thresh else "black")
    plt.tight_layout()
    plt.ylabel('实际标签')
```

```
    plt.xlabel('预测标签')
plot_confusion_matrix(confusion_mtx, classes = range(10))
```

从混淆矩阵的结果可知，模型对汽车（1：automobile）的预测能力最好，有836个样本被正确预测，准确率约为83.6%；其次是卡车（9：truck），有812个样本被正确预测。

最后，让我们对测试集预测错误的15幅图像进行可视化展示，结果如图4-21所示。

图4-21　对测试集预测错误的15幅图像进行可视化展示

```
R = 3
C = 5
fig, axes = plt.subplots(R, C, figsize=(12,8))
axes = axes.ravel()

misclassified_idx = np.where(y_test_pred != y_test)[0]
for i in np.arange(0, R*C):
     axes[i].imshow(x_test[misclassified_idx[i]])
     axes[i].set_title("True: %s \nPredicted: %s" % (class_names[y_test
[misclassified_idx[i]]],
                                                  class_names[y_test_pred
[misclassified_idx[i]]]))
    axes[i].axis('off')
    plt.subplots_adjust(wspace=0.5)
```

【本章知识结构图】

本章首先介绍了卷积神经网络原理及其实现。接着介绍迁移学习的基本原理，并通过Keras Applications和TensorFlow Hub两种方式实现迁移学习。最后介绍强化深度学习的相关内容。最后通过CIFAR-10图像的案例实训帮助读者掌握卷积神经网络的使用方法。可扫码查看本章知识结构图。

扫一扫

【课后习题】

一、判断题

1. 对卷积神经网络进行卷积操作时，卷积核的移动步长默认为1。（　　）

   A. 正确　　　　B. 错误

2. 当对图像边界进行卷积，采用边缘填充（padding）技巧时，常用1进行填充。（　　）

   A. 正确　　　　B. 错误

3. 在卷积神经网络中，池化层可对输入的特征图进行压缩。（　　）

   A. 正确　　　　B. 错误

4. 在卷积神经网络中，池化层会改变通道数。(　　)

A. 正确　　B. 错误

二、选择题

1.（单选）利用 tf.keras.layers.Conv2D 进行卷积层操作时，以下哪个参数用于指定卷积核的数量？(　　)

A. filters　　B. kernel_size

C. strides　　D. padding

2.（单选）利用 tf.keras.layers.Conv2D 进行卷积层操作时，当参数 padding 为何值时表示添加全 0 填充？(　　)

A. True　　B. False　　C. valid　　D. same

3.（多选）卷积神经网络的池化层具有以下哪些特征？(　　)

A. 没有要学习的参数　　B. 通道数不发生变化

C. 通道数会发生变化　　D. 对微小的位置变化具有鲁棒性

4.（多选）常用的迁移学习方法有以下哪些？(　　)

A. 基于样本的迁移　　B. 基于特征的迁移

C. 基于模型的迁移　　D. 基于关系的迁移

5.（多选）在强化学习中，可以进行交互的对象有哪些？(　　)

A. 智能体（agent）　　B. 状态（state）

C. 环境（environment）　　D. 奖励（reward）

三、上机实验题

1. 构建一个简单的卷积神经网络对 MNIST 数据集进行识别，网络拓扑要求如下。

- 卷积层，具有 64 个特征图，卷积核大小为 3×3，激活函数为 ReLU。
- 采样因子为 2×2 的最大池化层。
- 平坦层。
- 具有 256 个神经元和激活函数为 ReLU 的全连接层。
- 具有 10 个神经元的输出层，激活函数为 Softmax。

编译模型时，采用 RMSProp 优化器，categorical_crossentropy 作为损失函数，同时采用准确率来评估模型的性能。

训练模型时，训练周期为 20，批次大小为 256，并拆分训练集的 20%的数据作为验证集。

请按照以上要求完成卷积神经网络的构建及训练，并绘制训练周期的曲线图，效果如图 4-22 所示。

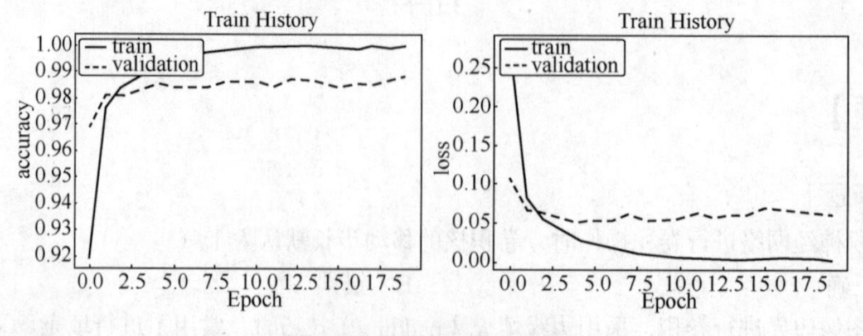

图 4-22　训练周期曲线图

2. 对上机实验题 1 构建的模型，使用测试集进行评估，并输出准确率。效果如下。

```
对测试集评估的准确率：0.9873
```

第5章 循环神经网络在文本序列中的应用

学习目标

1. 掌握简单循环网络原理及其 Keras 实现的方法；
2. 掌握长短期记忆网络原理及其 Keras 实现的方法；
3. 掌握门控循环单元原理及其 Keras 实现的方法；
4. 掌握 Seq2Seq 原理及其 Keras 实现的方法；
5. 掌握 Transformer 原理及其 KerasNLP 实现的方法。

导　言

到目前为止，我们主要关注的是前馈神经网络。在前馈神经网络中，网络从输入层到隐藏层再到输出层，信息的传递是单向的，每层之间神经元是无连接的，且前一个输入和下一个输入之间没有任何关联，所有的输出都是独立的。所以，前馈神经网络难以处理输入数据具有依赖性的时序数据，比如文本、语音、视频等。此外，时序数据的长度一般是不固定的，而前馈神经网络要求输入和输入的维度都是固定的，不能任意改变。本章将首先介绍词嵌入（word embedding）技术，然后依次介绍简单循环网络、长短期记忆网络和门控循环单元这 3 种常用的循环神经网络的原理及其 Keras 实现；再介绍序列到序列（Seq2Seq）和注意力机制的原理及其 Keras 和 TensorFlow Addons 实现；最后介绍 Transformer 模型及其 KerasNLP 实现。

5.1 循环神经网络

扫一扫

循环神经网络（Recurrent Neural Network，RNN）是一类具有短期记忆能力的神经网络，其中网络节点之间的连接沿着序列形成有向图，因此可以显示输入随时间变化的动态行为。就像卷积神经网络是专门用于处理网格化数据（如图像）的神经网络，循环神经网络是专门用于处理和预测时序数据（结构类似于 $x^{(1)},x^{(2)},\cdots,x^{(i)}$）的神经网络。卷积神经网络擅长处理大小可变的图像，而循环神经网络则对长度可变的时序数据有较强的处理能力。

循环神经网络具体的表现形式为：网络会对前面的信息进行记忆，并将信息应用于当前输出的计算中，即隐藏层之间的节点不再是无连接的，而是有连接的，并且隐藏层的输入不仅包括输入层的输出，还包括上一时刻隐藏层的输出。理论上，循环神经网络能够对任何长度的序列数据进行处理。循环神经网络具有随着时间的推移向网络增加反馈和记忆的能力。

这种记忆能力增强了循环神经网络对序列问题的网络学习和泛化输入能力。

原始文本通常是非结构化数据，不符合循环神经网络的要求，需要将文本数据编码为数字，这样才能符合模型所需的数据格式。所以我们在讲解各种循环神经网络前，先介绍一种将文字映射成多维几何空间向量的文本处理技术。

5.1.1 词嵌入

前文介绍的独热编码将原始文本表示为整数值序列，文档中的每个词都被表示为唯一的整数。但是独热编码存在的一个主要问题是它无法表示出词间的相似度（也被称为“词鸿沟”）问题。独热编码的基本假设是词之间的语义和语法关系是相互独立的，仅仅从两个向量是无法看出两个词之间的关系的；其次是维度爆炸问题，随着词典规模的增大，句子构成的词袋模型的维度变得越来越大，矩阵也变得越来越稀疏，这种维度的暴增会大大耗费计算资源。

词嵌入是一种自然语言处理（Natural Language Processing，NLP）技术，其原理是将文字映射成多维几何空间的向量。语义类似的文字向量在多维的几何空间中也比较相近。词嵌入是使用密集向量来表示词和文档的一类方法，它是对传统的词袋模型编码方案的改进。

词嵌入有以下两种方法。

扫一扫

- **学习词嵌入：**在完成预测任务的同时学习词嵌入。在这种情况下，一开始是使用随机的词向量，然后对这些词向量进行学习。
- **预训练词嵌入（pretrained word embedding）：**将预计算好的词嵌入待解决问题的深度学习模型中。

1. 学习词嵌入

tf.keras 提供了一个可用于神经网络处理文本数据的嵌入层，它要求输入数据是整数编码的，因此每个词需要由唯一的整数表示。可以使用 tf.keras 提供的分词器 API 来执行该数据准备操作。

嵌入层先对权重值进行随机初始化，再学习训练集中所有词的嵌入。嵌入层非常灵活，可以有多种使用方式。

- 可用于单独训练词嵌入模型，保存的词嵌入模型可用于其他模型。
- 可用作深度学习模型的一部分，其中词嵌入模型与模型本身一起学习。
- 可用于加载预训练词嵌入模型，即一种转移学习方法。

嵌入层是使用在模型中的第一个网络层，其目的是将所有索引映射到紧密的低维向量中。输入数据要求是二维整数张量，其形状为(1 个批次内的文本数,每段文本中的词数量)，每个元素是一个整数序列。这个嵌入层的输出为三维浮点数张量，其形状为(1 个批次内的文本数,每段文本中的词数量,每个词的维度)。

在 tf.keras 中，可以通过 layers.Embedding(N_{vocab},f)来定义一个词嵌入层，其中参数 N_{vocab} 指定词数量，f 指定词向量的长度。

我们将定义一个有 10 个文本文档的小问题，每个文本文档可被分配正面情绪 1 或负面情绪 0 的标签，最后将其归纳成一个简单的情感分析问题。

首先将定义中文文档及其对应标签，实现代码如下所示。

```
import jieba
import numpy as np
from tensorflow.keras.preprocessing.text import Tokenizer
```

```
from tensorflow.keras.preprocessing.sequence import pad_sequences
from tensorflow.keras.models import Sequential
from tensorflow.keras.layers import Dense,Flatten,Embedding
from sklearn.metrics import confusion_matrix
from gensim.models import Word2Vec

# 定义文档
documents = ['做得好','非常棒','做得不错','表现不错','表现优异',
             '做得不好','有待提高','有待改进','表现不足','表现差劲'] # 中文文本
segment = []
for i in range(len(documents)):segment.append(' '.join(jieba.lcut(documents[i])))#
jieba 分词
segment # 查看分词结果
# 定义分类标签
labels = np.array([1,1,1,1,1,0,0,0,0,0])
```

中文文档分词结果如下：

```
['做 得 好',
 '非常 棒',
 '做 得 不错',
 '表现 不错',
 '表现 优异',
 '做 得 不好',
 '有待 提高',
 '有待 改进',
 '表现 不足',
 '表现 差劲']
```

接下来使用分词器对分词后的文档进行令牌化，并利用 pad_sequences()函数把各序列填充为相同长度，实现代码如下所示。

```
# 令牌化和序列填充
tokenizer = Tokenizer()
tokenizer.fit_on_texts(segment)
vocab_size = len(tokenizer.word_index) + 1
encodeDocuments = tokenizer.texts_to_sequences(segment) # 转换为数字序列
max_length = 3
paddedDocuments = pad_sequences(encodeDocuments, maxlen=max_length, padding='post')
print(paddedDocuments)
```

输出结果为：

```
[[ 2  3  6]
 [ 7  8  0]
 [ 2  3  4]
 [ 1  4  0]
 [ 1  9  0]
 [ 2  3 10]
 [ 5 11  0]
 [ 5 12  0]
 [ 1 13  0]
 [ 1 14  0]]
```

自此，建模前的数据预处理工作已经完成。

接下来建立顺序型深度学习模型，将嵌入层作为神经网络模型的首层，通过以下代码实现。

```
# 建立顺序型模型
model = Sequential()
# 添加嵌入层
model.add(Embedding(input_dim=vocab_size,
```

```
                  output_dim=8,
                  input_length=max_length))
```

嵌入层的参数 input_dim 为 tokenizer 对象最大索引值（14）+1，故为 15；将参数 output_dim 设置为 8，故每个词的输出维度（词向量）为 8；参数 input_length 为输入文档长度，故为 3。

为了验证结果，我们运行以下代码，将“数字序列”变为“向量序列”，查看转换后的维度。

```
out = model(paddedDocuments)
out.shape
```

输出结果为：

```
TensorShape([10, 3, 8])
```

转换后的维度输出为 TensorShape([10, 3, 8])，说明有 10 个文档，每个文档均有 3 个词，每个词均有 8 维的词向量。

接下来，我们需要将嵌入层“展平”后再连接隐藏层，实现代码如下所示。

```
model.add(Flatten()) # 平坦层
model.add(Dense(4,activation='relu')) # 隐藏层
model.add(Dense(1, activation='sigmoid')) #输出层
model.compile(optimizer='adam', loss='binary_crossentropy', metrics=
['accuracy']) # 模型编译
print(model.summary()) # 查看模型摘要
```

输出的模型摘要如下。

```
Model: "sequential_1"
_________________________________________________________________
 Layer (type)                Output Shape              Param #
=================================================================
 embedding_4 (Embedding)     (None, 3, 8)              120

 flatten_4 (Flatten)         (None, 24)                0

 flatten_5 (Flatten)         (None, 24)                0

 dense_4 (Dense)             (None, 4)                 100

 dense_5 (Dense)             (None, 1)                 5

=================================================================
Total params: 225
Trainable params: 225
Non-trainable params: 0
_________________________________________________________________
None
```

从模型摘要可知，嵌入层的输出是一个 3×8 的矩阵，它被平坦层展平为有 24 个元素的向量。

通过以下代码进行模型训练及预测工作，并查看实际标签与预测标签的混淆矩阵。

```
# 模型训练
model.fit(paddedDocuments, labels, epochs=50, verbose=0)
# 模型预测
prediction = model.predict(paddedDocuments)
predictions_classes = (prediction>.5).astype(int).ravel() # 将概率值大于 0.5 的样本预测
为 1
# 查看混淆矩阵
confusion_mtx = confusion_matrix(labels, predictions_classes)
print(confusion_mtx)
```

混淆矩阵输出结果为：

```
[[5 0]
 [0 5]]
```

可见，10 个文档的标签全部预测正确。

扫一扫

2. 预训练词嵌入

将一个嵌入层实例化时，它的权重值最开始是随机的，需要从零开始训练。实际上，我们可以使用预训练的词嵌入模型来得到词的表示方法，基于预训练模型的词向量相当于迁移了整个语义空间的知识，往往能得到更好的性能。

目前应用比较广泛的预训练模型有 Word2Vec 和 GloVe 等。它们已经在海量语料库中通过训练得到了较好的表示方法，并可以直接导出学习到的词向量，可方便地将其迁移到其他任务。

（1）Word2Vec。

Word2Vec 是由某美国公司领导的研究小组于 2013 年创建的模型组。这些模型是无监督的，它们以大型文本语料作为输入，并生成词的向量空间。和独热编码的向量空间的稀疏向量相比，Word2Vec 向量空间更稠密。

Word2Vec 的两种结构如下。

- **连续词袋（Continuous Bag Of Words，CBOW）**：在该结构中，模型通过周围的词预测当前词。另外，上下文词的顺序不会影响预测结果。
- **连续 skip-gram 模型**：正好与 CBOW 相反，输入是当前词的词向量，输出是周围词的词向量。

两种结构都专注于在给定其本地使用上下文的情况下学习词，其中上下文由相邻词的窗口给定。该窗口是模型的可配置参数，该窗口的大小对向量相似性具有很大的影响，大窗口倾向于产生更多的主题相似性，而较小的窗口倾向于产生更多的功能和句法相似性。

Word2Vec 的主要优点是它可以有效地学习高质量的词嵌入（低空间和时间复杂度），允许从更大的文本语料库学习更多维度的嵌入。

（2）GloVe。

GloVe（Global Vectors for Word Representation），是一个基于全局词频统计（count-based & overall statistics）的词表征（word representation）工具。它可以把一个词表达成一个由实数组成的向量。这些向量捕捉到了词之间的一些语义特性，比如相似性（similarity）、类比性（analogy）等。我们通过对向量的运算，比如计算欧几里得距离或者余弦相似度，可以计算出两个词之间的语义相似性。

GloVe 和 Word2Vec 的不同之处在于，Word2Vec 是一个预测模型，而 GloVe 是一个基于计数的模型。GloVe 是一种将潜在语义分析（Latent Semantic Analysis，LSA）等矩阵分解技术的全局统计与 Word2Vec 中基于本地语境的学习结合起来的方法。GloVe 不是使用窗口来定义局部上下文的，而是使用整个文本语料库中的统计信息构造显式的词上下文或词共现矩阵，进而获得更好的词嵌入模型，如图 5-1 所示。

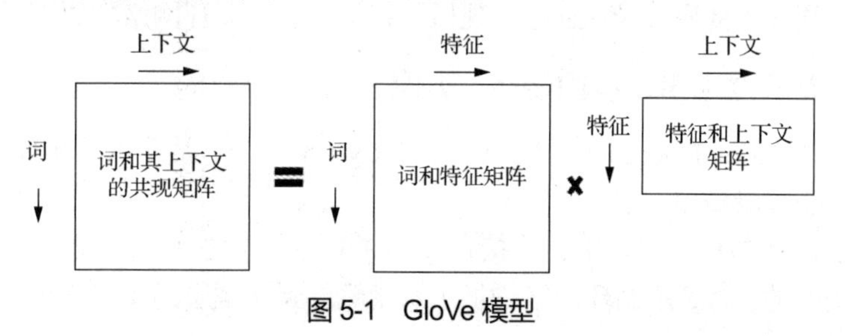

图 5-1　GloVe 模型

接下来，让我们看看如何在Keras模型中加载预先训练好的词嵌入。

从 gensim.models 中可加载 Word2Vec()函数，用来实现词嵌入。该函数的输入是经过分词后的句子列表，参数 vector_size 指定训练时词向量维度，默认为 100；参数 min_count 指定需要训练词的最少出现次数，默认为 5；参数 worker 指定完成训练过程的线程数，默认为 1，不使用多线程，只有在安装 Python 的前提下对该参数的设置才有意义。

通过以下代码构建 Word2Vec 模型，并输出仅针对中文文档中词的权重值矩阵。

```
u = []
for i in range(len(documents)):u.append(jieba.lcut(documents[i]))# jieba 分词
model = Word2Vec(u,vector_size=100,min_count=1)  # 构建 Word2Vec 模型
# 创建针对训练集中词的权重值矩阵
trainingToEmbeddings = np.zeros((vocab_size, 100))
for word, i in tokenizer.word_index.items():
     Word2Vector = model.wv[word] # 输出词嵌入矩阵
     if Word2Vector is not None:
          trainingToEmbeddings[i] = Word2Vector
print(trainingToEmbeddings.shape)
```

输出结果为；

```
(15, 100)
```

自此，已经通过 gensim.models 完成 Word2Vec 词嵌入矩阵。

我们将使用与前面相同的模型结构对中文文档标签进行预测，不同之处在于需冻结嵌入层（将参数 trainable 设置为 False），将权重值（参数 weights）设置为 Word2Vec 词嵌入矩阵。

```
# 模型构建及编译
model = Sequential()
model.add(Embedding(vocab_size, 100,
                    weights=[trainingToEmbeddings],
                    input_length=max_length, trainable=False))
model.add(Flatten())
model.add(Dense(4,activation='relu'))
model.add(Dense(1, activation='sigmoid'))
model.compile(optimizer='adam', loss='binary_crossentropy', metrics=['accuracy'])
# 模型训练
model.fit(paddedDocuments, labels, epochs=50, verbose=0)
# 模型预测
prediction = model.predict(paddedDocuments)
predictions_classes = (prediction>.5).astype(int).ravel() # 将概率值大于 0.5 的样本预测为 1
# 查看混淆矩阵
confusion_mtx = confusion_matrix(labels, predictions_classes)
print(confusion_mtx)
```

输出结果为：

```
[[5 0]
 [0 5]]
```

利用 Word2Vec 词向量得到的模型对 10 个文档的标签也全部预测正确。

我们在掌握词嵌入的原理及 Keras 实现后，将学习简单循环网络的原理及 Kera 实现。

5.1.2 简单循环网络原理及其 Keras 实现

扫一扫

简单循环网络（Simple Recurrent Network，SRN）是一个非常简单的循环神经网络，只有一个隐藏层。

在一个两层的前馈神经网络中，连接存在相邻的层与层之间，隐藏层的节点之间是无连接的。而简单循环网络增加了从隐藏层到隐藏层的反馈连接。

循环神经网络使用其内部状态（也称为存储器）来处理输入序列，图 5-2 展示了循环神经网络的一种典型结构。

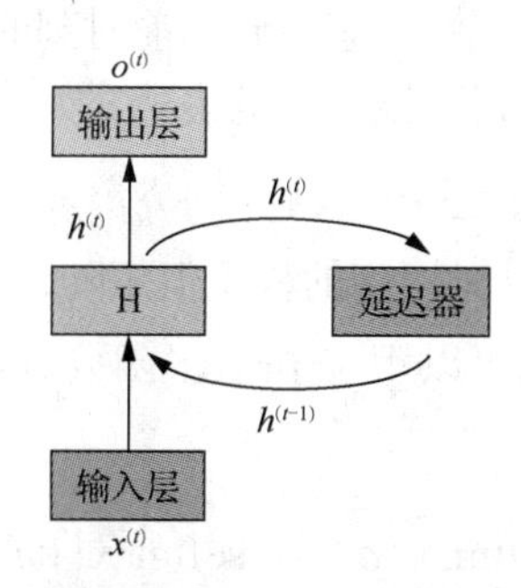

图 5-2 循环神经网络的一种典型结构示意

从图 5-2 可知，相比之前的网络，循环神经网络更加注重“时刻”的概念。图中 $o^{(t)}$ 表示循环神经网络在时刻 t 给出的一个输出，$x^{(t)}$ 表示在时刻 t 循环神经网络的输入。H 是循环神经网络的主体结构，循环的过程就是 H 不断被执行的过程。在 t 时刻，H 会读取输入层的输入 $x^{(t)}$，并输出一个值 $o^{(t)}$，同时 H 的状态值会从当前时间步长传递到下一时间步长。也就是说，H 的输入除了来自输入层的输入数据 $x^{(t)}$，还来自上一时刻的 H 的输出。

对于 H 结构，一般可以认为它是循环神经网络的一个隐藏单元，任一时刻的隐藏状态值 $h^{(t)}$（隐藏层神经元活性值）是前一时间步长中隐藏状态值 $h^{(t-1)}$ 和当前时间步长中输入值 $x^{(t)}$ 的函数，表达式如下：

$$h^{(t)} = f\left(\boldsymbol{W}h^{(t-1)} + \boldsymbol{U}x^{(t)} + b^{(h)}\right)$$

式中，$f(\ )$ 是非线性激活函数，通常为 Sigmoid 或 Tanh 函数，$\boldsymbol{W}$ 是相邻时刻隐藏单元间的权重值矩阵，$\boldsymbol{U}$ 是从 $x^{(t)}$ 计算得到这个隐藏单元时用到的权重值矩阵，$b^{(h)}$ 是由 $x^{(t)}$ 得到的 $h^{(t)}$ 的偏置值。注意等式是递归的，即 $h^{(t-1)}$ 可以用 $h^{(t-2)}$ 和 $x^{(t-1)}$ 表示，以此类推，一直到序列的开始。循环神经网络就是这样对任意长度的序列化数据进行编码和合并信息的。

如果我们把每个时刻的状态都看作前馈神经网络的一层的话，循环神经网络可以看作在时间维度上权重共享的神经网络。图 5-3 给出了按时间展开的循环神经网络。

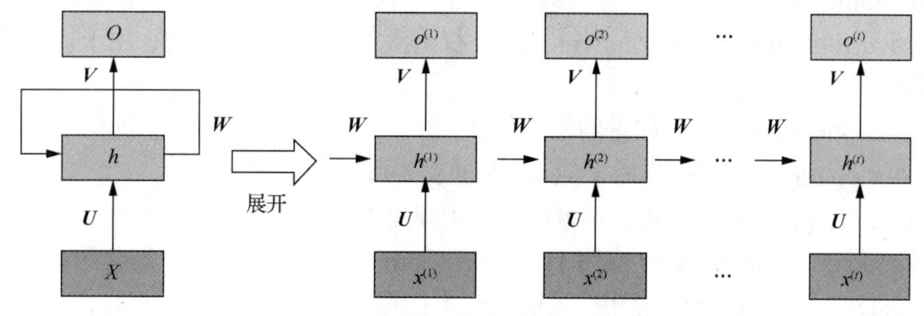

图 5-3 按时间展开的循环神经网络

就如传统神经网络的参数被包含在权重值矩阵一样，循环神经网络的参数用 3 个权重值矩阵 $\boldsymbol{U}$、$\boldsymbol{V}$、$\boldsymbol{W}$ 定义，分别对应输入、输出和隐藏状态。注意按时间展开循环神经网络的权重值矩阵 $\boldsymbol{U}$、$\boldsymbol{V}$、$\boldsymbol{W}$ 是所有时间步长共享的。这是因为我们在每个时间步长的不同输入上施加了相同的操作。在所有时间步长上共享相同的权重值向量，极大地减少了循环神经网络需要学习的参数个数。

从图 5-3 可知，为了从当前时刻的状态得到当前时刻的输出，在循环体外部还需要另外一个全连接神经网络来完成这个过程。该过程的表达式如下：

$$o^{(t)} = \boldsymbol{V}h^{(t)} + b_o$$

式中，$\boldsymbol{V}$ 是由 $h^{(t)}$ 计算得到 $o^{(t)}$ 时用到的权重值矩阵，b_o 是由 $h^{(t)}$ 计算得到 $o^{(t)}$ 时用到的偏置值。如果输出是离散的，我们可以用 softmax()函数对 $o^{(t)}$ 进行后续分类处理，最终获得标准化后的概率输出向量 $\boldsymbol{y}^{(t)}$：

$$\boldsymbol{y}^{(t)} = \text{softmax}\left(o^{(t)}\right) = \text{softmax}\left(Vh^{(t)} + b_o\right)$$

在 tf.keras 中，可以通过 layers.SimpleRNN 类来定义最简单的循环神经网络。我们不需要指定输入序列的长度（与之前的模型不同），因为循环神经网络可以处理任意数量的时间步长（这就是将第一个输入的维度设置为 None 的原因）。SimpleRNN 的各参数的描述如下。

- units：输出维度。
- activation：激活函数，默认为双曲正切（Tanh）函数，如果传入 None，则不会使用任何激活函数（线性激活 $a(x)=x$）。
- return_sequences：布尔值，用于指定输出序列中返回的是最后一个输出，还是全部序列。默认为 False，将输出一个二维数组（仅包含最后一个时间步长的输出），为 True 时则输出一个三维数组（包含所有时间步长的输出）。
- return_state：布尔值，用于指定除了输出之外是否返回最后一个状态。
- go_backwards：布尔值（默认 False）。如果为 True，则向后处理输入序列并返回相反的序列。
- stateful：布尔值（默认 False）。如果为 True，则将使用批次中索引 i 的每个样本的最后状态作为下一个批次中索引 i 的样本的初始状态。
- unroll：布尔值（默认 False）。如果为 True，则网络将展开，否则将使用符号循环。展开可以加速循环神经网络，但它往往会占用更多的内存。因此展开只适用于短序列。
- kernel_initializer：kernel 权重值矩阵的初始化器，用于指定输入的线性变换，默认值为 glorot_uniform。
- recurrent_initializer：recurrent_kernel 权重值矩阵的初始化程序，用于指定循环状态的线性变换。
- bias_initializer：偏置向量的初始化器。
- kernel_regularizer：应用于 kernel 权重值矩阵的正则化函数。
- bias_regularizer：应用于偏置向量的正则化函数。
- recurrent_regularizer：应用于 recurrent_kernel 权重值矩阵的正则化函数。
- activity_regularizer：应用于图层输出（它的激活值）的正则化函数。
- kernel_constraints：应用于 kernel 权重值矩阵的约束函数。
- recurrent_constraints：应用于 recurrent_kernel 权重值矩阵的约束函数。
- bias_constraints：应用于偏置向量的约束函数。
- dropout：0～1 的浮点数，控制输入线性变换的神经元丢弃比例。

- recurrent_dropout：0～1 的浮点数，控制循环状态的线性变换的神经元丢弃比例。

5.1.3　长短期记忆网络原理及其 Keras 实现

循环神经网络在处理长期依赖（时间序列上距离较远的节点）时会遇到巨大的困难，因为计算距离较远的节点之间的联系时会涉及雅可比矩阵的多次相乘，会造成梯度消失或者梯度膨胀的现象。为了改善循环神经网络的长期依赖问题，一个非常好的解决方式是引入门控制机制来控制信息的累积速度，包括有选择地加入新的信息，并有选择地遗忘之前累积的信息。这一类网络可以称为基于门控的循环神经网络（gate RNN），而 LSTM 网络就是 gate RNN 中典型的一种。

长短期记忆（Long Short-Term Memory，LSTM）网络是循环神经网络的一个变体，旨在避免长期依赖性问题。它具有长期记忆信息的能力，可以有效地解决简单循环网络的梯度爆炸或梯度消失的问题。

所有递归神经网络都具有重复的神经网络模块的链式结构。在标准循环神经网络中，该重复模块仅有一个非常简单的结构，例如单个 tanh 层，如图 5-4 所示。

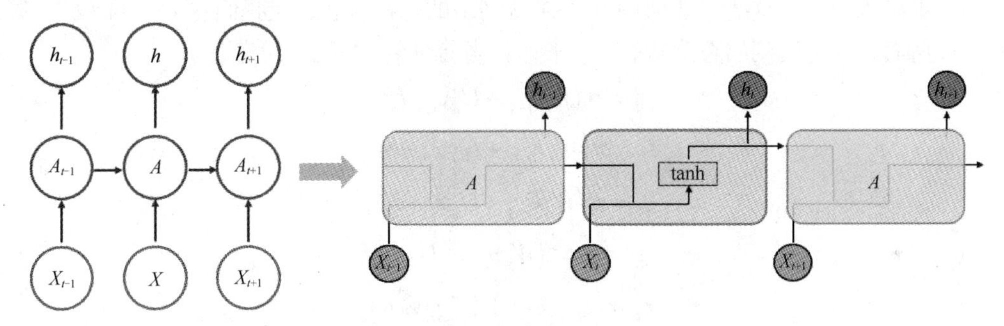

图 5-4　标准循环神经网络的递归结构

LSTM 网络也具有类似的链式结构，但其重复模块具有不同的结构。LSTM 网络有 4 个层，以非常特殊的方式进行交互。LSTM 网络结构中，直接根据当前输入数据得到的输出称为 hidden state（隐藏状态）。还有一种数据不仅依赖于当前输入数据，还会伴随整个网络过程用来记忆、遗忘、选择并最终影响隐藏状态结果，这种数据被称为 cell state（单元状态）。单元状态就是实现长短期记忆网络的关键，如图 5-5 所示。

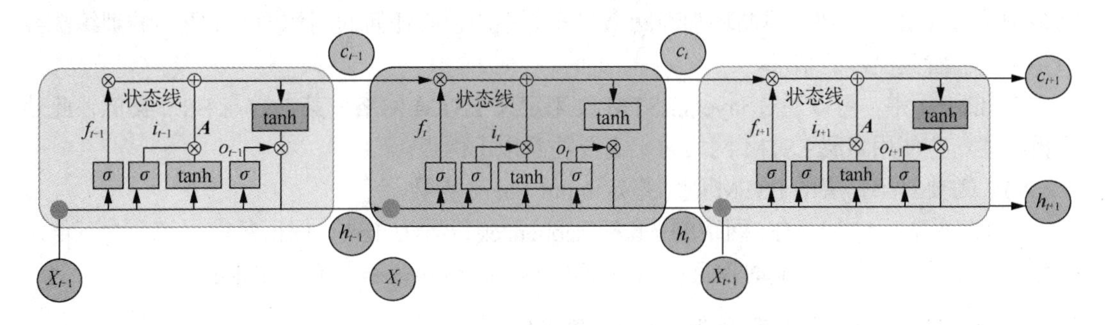

图 5-5　LSTM 网络的递归单元结构

图 5-5 看起来有些复杂，让我们逐个查看组件。横穿图 5-5 顶部的线是 c（cell state），它表示单元的内部记忆。横穿底部的线是隐藏状态。整个矩形方框就是一个单元。单元状态是不输出的，它仅对隐藏状态产生影响。i_t、f_t、o_t 是 LSTM 网络控制存储单元中的信息流动的输入门、遗忘门和输出门。

- **输入门**：有条件地决定在单元中存储哪些信息，用于控制当前信息的输入。当信息经过输入单元激活后会和输入门进行相乘，以确定是否写入当前信息。
- **遗忘门**：有条件地决定哪些信息从单元中抛弃，用于控制是否重置之前的记忆信息，其与细胞之前的记忆信息进行乘法运算，以确定是否保留之前的信息。
- **输出门**：有条件地决定哪些信息需要输出，用于控制当前记忆信息的输出，其与当前细胞记忆信息相乘，以确定是否输出信息。

LSTM 网络计算过程如下。

- 首先利用上一时刻的隐藏状态 h_{t-1} 和当前时刻输入 x_t，计算出 3 个门。
- 结合遗忘门 f_t 和输入门 i_t 来更新记忆单元 c_t。
- 结合输出门 o_t，将内部状态的信息传递给外部状态 h_t。

为了更深入地理解这些门如何调节 LSTM 网络的隐藏状态，让我们看下面的等式。等式显示它如何通过上一时刻的隐藏状态 h_{t-1} 来计算当前时刻 t 的隐藏状态 h_t。

$$i_t = \sigma\left(W_i h_{t-1} + U_i x_t + b_i\right)$$
$$f_t = \sigma\left(W_f h_{t-1} + U_f x_t + b_f\right)$$
$$o_t = \sigma\left(W_o h_{t-1} + U_o x_t + b_o\right)$$
$$g_t = \tanh\left(W_g h_{t-1} + U_g x_t\right)$$
$$c_t = \left(c_{t-1} \otimes f_t\right) \oplus \left(g_t \otimes i_t\right)$$
$$h_t = \tanh\left(c_t \otimes o_t\right)$$

其中，$\sigma(\ )$ 为 Sigmoid 函数，其输出区间为 $(0,1)$，x_t、i_t、f_t、o_t 分别为当前时刻的输入、输入门、遗忘门和输出门。

通常情况下，我们不需要访问单元状态，除非想设计复杂的网络结构。例如，在设计 Encoder-Decoder 模型时，我们可能需要对单元状态的初始值进行设定。需要注意的是，LSTM 网络可以随时替换 SRN 单元，唯一的不同是 LSTM 网络能对抗梯度消失的问题。你可以在网络中用 LSTM 网络替换掉循环神经网络单元而不用担心任何的副作用。在更多的训练次数后，通常会看到更好的结果。

在 tf.keras 中，可以通过 layers.LSTM 类来定义 LSTM 网络，其参数与 SRN 类似，此处不再赘述。在使用多层 LSTM 网络时，需要注意以下两点。

（1）需要对第一层的 LSTM 网络指定 input_shape 参数。

（2）将前 $N-1$ 层 LSTM 网络的 return_sequences 设置为 True，保证每一层都会向下传播所有时间步长上的预测，同时保证最后一层的 return_sequences 设置为 False。

5.1.4 门控循环单元原理及其 Keras 实现

LSTM 网络的参数相当于传统循环神经网络的 4 倍，相当于前馈网络的 8 倍。如此多的参数，虽然使得模型能力大大加强，但同时也使得该结构过于冗余。门控循环单元（Gated

Recurrent Unit，GRU）网络是一种比 LSTM 网络更加简单的循环神经网络。

GRU 网络保留了 LSTM 网络对梯度消失问题的抵抗能力，但它的内部结构更加简单，更新隐藏状态时需要的计算也更少，因此训练得更快。GRU 网络结构如图 5-6 所示。

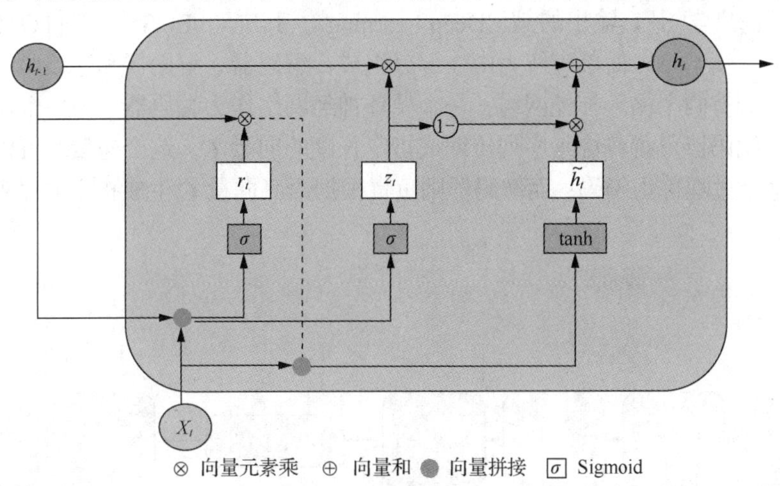

图 5-6　GRU 网络结构

从图 5-6 可知，对比于 LSTM 网络单元中的输入门、遗忘门和输出门，GRU 网络单元有两个门：更新门 z（update gate）和重置门 r（reset gate）。其更新门以及重置门和 LSTM 网络的门结构类似，它们的输入都是当前时刻的输入信息以及之前隐藏层的输出信息乘权重值后进行累加，然后放入 Sigmoid 函数中激活。下面等式定义了 GRU 中的门控机制：

$$z_t = \sigma\left(W_z h_{t-1} + U_z x_t\right)$$

$$r_t = \sigma\left(W_r h_{t-1} + U_r x_t\right)$$

$$\tilde{h}_t = \tanh\left(W_c (h_{t-1} \otimes r_t + U_c x_t)\right)$$

$$h_t = \left(z_t \otimes \tilde{h}_t\right) \oplus \left(\left(1 - z_t\right) \otimes h_{t-1}\right)$$

在 tf.keras 中，可以通过 layers.GRU 类来定义 GRU 网络，其中，参数 reset_after 是 GRU 网络约定（是否在矩阵乘法之前或之后应用复位门），False 表示在之前应用，True 表示在之后应用。

5.2　Seq2Seq 模型

序列到序列（Sequence-to-Sequence，Seq2Seq）是一种带有条件的序列生成问题，给定一个序列 $X_{1:m}$，生成另一个序列 $Y_{1:n}$，输入序列的长度 m 和输出序列的长度 n 可以不同。比如，在中英文机器翻译中，将一句中文翻译成英文，那么这句中文的长度有可能会比英文短，也可能会比英文长，所以输出的长度就不确定了。例如，长度为 4 的“深度学习”中文可翻译为长度为 2 的英文“Deep Learning”，长度为 3 的“你好吗”中文可翻译为长度为 4 的英文“How do you do”。

扫一扫

5.2.1　Seq2Seq 原理

实现 Seq2Seq 的最直接的方法就是使用两个循环神经网络（通常用 LSTM

网络或 GRU 网络）来分别进行编码和解码，也称为编码器-解码器（Encoder-Decoder）模型。基于 Encoder-Decoder 基本结构的 Seq2Seq 模型如图 5-7 所示。

图 5-7 所示是已经在时间的维度上展开的 Encoder-Decoder 基本结构的 Seq2Seq 模型，其输入序列是“深度学习”，输出的是“Deep Learning”，其中“<EOS>”（End Of Sentence）是句子结束符号。模型可以简单理解为由 3 部分组成：编码器、解码器和连接两者的中间状态向量 $\boldsymbol{C}$。该模型有两个循环神经网络：一个循环神经网络作为编码器，另一个循环神经网络作为解码器。编码器负责将输入序列压缩成指定长度的向量 $\boldsymbol{C}$，这个向量就可以看成这个序列的语义，这个过程称为编码；而解码器则负责根据语义向量 $\boldsymbol{C}$ 生成指定的序列，这个过程也称为解码。

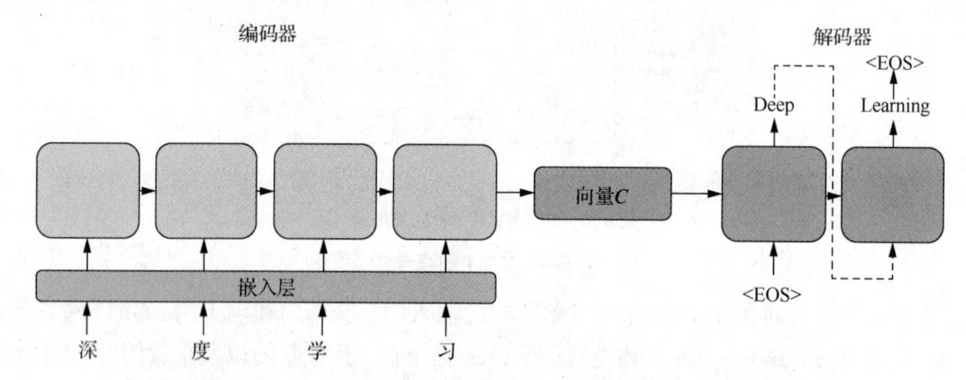

图 5-7　基于 Encoder-Decoder 基本结构的 Seq2Seq 模型

编码器过程很简单，及时对输入句子 $X_{1:m}$ 进行解码，直接使用循环神经网络（通常是 LSTM 网络或者 GRU 网络）将输入句子通过非线性变化转化为中间语义向量 $\boldsymbol{C}$ 。

$$\boldsymbol{C} = f\left(x_1, x_2, x_3, \cdots, x_m\right)$$

该模型的解码的过程是根据句子 $X_{1:m}$ 的中间语义向量 $\boldsymbol{C}$ 和之前已经生成的历史信息 $y_1, y_2, y_3, \cdots, y_{i-1}$ 来生成 t 时刻要生成的词 y_t 。

$$y_i = g\left(\boldsymbol{C}, y_1, y_2, y_3, \cdots, y_{i-1}\right)$$

其中 g 为最后一层采用 Softmax 函数的前馈神经网络。

Seq2Seq 实现了从一个序列到另一个序列的转换，其在文本领域的应用场景非常多。比如，对于机器翻译来说 $< X, Y >$ 就是对应不同语言的句子，如果 X 是中文句子，Y 就是对应中文句子的英文翻译；对于文本摘要来说，如果 X 是一篇文章，Y 就是对应的摘要；对于对话机器人来说，如果 X 是某人的一句话，Y 就是对话机器人的应答等。除了在文本领域，该框架在语音识别、图像处理等领域也常使用。比如，对于语音识别来说，编码器的输入是语音流，输出是对应的文本信息；对于“图像描述”任务来说，编码器的输入是一幅图像，解码器的输出是能够描述图像语义内容的一句描述语。

5.2.2　注意力机制

基于循环神经网络的 Seq2Seq 模型的缺点如下。

- 向量 $\boldsymbol{C}$ 的容量问题，不论输入与输出的长度是什么，中间的向量 $\boldsymbol{C}$ 的长度都是固定的，输入序列的信息很难全部保存在一个固定长度的向量 $\boldsymbol{C}$ 中。

- 当序列很长时，由于循环神经网络的长期依赖问题，容易丢失输入序列的信息。

为了获取更丰富的输入序列信息，我们可以在每一步中通过注意力（attention）机制来从输入序列中选取有用的信息。注意力机制的基本思想打破了 Encoder-Decoder 结构在编解码时都依赖于内部一个固定长度向量 $\boldsymbol{C}$ 的限制。注意力机制通过保留编码器输入序列的中间输出结果，然后训练一个模型来对这些输入进行选择性地学习，并且在模型输出时将输出序列与之进行关联。换一个角度而言，输出序列中每一项的生成概率取决于在输入序列中选择了哪些项。虽然这样做会增加模型的计算负担，但是会构建出目标性更强、性能更好的模型。

理解注意力机制的关键点是将固定的中间语义向量 $\boldsymbol{C}$ 换成了根据当前输出词来调整加入注意力模型（Attention Model，AM）的变量 $\boldsymbol{C}_i$。增加了 AM 的 Encoder-Decoder 框架如图 5-8 所示。

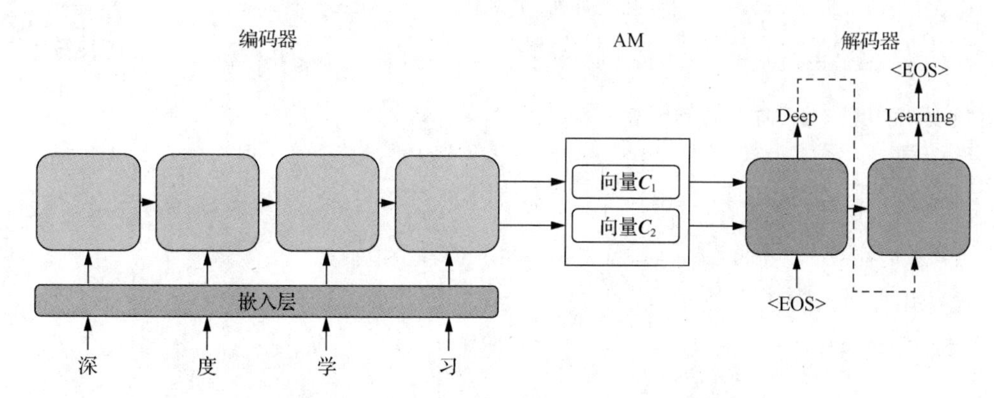

图 5-8 引入 AM 的 Encoder-Decoder 框架

此时生成目标句子词的过程变成下面的形式：

$$y_1 = g(\boldsymbol{C}_1); y_2 = g(\boldsymbol{C}_2, y_1)$$

让我们简单了解 $\boldsymbol{C}_i$ 的计算过程。每个 $\boldsymbol{C}_i$ 可能对应着不同的源语句的词的注意力分配概率分布，比如对应<深度学习,Deep Learning>的中译英（注意，此示例是按照字节分词）来说，其注意力分布矩阵如下。

$$\boldsymbol{A} = \begin{bmatrix} 0.4\ 0.3\ 0.2\ 0.1 \\ 0.1\ 0.2\ 0.3\ 0.4 \end{bmatrix}$$

其中，第 i 行表示 y_i 收到所有来自输入词的注意力分配概率，各行概率值合计为 1。y_i 的语义向量 $\boldsymbol{C}_1$ 由这些注意力分配概率和编码器对词 x_j 的转换函数 f 相乘得到，示例如下。

$$\boldsymbol{C}_1 = \boldsymbol{C}_{\text{Deep}} = g\left(0.4 \times f(\text{"深"}), 0.3 \times f(\text{"度"}), 0.2 \times f(\text{"学"}), 0.1 \times f(\text{"习"})\right)$$

$$\boldsymbol{C}_2 = \boldsymbol{C}_{\text{Learning}} = g\left(0.1 \times f(\text{"深"}), 0.2 \times f(\text{"度"}), 0.3 \times f(\text{"学"}), 0.4 \times f(\text{"习"})\right)$$

其中，f 函数代表编码器对输入中文词的某种变换函数，g 函数代表编码器根据词的中间表示合成整个句子中间语义表示的变换函数。一般地，g 函数就是对构成元素加权求和。

5.2.3 利用 Keras 实现 Seq2Seq

让我们通过一个序列预测例子来理解如何利用 Keras 实现 Seq2Seq。这个序列预测问题描述为：输入序列为随机产生的长度为 8 的整数序列，目标序列为输入序列最后 4 个元素进行翻转后的序列。输入序列和目标序列的数据样例如表 5-1 所示。

表 5-1　序列预测问题描述

输入序列	目标序列
[14, 50, 28, 2, 48, 20, 13, 49]	[49, 13, 20, 48]
[15, 45, 11, 50, 38, 13, 11, 31]	[31, 11, 13, 38]
[15, 15, 41, 48, 20, 20, 28, 4]	[4, 28, 20, 20]
[22, 12, 39, 25, 47, 26, 24, 18]	[18, 24, 26, 47]
[25, 44, 29, 4, 4, 50, 10, 39]	[39, 10, 50, 4]
[5, 18, 40, 32, 43, 22, 36, 19]	[19, 36, 22, 43]

以下程序代码首先随机产生一个整数序列，再构建 LSTM 网络模型输入需要的训练数据，最后将数据进行向量化。

扫一扫

```
# 随机产生在(1,n_features-1)区间的整数序列，序列长度为 length
def generate_sequence(length, n_features):
    return [randint(1, n_features-1) for _ in range(length)]

# 构造 LSTM 网络模型输入需要的训练数据
def get_dataset(n_in, n_out, n_features, n_samples):
    X1, X2, y = list(), list(), list()
    for _ in range(n_samples):
        # 生成输入序列
        source = generate_sequence(n_in, n_features)
        # 定义目标序列
        target = source[-n_out:]
        target.reverse()
        # 向前偏移一个时间步长目标序列
        target_in = [0] + target[:-1]
        # 直接使用 to_categorical()函数进行独热编码
        src_encoded = to_categorical(source, num_classes=n_features)
        tar_encoded = to_categorical(target, num_classes=n_features)
        tar2_encoded = to_categorical(target_in, num_classes=n_features)

        X1.append(src_encoded)
        X2.append(tar2_encoded)
        y.append(tar_encoded)
    return array(X1), array(X2), array(y)

# 独热解码
def one_hot_decode(encoded_seq):
    return [argmax(vector) for vector in encoded_seq]
```

数据生成函数创建后，我们用其生成一个序列样本并对样本进行查看。我们将参数 n_features 设置为 51，即每次将随机产生在(1,50)区间的整数序列；将参数 n_in 设置为 8，即每次随机产生的输入序列长度为 8；将参数 n_out 设置为 4，则每次随机产生的目标序列长度为 4；将参数 n_samples 设置为 1，则每次随机产生一个序列样本。

```
# 输入参数
n_features = 50 + 1
n_in = 8
n_out = 4

# 生成处理后的输入序列与目标序列，这里测试产生了一个序列样本
X1, X2, y = get_dataset(n_in, n_out, n_features, 1)
print(X1.shape, X2.shape, y.shape)
print('X1=%s, X2=%s, y=%s' % (one_hot_decode(X1[0]), one_hot_decode(X2[0]),
one_hot_decode(y[0])))
```

输出结果为：

```
(1, 8, 51) (1, 4, 51) (1, 4, 51)
X1=[14, 50, 28, 2, 48, 20, 13, 49], X2=[0, 49, 13, 20], y=[49, 13, 20, 48]
```

下一步，自定义 define_models()函数用于构造 Seq2Seq 训练模型，以及进行新序列预测时需要的编码器（encoder_model）与解码器（decoder_model）。

```
def define_models(n_input, n_output, n_units):
    # 定义训练模型中的编码器
    encoder_inputs = Input(shape=(None, n_input))
    encoder = LSTM(n_units, return_state=True)
    encoder_outputs, state_h, state_c = encoder(encoder_inputs)
    encoder_states = [state_h, state_c] # 仅保留编码状态向量
    # 定义训练模型中的解码器
    decoder_inputs = Input(shape=(None, n_output))
    decoder_lstm = LSTM(n_units, return_sequences=True, return_state=True)
    decoder_outputs, _, _ = decoder_lstm(decoder_inputs, initial_state=encoder_states)
    decoder_dense = Dense(n_output, activation='softmax')
    decoder_outputs = decoder_dense(decoder_outputs)
    model = Model([encoder_inputs, decoder_inputs], decoder_outputs)
    encoder_model = Model(encoder_inputs, encoder_states)
    decoder_state_input_h = Input(shape=(n_units,))
    decoder_state_input_c = Input(shape=(n_units,))
    decoder_states_inputs = [decoder_state_input_h, decoder_state_input_c]
    decoder_outputs, state_h, state_c = decoder_lstm(decoder_inputs,
                                          initial_state=decoder_states_inputs)
    decoder_states = [state_h, state_c]
    decoder_outputs = decoder_dense(decoder_outputs)
    decoder_model = Model([decoder_inputs] + decoder_states_inputs,
                          [decoder_outputs] + decoder_states)
    # 返回 3 个模型
    return model, encoder_model, decoder_model
```

我们还需要定义一个给定输入序列生成目标序列的函数，实现代码如下。

```
def predict_sequence(infenc, infdec, source, n_steps, cardinality):
    # encode：输入序列编码得到编码状态向量
    state = infenc.predict(source)
    # 初始化目标序列输入：通过开始字符计算目标序列第一个字符，这里是 0
    target_seq = array([0.0 for _ in range(cardinality)]).reshape(1, 1, cardinality)
    # 输出序列
    output = list()
    for t in range(n_steps):
        # 预测下一个字符
        yhat, h, c = infdec.predict([target_seq] + state)
        # 截取输出序列
        output.append(yhat[0,0,:])
        # 更新状态
        state = [h, c]
        # 更新目标序列（用于下一个词预测的输入）
        target_seq = yhat
    return array(output)
```

运行以下代码定义 Seq2Seq 训练模型，以及进行新序列预测时需要的编码器和解码器；在对 Seq2Seq 训练模型编译时，选择优化器为 Adam、损失函数为 categorical_crossentropy、性能评估指标为 accuracy。

```
train, infenc, infdec = define_models(n_features, n_features, 128)
train.compile(optimizer='adam', loss='categorical_crossentropy', metrics=
['accuracy'])
```

运行以下代码生成 10 万条训练样本数据。

```
X1, X2, y = get_dataset(n_steps_in, n_steps_out, n_features, 100000)
print(X1.shape,X2.shape,y.shape)
```

输出结果为：

```
(100000, 8, 51) (100000, 4, 51) (100000, 4, 51)
```

通过 fit()方法训练 train 模型，仅让模型训练一次（epochs=1）。训练完成后，随机生成 100 条序列数据验证模型准确率。

```
# 训练模型
train.fit([X1, X2], y, epochs=1)
# 评估模型效果
total, correct = 100, 0
for _ in range(total):
      X1, X2, y = get_dataset(n_steps_in, n_steps_out, n_features, 1)
      target = predict_sequence(infenc, infdec, X1, n_steps_out, n_features)
      if array_equal(one_hot_decode(y[0]), one_hot_decode(target)):
            correct += 1
print('Accuracy: %.2f%%' % (float(correct)/float(total)*100.0))
```

输出结果为：

```
Accuracy: 100.00%
```

最后，随机生成 10 条序列数据查看预测结果。

```
for _ in range(10):
      X1, X2, y = get_dataset(n_steps_in, n_steps_out, n_features, 1)
      target = predict_sequence(infenc, infdec, X1, n_steps_out, n_features)
      print('X=%s y=%s, yhat=%s' % (one_hot_decode(X1[0]), one_hot_decode(y[0]),
                                    one_hot_decode(target)))
```

输出结果为：

```
X=[14, 48, 46, 32, 44, 23, 16, 31] y=[31, 16, 23, 44], yhat=[31, 16, 23, 44]
X=[44, 28, 15, 12, 1, 15, 3, 14] y=[14, 3, 15, 1], yhat=[14, 3, 15, 1]
X=[14, 29, 31, 38, 27, 11, 46, 41] y=[41, 46, 11, 27], yhat=[41, 46, 11, 27]
X=[28, 18, 11, 2, 42, 18, 37, 45] y=[45, 37, 18, 42], yhat=[45, 37, 18, 42]
X=[38, 31, 11, 5, 40, 43, 16, 1] y=[1, 16, 43, 40], yhat=[1, 16, 43, 40]
X=[7, 26, 37, 48, 41, 48, 21, 27] y=[27, 21, 48, 41], yhat=[27, 21, 48, 41]
X=[33, 47, 12, 50, 41, 5, 15, 7] y=[7, 15, 5, 41], yhat=[7, 15, 5, 41]
X=[41, 17, 50, 43, 34, 22, 38, 44] y=[44, 38, 22, 34], yhat=[44, 38, 22, 34]
X=[6, 6, 17, 8, 49, 22, 22, 42] y=[42, 22, 22, 49], yhat=[42, 22, 22, 49]
X=[10, 6, 44, 26, 19, 13, 7, 13] y=[13, 7, 13, 19], yhat=[13, 7, 13, 19]
```

5.2.4 利用 TensorFlow Addons 实现 Seq2Seq

扫一扫

TensorFlow 本身支持大量的操作符、层、度量、损耗和优化器等。然而，在机器学习这样快速发展的领域，有许多有趣的新开发无法集成到核心 TensorFlow 中，因此可以使用一个符合成熟 API 模式的三方包 TensorFlow Addons 来实现核心 TensorFlow 中没有的新功能。在新版的 TensorFlow 中已经将 tensorflow-seq2seq 合并到 TensorFlow Addons 中，除此之外 TensorFlow Addons 还有很多比较新的功能。

需要安装最新版本，请运行以下命令。

```
pip install tensorflow-addons
```

需要注意的是，TensorFlow Addons 的版本需要和 TensorFlow 以及 Python 的版本对应，否则运行会报错，具体版本对应信息如表 5-2 所示。

表 5-2 TensorFlow Addons 与 TensorFLow 和 Python 的对应版本

TensorFlow Addons	TensorFlow	Python
tfa-nightly	2.8、2.9、2.10	3.7、3.8、3.9、3.10
tensorflow-addons-0.18.0	2.8、2.9、2.10	3.7、3.8、3.9、3.10

续表

TensorFlow Addons	TensorFlow	Python
tensorflow-addons-0.17.1	2.7、2.8、2.9	3.7、3.8、3.9、3.10
tensorflow-addons-0.16.1	2.6、2.7、2.8	3.7、3.8、3.9、3.10
tensorflow-addons-0.15.0	2.5、2.6、2.7	3.7、3.8、3.9
tensorflow-addons-0.14.0	2.4、2.5、2.6	3.6、3.7、3.8、3.9
tensorflow-addons-0.13.0	2.3、2.4、2.5	3.6、3.7、3.8、3.9
tensorflow-addons-0.12.1	2.3、2.4	3.6、3.7、3.8
tensorflow-addons-0.11.2	2.2、2.3	3.5、3.6、3.7、3.8
tensorflow-addons-0.10.0	2.2	3.5、3.6、3.7、3.8
tensorflow-addons-0.9.1	2.1、2.2	3.5、3.6、3.7
tensorflow-addons-0.8.3	2.1	3.5、3.6、3.7
tensorflow-addons-0.7.1	2.1	2.7、3.5、3.6、3.7
tensorflow-addons-0.6.0	2.0	2.7、3.5、3.6、3.7

TensorFlow Addons 包含许多 Seq2Seq 的工具，可以使我们轻松构建用于生产环境的 Encoder-Decoder 模型。

以下代码使用 tfa.seq2seq.BasicDecoder()方法创建一个基本的 Encoder-Decoder 模型。

```
vocab_size = 50 # 词典表大小
embed_size = 10 # 词嵌入空间

encoder_inputs = keras.layers.Input(shape=[None], dtype=np.int32)
decoder_inputs = keras.layers.Input(shape=[None], dtype=np.int32)
sequence_lengths = keras.layers.Input(shape=[], dtype=np.int32)

embeddings = keras.layers.Embedding(vocab_size, embed_size)
encoder_embeddings = embeddings(encoder_inputs)
decoder_embeddings = embeddings(decoder_inputs)

encoder = keras.layers.LSTM(512, return_state=True) # LSTM layer in Encoder
# encoder_outputs 返回的是所有步长的信息，state_h 和 state_c 返回的是最后一步长的信息
encoder_outputs, state_h, state_c = encoder(encoder_embeddings)
encoder_state = [state_h, state_c]
sampler = tfa.seq2seq.sampler.TrainingSampler()

decoder_cell = keras.layers.LSTMCell(512)
output_layer = keras.layers.Dense(vocab_size)
decoder = tfa.seq2seq.BasicDecoder(decoder_cell, sampler,
                                   output_layer=output_layer)
final_outputs, final_state, final_sequence_lengths = decoder(
     decoder_embeddings, initial_state=encoder_state,
     sequence_length=sequence_lengths)
Y_proba = tf.nn.softmax(final_outputs.rnn_output)

model = keras.models.Model(
   inputs=[encoder_inputs, decoder_inputs, sequence_lengths],
outputs=[Y_proba])

model.compile(loss="sparse_categorical_crossentropy", optimizer="adam",
metrics=['accuracy'])
```

下一步，我们随机生成(10000,8)的样本序列数据。

我们继续通过序列预测为例，以下代码随机读取(10000,8)的样本序列数据，并将最后 4 个元素以倒序的方式输出。

```
X = np.random.randint(50, size=8*10000).reshape(10000, 8)
Y = X[:,[-1,-2,-3,-4]]
X_decoder = np.c_[np.zeros((10000, 1)), Y[:, :-1]]
```

```
seq_lengths = np.full([10000], 4)
print(X.shape);print(Y.shape);print(X_decoder.shape)
print('X[0]=%s; Y[0]=%s, X_decode[0]=%s' % (X[0],Y[0], X_decoder[0]))
```

输出结果为：

```
(10000, 8)
(10000, 4)
(10000, 4)
X[0]=[20 14 35 47 49 26  9 33]; Y[0]=[33  9 26 49], X_decode[0]=[ 0. 33.  9. 26.]
```

下一步，通过 fit()方法训练此模型，训练周期为 2。

```
history = model.fit([X, X_decoder, seq_lengths], Y, epochs=2)
```

模型训练好后，利用 predict()方法对序列数据进行预测，并进行独热解码，查看前 10 条预测效果。

```
y_pred = model.predict([X,X_decoder,seq_lengths])
# 独热解码
def one_hot_decode(encoded_seq):
     return [np.argmax(vector) for vector in encoded_seq]
# 查看前 10 条预测效果
for i in range(10):
      print('X=%s, y=%s, yhat=%s' % (X[i],Y[i],
                                      one_hot_decode(y_pred[i])))
```

输出结果为：

```
X=[20 14 35 47 49 26  9 33], y=[33  9 26 49], yhat=[33, 9, 26, 49]
X=[34 43 15 17 29 43 30  8], y=[ 8 30 43 29], yhat=[8, 30, 43, 29]
X=[17 11  1 41 37 42 39 21], y=[21 39 42 37], yhat=[21, 39, 42, 37]
X=[29  2 26  6 30 33  8 30], y=[30  8 33 30], yhat=[30, 8, 33, 30]
X=[27 32 49  6 24 49 37  9], y=[ 9 37 49 24], yhat=[9, 37, 49, 24]
X=[ 5 42 32 45 18  2  8 19], y=[19  8  2 18], yhat=[19, 8, 2, 18]
X=[38 46 27 16 33 23 43 19], y=[19 43 23 33], yhat=[19, 43, 23, 33]
X=[34  9 15 28 48 11 29 47], y=[47 29 11 48], yhat=[47, 29, 11, 48]
X=[16  7  6 41 21 28 42  0], y=[ 0 42 28 21], yhat=[0, 42, 28, 21]
X=[26  6 27  7 22 34  5 33], y=[33  5 34 22], yhat=[33, 5, 34, 22]
```

在现有方案中，我们是通过逐个元素的方式生成输出序列的，但是这样生成的序列在机器翻译中的表现并不够好，于是人们提出了集束搜索（beam search）这种更专业、更好的序列生成方案。集束搜索算法的核心思路概括成一句话就是使用容量固定的宽度优先搜索算法。在每一步，我们都将从现有的序列出发生成所有可能的下一个词，但是并不保留这些词，而是只选择所有词按概率排序最大的 K 个，其中参数 K 就是我们限定的大小，称为集束宽度。因此，集束搜索算法可以帮助我们在内存容量一定的情况下找到准确的翻译结果，并且算法的计算复杂度也是可以接受的。需要注意的是，集束搜索算法只适用于测试和应用过程，而不适用于网络训练过程，因为在训练过程中，每一个句子都有标准答案，也有明确的损失函数的计算方法。

我们可以使用 TensorFlow Addons 轻松地实现集束搜索算法。以下代码首先创建一个 BeamSearchDecoder，它将所有解码器的副本（本例为 8 个）包装起来。然后，我们为每个解码器副本创建一个编码器的最终状态副本，并将这些状态以及开始令牌和结束令牌传递给解码器。

```
beam_width = 8
decoder = tfa.seq2seq.beam_search_decoder.BeamSearchDecoder(
    cell=decoder_cell, beam_width=beam_width, output_layer=output_layer)
decoder_initial_state = tfa.seq2seq.beam_search_decoder.tile_batch(
    encoder_state, multiplier=beam_width)
outputs, _, _ = decoder(
    embedding_decoder, start_tokens=start_tokens, end_token=end_token,
    initial_state=decoder_initial_state)
```

通过集束搜索算法，可以获得短句子的良好且精准的翻译，但是这个模型在翻译长句子时表现不佳，问题来自循环神经网络有限的短期记忆。对于长句子翻译，可利用 5.2.2 小节介绍的注意力机制来解决此问题。在 tfa.seq2seq 中，对用于生成注意力得分（attention score）的 Luong 注意力以及 Bahdanau 注意力的两种方式进行了很好的封装。这两种方式的主要区别在于注意力计算方式和解码器的输入与输出不同。

tfa.seq2seq.LuongAttention 方法的使用方式如下。

```
tfa.seq2seq.LuongAttention(
    units: tfa.types.TensorLike,
    memory: Optional[TensorLike] = None,
    memory_sequence_length: Optional[TensorLike] = None,
    scale: bool = False,
    probability_fn: str = 'softmax',
    dtype: tfa.types.AcceptableDTypes = None,
    name: str = 'LuongAttention',
    **kwargs)
```

主要参数描述如下。

- units：神经元个数，也是最终 attention 的输出维度。
- memory：可选参数，一般为循环神经网络编码器的输出，其维度为[batch_size, max_time, ...]。
- memory_sequence_length：可选参数，表示批次的序列长度，主要用来屏蔽超过相应真实的序列长度的值。
- scale：是否添加权重值 W，默认为 False。

tfa.seq2seq.BahdanauAttention()方法里的参数描述与 tfa.seq2seq.LuongAttention()类似，此处不赘述。使用 tfa.seq2seq 定义好 Attention 层后，可以利用 tfa.seq2seq.AttentionWrapper()方法整合解码器的循环神经网络层以及 Attention 层，并通过 AttentionWrapper()在原本 RNNCell 的基础上再封装一层 Attention。

以下是 AttentionWrapper()帮助文档中给出的使用 TensorFlow Addons 将 Luong 注意力添加到模型中的例子。

```
import tensorflow as tf
import tensorflow_addons as tfa

batch_size = 4
max_time = 7
hidden_size = 32

memory = tf.random.uniform([batch_size, max_time, hidden_size])
memory_sequence_length = tf.fill([batch_size], max_time)
attention_mechanism = tfa.seq2seq.LuongAttention(hidden_size)
attention_mechanism.setup_memory(memory, memory_sequence_length)
cell = tf.keras.layers.LSTMCell(hidden_size)
cell = tfa.seq2seq.AttentionWrapper(
    cell, attention_mechanism, attention_layer_size=hidden_size)
inputs = tf.random.uniform([batch_size, hidden_size])
state = cell.get_initial_state(inputs)
outputs, state = cell(inputs, state)
outputs.shape
```

输出结果为：

```
TensorShape([4, 32])
```

5.3 Transformer 模型

在没有 Transformer 模型之前，大家做自然语言处理用得最多的是基于循环神经网络的

Encoder-Decoder 模型。Encoder-Decoder 模型当然很成功，但是循环神经网络天生有缺陷，只要使用循环神经网络就存在梯度消失问题，后来的 LSTM 网络和 GRU 网络也仅能缓解这个问题。那能否不用循环神经网络和 LSTM 网络去做自然语言处理呢？答案是能。可以用 Transformer，它可以用注意力机制来代替循环神经网络，而且处理效果比循环神经网络更好。

5.3.1 Transformer 模型原理

扫一扫

Transformer 抛弃了传统的卷积神经网络和循环神经网络，整个网络结构完全是由注意力机制组成的。更准确地讲，Transformer 由且仅由自注意力和前馈神经网络组成。一个基于 Transformer 的可训练的神经网络可以通过堆叠 Transformer 的形式进行搭建。设计者的实验是通过搭建 6 层编码器和 6 层解码器，总共 12 层的 Encoder-Decoder 模型，在机器翻译中取得了 BLEU 值的新高。

设计者采用注意力机制的原因是循环神经网络（或者 LSTM 网络，GRU 网络等）的计算限制为顺序的，也就是说循环神经网络相关算法只能从左向右依次计算或者从右向左依次计算，这种机制带来了两个问题。

- 时间 t 的计算依赖 $t-1$ 时刻的计算结果，限制了模型的并行能力。
- 顺序计算的过程中信息会丢失，尽管 LSTM 网络等门机制的结构在一定程度上缓解了长期依赖的问题，但是对于特别长期的依赖现象，LSTM 网络依旧无能为力。

Transformer 的提出解决了上面两个问题。

- 首先它使用了注意力机制，将序列中的任意两个位置之间的距离缩小为一个常量。
- 其次它不是类似循环神经网络的顺序结构，因此具有更好的并行性，符合现有的 GPU 框架。

Transformer 模型总体来说还是和 Encoder-Decoder 模型有些相似的，它的完整结构如图 5-9 所示，底部是编码器部分，上方是解码器部分，还包括输入与输出部分。

Transformer 完整结构中的编码器、解码器和输入、输出描述如下。

- **输入部分：**包含源文本嵌入层及其位置编码器，目标文本嵌入层及其位置编码器两部分。无论是源文本嵌入还是目标文本嵌入，文本嵌入层的作用都是将文本中的词表示转变为向量表示，希望在高维空间捕捉词之间的关系。在 Transformer 中使用位置编码器的作用是表示词的顺序信息，因为使用自注意力机制提取信息时并没有考虑到各个词相互之间的位置信息，所以需要添加整个序列的位置信息。
- **编码器部分：**由 N 个编码器层堆叠而成，每个编码器层由两个子层连接结构组成，第一个子层连接结构包括一个多头注意力子层和规范化层以及一个残差结构，第二个子层连接结构包括一个前馈全连接子层和规范化层以及一个残差结构。多头注意力机制可类比卷积神经网络中的多个卷积核，不同的头可以提取不同的语义信息。规范化层的作用是随着网络层数的增加，通过多层计算后的参数可能出现过大或过小的情况，这样可能会导致学习过程出现异常，模型可能收敛非常慢，因此在一定层数后接入规范化层并进行数值的规范化，使其特征数值保持在合理的范围内。采用残差结构主要是解决网络难以训练的问题。有了残差结构，我们就可以把网络层做得更深。现在很多深层的神经网络都使用了残差结构。

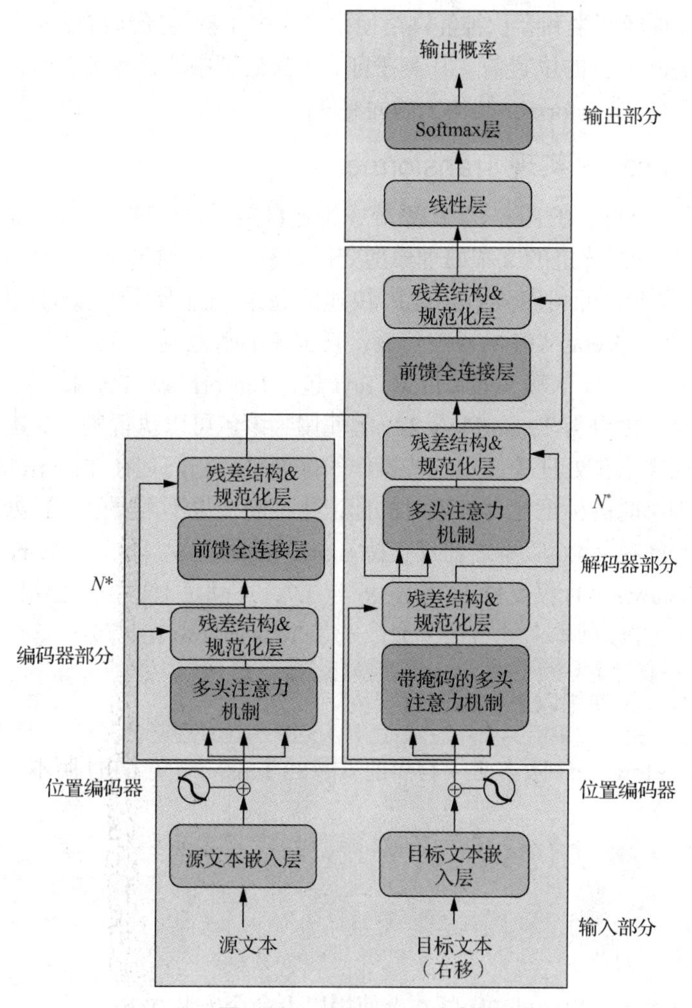

图 5-9 Transformer 的完整结构

- **解码器部分**：由 N 个解码器层堆叠而成，每个解码器层由三个子层连接结构组成，第一个子层连接结构包括一个带有掩码的多头注意力子层和规范化层以及一个残差结构，第二个子层连接结构包括一个多头注意力子层和规范化层以及一个残差结构，第三个子层连接结构包括一个前馈全连接子层和规范化层以及一个残差结构。解码器中的第一个多头注意力机制是采用了掩码的操作，它和普通的多头注意力机制在计算方式上是一致的，只是多了个掩码矩阵，用于遮盖当前输入后面的数据。
- **输出部分**：包含线性层和 Softmax 层，其中，线性层的作用是对上一步的线性变化得到指定维度的输出，即起到转换维度的作用；Softmax 层的作用是使最后一位的向量中的数字缩放到 0～1 的概率值域内，并使得它们的和为 1。

Transformer 的主要优点如下。

- 每层计算复杂度比循环神经网络要低。
- 算法的并行性非常好，符合目前的硬件（主要指 GPU）环境。
- 自注意力机制可以比循环神经网络更好地解决长期依赖问题。

Transformer 的主要缺点如下。

❑ 抛弃循环神经网络和卷积神经网络使模型丧失了捕捉局部特征的能力。

❑ Transformer 失去的位置信息其实在自然语言处理中非常重要，而在向量中加入位置编码器也并没有改变 Transformer 结构上的固有缺陷。

5.3.2 利用 KerasNLP 实现 Transformer

KerasNLP 是一个用于在 Keras 生态系统中构建自然语言处理模型的简单而强大的 API。KerasNLP 旨在让构建最先进的文本处理模型变得容易，其提供遵循标准 Keras 接口（层、指标）等模块化构建块。可利用 KerasNLP 快速组建最先进及生产级的训练和推理管道。KerasNLP 可以理解为 Keras API 的横向扩展，其也在不断地成长。

KerasNLP 的安装需要依赖 TensorFlow Text 包。TensorFlow Text 提供了一个与文本相关的类和操作的集合，可以与 TensorFlow 2 一起使用。该包可以执行基于文本的模型所需的常规预处理操作，在文本预处理中使用这些操作的好处是，它们是在 TensorFlow 图中完成的，因此不需要担心训练时的标记化与推理时的标记化不同，也不需要管理预处理脚本。

TensorFlow Text 在 2.4.0 版本之前仅支持 Linux 和 macOS，不支持 Windows，从 2.4.0 版本开始才支持 Windows，且仅支持 Python 3.6 与 3.7，不满足上述条件会报错。

在 TensorFlow CPU 版本上通过以下命令安装 TensorFlow Text 包。

```
pip install tensorflow_text
```

如果安装失败，请使用以下命令进行安装。

```
pip install tensorflow_text --use-feature=2020-resolver
```

安装的 TensorFlow Text 版本必须与当前安装的 TensorFlow CPU 版本一致，运行以下命令查看版本号。

```
import tensorflow_text as text
text.__version__
'2.7.3'
import tensorflow as tf
tf.__version__
'2.7.0'
```

注意，如果在 TensorFlow GPU 版本上使用以上命令安装 TensorFlow Text 包，则会默认之前没有安装 TensorFlow，因此会同时安装 TensorFlow 的 CPU 版本和 TensorFlow Text 而导致 TensorFlow GPU 版本失效。

接着，我们在 TensorFlow CPU 版本中通过以下命令完成 KerasNLP 的安装（TensorFlow Text 如未提前安装好，会一并进行安装）。

```
pip install -q keras-nlp
```

安装完成后，通过以下命令查看 KerasNLP 的版本号。

```
import keras_nlp
keras_nlp.__version__
'0.3.0'
```

5.4 案例实训：中文文本分类

本案例将通过使用循环神经网络实现中文文本分类。SPORT 数据集来自新浪新闻，一共有 2357 行、6 列，其中各列描述如下。

❑ id：新闻序号。

❑ time：新闻时间。

- title：新闻标题。
- class：新闻类型，“B”表示篮球类，“F”表示足球类。
- abstract：新闻摘要。
- content：新闻内容。

我们只需要利用 SPORT 数据集的变量 class 和 content，对 content 进行中文文本分词及词嵌入处理，并以变量 class 为目标变量建立分类模型，对新闻所属类型进行预测。

以下代码将实现对 content 进行中文文本分词，并通过令牌化将其转换为数字序列，并查看数字序列中的最长长度及最短长度。

```
import pandas as pd
import jieba
import re
from tensorflow.keras.preprocessing.text import Tokenizer
from tensorflow.keras.preprocessing.sequence import pad_sequences
from tensorflow.keras.models import Sequential
from tensorflow.keras.layers import Dense,Embedding,SimpleRNN

sport = pd.read_excel('../data/SPORT.xlsx')
content = sport.content # 中文新闻文本
segment = []
for i in range(len(content)):segment.append(' '.join(jieba.lcut(content[i])))
# jieba 分词

# 令牌化和序列填充
tokenizer = Tokenizer() # 分词器
tokenizer.fit_on_texts(segment)
vocab_size = len(tokenizer.word_index) + 1
encodeDocuments = tokenizer.texts_to_sequences(segment) # 转换为数字序列
max_length = max(len(vector) for vector in encodeDocuments) # 查看数字序列中最长长度
min_length = min(len(vector) for vector in encodeDocuments) # 查看数字序列中最短长度
print('查看数字序列中最长长度:',max_length)
print('查看数字序列中最短长度:',min_length)
```

输出结果为：

```
查看数字序列中最长长度: 580
查看数字序列中最短长度: 59
```

可见，数字序列最长长度为 580，最短长度为 59。因为后续要将“数字序列”转为“向量序列”，通过 pad_sequences()函数将“数字序列”的长度都设置为 100，转换为 2357 行 100 列的二维矩阵。

```
paddedDocuments = pad_sequences(encodeDocuments, maxlen=100, padding='post')
paddedDocuments.shape
```

输出结果为：

```
(2357, 100)
```

处理后，长度小于 100 的数字序列将在后面用 0 进行填充，使其长度扩展为 100；长度大于 100 的数字序列将仅保留最后 100 个数字字符，截掉前面内容。

对新闻类别变量 class 进行重新编码，当类别为“B”时为 1，否则为 0，并将重新编码后的结果保存为 y，对数据进行分区，将前 2000 条记录作为训练集，后 357 条记录作为测试集。

```
# 构建因变量
y = sport['class'].replace({'B':1,'F':0})
# 数据分区
```

```
X_train = paddedDocuments[0:2000,] # 训练集自变量
X_test = paddedDocuments[2000:,]   # 测试集自变量
y_train  = y[0:2000]             # 训练集因变量
y_test = y[2000:]                # 测试集因变量
```

接下来将使用简单循环网络构建新闻分类模型，只需要在嵌入层后和输出层前添加一个 SimpleRNN 层，模型构建、编译、训练及评估代码如下。

```
# 模型构建
model_rnn = Sequential()
# 添加嵌入层
model_rnn.add(Embedding(input_dim=vocab_size,
                    output_dim=8,
                    input_length=100))
# 添加 SimpleRNN 层
model_rnn.add(SimpleRNN(units=32,activation='tanh',dropout=0.2))
# 添加输出层
model_rnn.add(Dense(1,activation='sigmoid'))
# 模型编译
model_rnn.compile(optimizer = "rmsprop",loss = "binary_crossentropy",metrics = 
["accuracy"])
# 模型训练
model_rnn.fit(X_train, y_train, epochs=50, batch_size=32,validation_split=0.2, 
verbose=0)
# 模型评估
model_rnn.evaluate(X_test,y_test,verbose = 0)
```

输出结果为：

```
[0.40989211201667786, 0.9299719929695129]
```

SimpleRNN 对测试集评估的准确率约为 93%，效果非常不错。

接着对 SPORT 数据集创建 LSTM 网络。只需要在嵌入层和输出层中间增加一个 LSTM 网络层。模型构建、编译、训练及评估代码如下。

```
# 模型构建
model_lstm = Sequential()
# 添加嵌入层
model_lstm.add(Embedding(input_dim=vocab_size,
                    output_dim=8,
                    input_length=100))
# 添加 LSTM 网络层
model_lstm.add(LSTM(units=32,activation='tanh',dropout=0.2))
# 添加输出层
model_lstm.add(Dense(1,activation='sigmoid'))
# 模型编译
model_lstm.compile(optimizer = "rmsprop",loss = "binary_crossentropy",metrics = 
["accuracy"])
# 模型训练
model_lstm.fit(X_train, y_train, epochs=50, batch_size=32,validation_split=0.2, 
verbose=0)
# 模型评估
model_lstm.evaluate(X_test,y_test,verbose = 0)
```

输出结果为：

```
[0.13307566940784454, 0.9859943985939026]
```

LSTM 网络对测试集评估的准确率约为 98.6%，效果优于 SimpleRNN。

再对 SPORT 数据集创建 GRU 网络。只需要在嵌入层和输出层中间增加一个 GRU 网络层。模型构建、编译、训练及评估代码如下。

```
# 模型构建
model_gru = Sequential()
# 添加嵌入层
model_gru.add(Embedding(input_dim=vocab_size,
                output_dim=8,
                input_length=100))
# 添加 GRU 网络层
model_gru.add(GRU(units=32,activation='tanh',dropout=0.2))
# 添加输出层
model_gru.add(Dense(1,activation='sigmoid'))
# 模型编译
model_gru.compile(optimizer = "rmsprop",loss = "binary_crossentropy",metrics =
["accuracy"])
# 模型训练
model_gru.fit(X_train, y_train, epochs=50, batch_size=32,validation_split=0.2,
verbose=0)
# 模型评估
model_gru.evaluate(X_test,y_test,verbose = 0)
```

输出结果为：

```
[0.14976760745048523, 0.9887955188751221]
```

GRU 网络对测试集评估的准确率约为 98.9%，效果略优于 LSTM 网络。

继续使用新浪新闻 SPORT 数据集，使用 KerasNLP 构建 Transformer 模型进行中文文本分类。

以下是创建 Transformer 模型的代码，利用 keras_nlp.layers.TokenAndPositionEmbedding 类创建 Position Embedding 层，再利用 keras_nlp.layers.TransformerEncoder 类创建 Transformer 的编码器。

```
inputs = keras.Input(shape=(None,), dtype="int32")
outputs = keras_nlp.layers.TokenAndPositionEmbedding(
    vocabulary_size=vocab_size, # 词表的大小
    sequence_length=100,        # 输入序列的最大长度
    embedding_dim=16,           # 输入层的输出尺寸
)(inputs)
outputs = keras_nlp.layers.TransformerEncoder(
    num_heads=4, # 多头注意力（multi-head attention）层的头部数量
    intermediate_dim=32, # 前馈神经网络隐藏层大小
)(outputs)
outputs = keras.layers.GlobalAveragePooling1D()(outputs)
outputs = keras.layers.Dense(1, activation="sigmoid")(outputs)
model = keras.Model(inputs, outputs)
```

Transformer 模型构建好后，运行以下代码对模型进行编译和训练。

```
model.compile(optimizer="rmsprop", loss="binary_crossentropy",metrics =
["accuracy"])
model.fit(X_train,y_train,epochs=10)
```

训练完成后，使用 evaluate()方法查看测试集的准确率。

```
model.evaluate(X_test,y_test,verbose = 0)
```

输出结果为：

```
[0.056280914694070816, 0.9915966391563416]
```

准确率约为 99.2%，效果优于 SimpleRNN、LSTM 网络和 GRU 网络。

【本章知识结构图】

本章依次介绍了简单循环网络（SRN）、长短期记忆（LSTM）网络、门控循环单元（GRU）、

序列到序列（Seq2Seq）及 Transformer 模型的基本原理及它们的 Keras 实现。可扫码查看本章知识结构图。

扫一扫

【课后习题】

一、判断题

1. 词嵌入（word embedding）是一种自然语言处理技术，分学习词嵌入和预训练词嵌入两种方法，其中预训练词嵌入指的是在完成预测任务的同时学习词嵌入。（ ）

A. 正确　　B. 错误

2. tf.keras 的嵌入层要求输入数据是整数编码。（ ）

A. 正确　　B. 错误

3. 在做令牌化后，可利用 pad_sequences()函数把各序列填充为相同长度，其参数 padding 为“post”表示将长度不足的序列前面用 0 补全。（ ）

A. 正确　　B. 错误

二、选择题

1.（单选）tf.keras 提供的 layers.SimpleRNN 可用于定义简单循环网络，其中用于控制除了输出之外是否还需返回最后一个状态的参数为以下哪个？（ ）

A. return_sequences　　B. go_backwards　　C. return_state　　D. stateful

2.（多选）tf.keras 提供的嵌入层可以有多种使用方式，包括（ ）。

A. 可用于单独训练词嵌入模型　　B. 可用作深度学习模型的一部分

C. 可用于加载预训练词嵌入模型　　D. 可用于数据展平

3.（多选）长短期记忆网络用以下哪些门控制通过存储单元中的信息流动？（ ）

A. 重置门　　B. 输入门　　C. 遗忘门　　D. 输出门

三、上机实验题

SMS Spam Collection 是用于骚扰短信识别的经典数据集，其中的数据完全来自真实短信内容，包括 4831 条正常短信和 747 条骚扰短信。数据保存在一个 SMSSpamCollection.txt 文件中，每行完整记录一条内容，每行可以通过 ham 和 spam 来标识正常短信和骚扰短信。

1. 创建 SimpleRNN 模型，对短信是正常短信还是骚扰短信进行预测，请输出模型评估结果。

2. 创建 LSTM 模型，对短信是正常短信还是骚扰短信进行预测，请输出模型评估结果。

3. 创建 GRU 模型，对短信是正常短信还是骚扰短信进行预测，请输出模型评估结果。

4. 利用 KerasNLP 创建 Transformer 模型，对短信是正常短信还是骚扰短信进行预测，请输出模型评估结果。

第 6 章　自编码器

学习目标

1. 掌握自编码器的基本结构；

2. 掌握简单自编码器、稀疏自编码器、堆栈自编码器、卷积自编码器、降噪自编码器和循环自编码器的原理及它们各自的 Keras 实现的方法；

3. 掌握使用自编码器建立推荐系统的方法。

扫一扫

导　言

到目前为止，我们学习的深度神经网络均用在有监督学习的应用场景中。本章开始学习将深度神经网络用在无监督学习的应用场景中。本章将详细介绍属于无监督学习的自编码器，第 7 章将介绍另一种，即用于无监督学习的生成式对抗网络。

本章首先会介绍自编码的基本网络结构，接着介绍常用自编码器的特点及 Keras 实现，最后介绍如何使用自编码器建立推荐系统。

6.1 简单自编码器

自编码器（Auto Encoder，AE）是一种基于无监督学习的数据维度压缩和特征表达方法，即一种利用 BP 算法使得输出值等于输入值的神经网络，它先将输入压缩成潜在空间表征，然后将这种表征重构为输出。自编码器必须捕捉可以代表输入数据的最重要的因素，就像 PCA 那样。

6.1.1 自编码器基本结构

从本质上讲，自编码器是一种数据压缩（compression）算法，其压缩和解压算法都是通过神经网络来实现的。自编码器有如下 3 个特点。

- **数据相关性（data-specific 或 data-dependent）**：这意味着自编码器只能压缩那些与训练数据类似的数据。比如，我们使用猫狗图像训练出来的自编码器用来解压花卉图像，效果肯定会不理想。
- **数据有损性（lossy）**：意味着自编码器在解压时得到的输出与原始输入相比会有信息损失。
- **自动学习性（learned automatically from examples）**：自编码器是从数据样本中自动学习的，这意味着很容易根据指定类的输入训练出一种特定的编码网络。

目前，自编码器最主要的应用有以下几个方面。

- **数据去噪**：指构建一种能够重构输入样本并进行特征表达的神经网络。“特征表达”

是指对于分类会发生变动的不稳定模式，神经网络也能将其转换成可以准确识别的特征。当样本中包含噪声时，能够消除噪声的神经网络被称为降噪自编码器；在自编码器中加上正则化限制的神经网络被称为稀疏自编码器。

- **为可视化降维：**自编码器在适当的维度和系数约束下可以学习到比 PCA 等技术更有意义的数据映射。可视化高维数据的一个好办法是首先使用自编码器将数据的维度降到较低的水平，然后使用 t-SNE 将其投影在 2D 平面上。
- **构建深度神经网络：**训练深度神经网络时，通过自编码器训练样本可以得到参数的初始值。“得到参数的初始值”是指在深度神经网络中得到最优参数。一个深层神经网络即使使用 BP 算法也很难把误差梯度有效地反馈到底层，且会导致神经网络训练困难。所以，可以使用自编码器计算每层的参数，并将其作为神经网络的参数初始值逐层训练，以便得到更加完善的神经网络模型。

通过以下 3 个步骤可以构建一个自编码器：搭建编码器、搭建解码器、设定一个用于衡量由于压缩而丢失信息的损失函数。编码器和解码器一般都是参数化的方程，并关于损失函数可导。典型情况是使用神经网络搭建编码器和解码器，并通过最小化损失函数来优化编码器参数和解码器参数，所以自编码器也称为自编码网络。构建自编码器的步骤如图 6-1 所示。

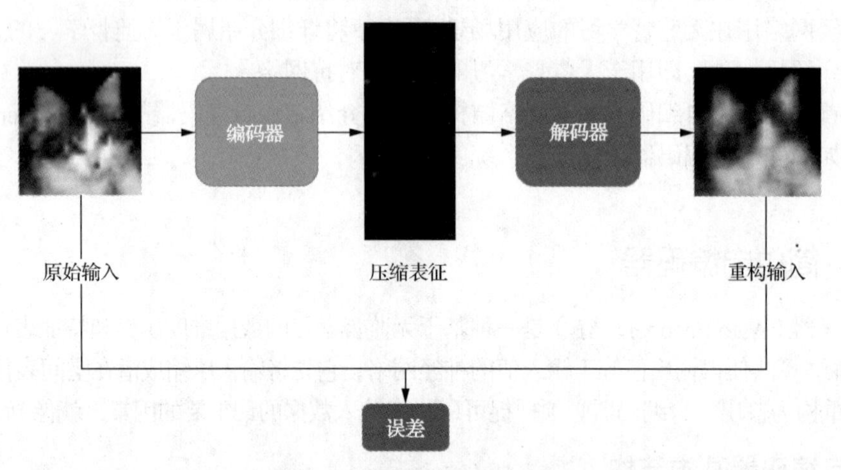

图 6-1　构建自编码器的步骤

如图 6-1 所示，将原始特征输入编码器，编码器能将输入压缩成潜在空间表征，那么怎么知道这个表征表示的就是输入呢？可以在后面加一个解码器，这时解码器能重构来自潜在空间表征的输入。因为无标签数据，所以误差就是由直接重构后与原始输入相比得到的。

自编码器是一种基于无监督学习的三层正向反馈神经网络，它的作用是通过不断调整参数，重构经过维度压缩的输入样本。与多层感知机非常相似，它包含一个输入层、隐藏层和输出层，结构如图 6-2 所示。

从图 6-2 可知，输入层的神经元数量与输出层的神经元数量是相同的。输入层到隐藏层的映射被称为编码器；隐藏层到输出层的映射被称为解码器。先通过编码器得到压缩后的向量，再通过解码器将压缩后的向量重构回原来的输入。

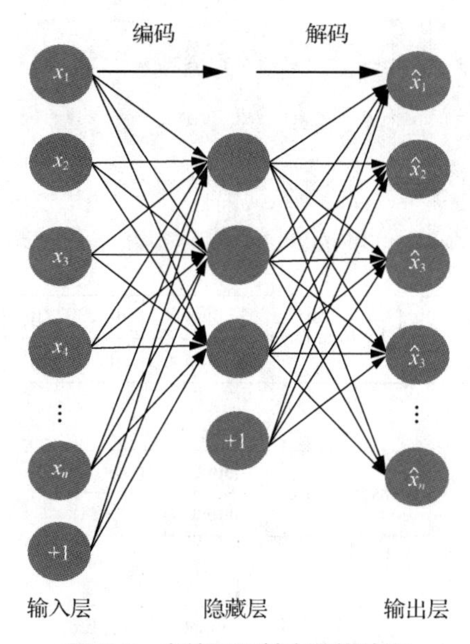

图 6-2 自编码器基本网络结构

6.1.2 简单自编码器的 Keras 实现

让我们利用简单自编码器对数据集 CIFAR-10 的彩色图像进行重构。简单自编码器有 3 个网络层，即它是一个只具有一个隐藏层的神经网络。它的输入与输出是相同的，可通过使用 Adam 优化器和均方误差损失函数来学习如何重构输入。此例中，输入维度为 3072（32×32×3），隐藏层的神经元数量为 128。因隐藏层维度小于输入维度，故称这个自编码器是有损的，其被迫学习数据的压缩表征。简单自编码器如图 6-3 所示。

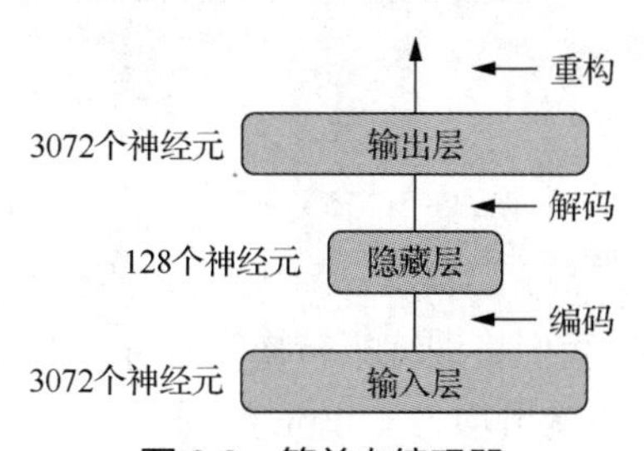

图 6-3 简单自编码器

以下程序代码用于构建简单自编码器，构建的网络结构如图 6-4 所示。

```
import os
import tensorflow as tf
import numpy as np
from tensorflow import keras
from matplotlib import pyplot as plt

# 模型创建：将原 3072 维的数据压缩至 128 维，再还原为 3072 维的数据
# 设置参数
input_size = 3072
hidden_size = 128
output_size = 3072
batch_size = 256
# 使用函数式方式创建模型
input  = tf.keras.layers.Input(shape = (input_size,))
```

```
# encode
en = tf.keras.layers.Dense(hidden_size,activation='relu')(input)
# decode
de = tf.keras.layers.Dense(output_size,activation='sigmoid')(en)
# 创建模型，指定输入与输出
model = tf.keras.Model(inputs = input,outputs = de)
print(model.summary())
keras.utils.plot_model(model, show_shapes=True)
```

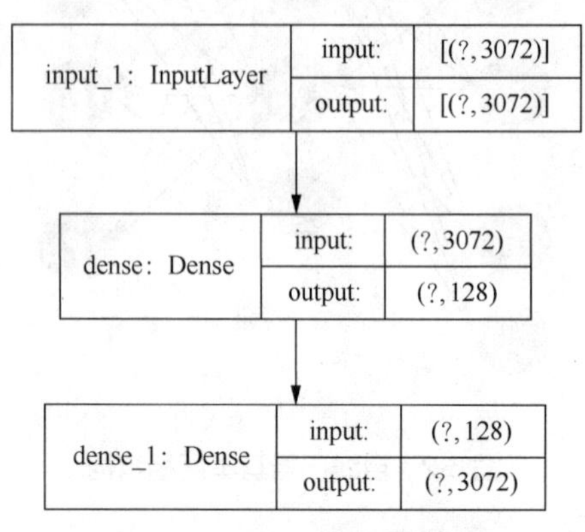

图 6-4　构建的自编码器网络结构

在使用 CIFAR-10 数据集中的数据时，只需加载图像数据，不需要标签数据。因为每一幅图像为 32×32×3 大小的 3 维数据，故需要进行形状转换，将其展平为 3072（32×32×3）的一维数据，且图像数据的取值范围为[0,255]，所以需要对图像数据进行[0,1]标准化处理。以下代码对 CIFAR-10 进行数据加载和预处理。

```
(x_train, _), (x_test, _) = tf.keras.datasets.cifar10.load_data() #不需要标签，因此使用占位符
x_train = x_train.reshape([x_train.shape[0],32*32*3]) # 改变形状
x_test = x_test.reshape([x_test.shape[0],32*32*3])
# 标准化为 0～1 的数据（原 CIFAR-10 数据为 0～255）
x_train = tf.cast(x_train,tf.float32)/255
x_test =  tf.cast(x_test,tf.float32)/255
```

在进行模型编译和训练前，我们将训练集转换为 tf.data.Dataset 对象，通过以下代码实现。请注意，简单自编码器的输入与输出均为 x_train 数据。

```
#  将训练集转换为 tf.data.Dataset 对象
dataset = tf.data.Dataset.from_tensor_slices((x_train,x_train)) # y 即 x
dataset = dataset.shuffle(batch_size * 5).batch(batch_size)
```

以下程序对模型进行编译和训练，将训练周期参数 epochs 设置为 30。

```
# 模型编译
model.compile(optimizer=tf.optimizers.Adam(),loss =tf.losses.mse
# 模型训练
history = model.fit(dataset,epochs=30,verbose = 2)
```

训练过程如下。

```
Train for 196 steps
Epoch 1/30
196/196 - 11s - loss: 0.0381 - acc: 0.0021
Epoch 2/30
196/196 - 4s - loss: 0.0246 - acc: 0.0043
......
```

```
Epoch 29/30
196/196 - 4s - loss: 0.0128 - acc: 0.0073
Epoch 30/30
196/196 - 4s - loss: 0.0127 - acc: 0.0082
```

可以从训练好的简单自编码器中获取编码器和解码器，实现代码如下所示。

```
# 获取编码器，输入为 3072 维，输出为 128 维
input_en  = tf.keras.layers.Input(shape = (input_size,))
en = model.layers[1](input_en) # 利用了模型中第一个全连接层训练好的参数
encode = tf.keras.Model(inputs = input_en ,outputs = en)
# 获取解码器，输入为 128 维，输出为 3072 维
input_de = tf.keras.layers.Input(shape = (hidden_size,))
# -1：调用之前训练好模型的最后一层 ，利用了模型中第二个全连接层训练好的参数
output_de = model.layers[-1](input_de)
decode = tf.keras.Model(inputs = input_de ,outputs = output_de)
```

最后对测试集进行预测，并对前 15 幅原始图像和它们对应的重构图像进行可视化，结果如图 6-5 所示。

```
# 对测试集进行预测
x_test = x_test.numpy() # x_test 的形状为 (10000, 3072)
encode_test = encode.predict(x_test)# 压缩后为(10000, 128)
decode_test = decode.predict(encode_test) # 解码后为(10000, 3072)
# 绘图
n = 15
plt.figure(figsize=(20,4)) # 宽 20、高 4 的画布
for i in range(1,n+1):
      ax = plt.subplot(2,n,i) # 几行几列的第几个
      plt.imshow(x_test[i-1].reshape(32,32,3)) # 绘制上一层
      ax = plt.subplot(2,n,i+n) # 几行几列的第几个
      plt.imshow(decode_test[i-1].reshape(32,32,3)) # 绘制下一层
```

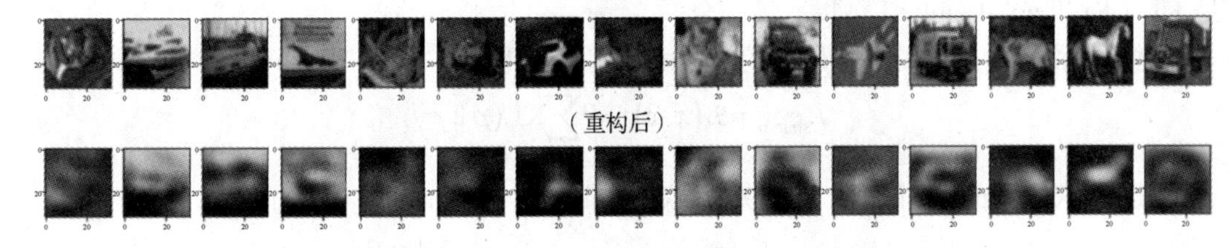

图 6-5　利用简单自编码器重构前后的图像对比

图 6-5 中的第 1 行是测试集原始图像，第 2 行是通过简单自编码器处理后的重构图像。考虑到编码器将 3072 维压缩到 128 维，模型有此效果也算可以。

当然我们也可以直接使用训练好的简单自编码器对测试集进行预测，以下代码使用 model 对测试集进行预测，并与前面预测结果进行比较。

```
# 直接用简单自编码器对测试集进行预测
autodecode_test = model.predict(x_test)
# 判断是否一致
(decode_test==autodecode_test).all()
```

输出结果为：

```
True
```

说明两种方式对测试集的预测结果一致。

6.2 稀疏自编码器

自编码器是一种有效的数据维度压缩算法。它会对神经网络的参数进行训练，使输出层尽可能如实地重构输入样本。但是，隐藏层的神经元个数太少会导致神经网络很难重构样本，而神经元个数太多又会产生冗余，降低压缩效率。

6.2.1 稀疏自编码器基本原理

为了解决上述问题，在自编码器的基础上增加 L1 的限制（L1 主要是约束每一层中的神经元大部分为 0，只有少数不为 0），就可以得到稀疏自编码器（Sparse Auto Encoder，SAE）。通过增加正则化项，大部分神经元的输出都变为了 0，这样就能利用少数神经元有效地完成数据压缩或重构。稀疏自编码器的网络结构如图 6-6 所示。

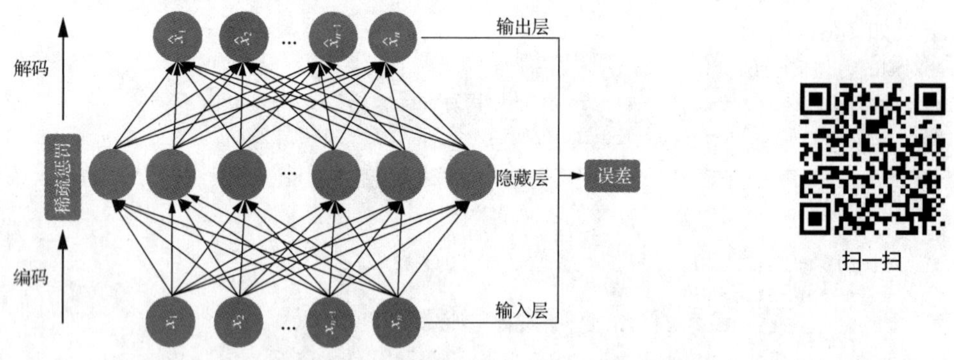

图 6-6 稀疏自编码器的网络结构

如图 6-6 所示，通过设置隐藏神经元的数量远远大于输入神经元的数量，建立输入向量 $\boldsymbol{x}$ 的一个非线性映射，然后通过增加稀疏约束来学习数据的稀疏表示。最受欢迎的稀疏约束是 KL（Kullback-Leibler）散度。

增加了稀疏约束后的自编码器的损失函数定义如下。

$$L_{\text{sparse}} = L\left(x,\hat{x}\right) + \beta\sum_{j}\mathrm{KL}(\rho \,\|\, \hat{\rho}_j)$$

其中，KL 表示 KL 散度，KL 散度的定义如下。

$$\mathrm{KL}\left(\rho \,\|\, \hat{\rho}_j\right) = \rho\log\frac{\rho}{\hat{\rho}_j} + \left(1-\rho\right)\log\frac{1-\rho}{1-\hat{\rho}_j}$$

其中 ρ 表示网络中神经元的期望激活程度（若激活函数为 Sigmoid，此值可设为 0.05，表示大部分神经元未激活）。$\hat{\rho}_j$ 表示在所有训练样本中，隐藏层第 j 个神经元的平均激活程度，其公式如下。

$$\hat{\rho}_j = \frac{1}{m}\sum_{i}[a_j\left(x_i\right)]$$

其中 x_i 表示第 i 个训练样本。

6.2.2 稀疏自编码器的 Keras 实现

对 6.1 节的简单自编码器，我们在隐藏层中加入 L1 正则化，作为优化阶段中损失函数的惩罚项。与简单自编码器相比，这样操作后的数据表征更为稀疏。

以下是构建稀疏自编码器的代码。

```
# 设置参数
input_size = 3072
hidden_size = 512
output_size = 3072
batch_size = 256
# 使用函数式方式创建模型
input  = tf.keras.layers.Input(shape  = (input_size,))
# 增加 L1 正则化
en = tf.keras.layers.Dense(hidden_size,activation='relu',
                           activity_regularizer=keras.regularizers.l1(10e-5))(input)
# decode
de = tf.keras.layers.Dense(output_size,activation='sigmoid')(en)
# 创建模型，指定输入与输出
model = tf.keras.Model(inputs = input,outputs = de)
```

以下是对 CIFAR-10 图像数据进行预处理的代码。

```
# 加载数据，并进行数据预处理
(x_train, _), (x_test, _) = tf.keras.datasets.cifar10.load_data()
x_train = x_train.reshape([x_train.shape[0],32*32*3])
x_test = x_test.reshape([x_test.shape[0],32*32*3])
x_train = tf.cast(x_train,tf.float32)/255
x_test =  tf.cast(x_test,tf.float32)/255
#  将数据集转换为 tf.data.Dataset 对象
batch_size = 256
train_dataset = tf.data.Dataset.from_tensor_slices((x_train,x_train))
train_dataset = train_dataset.shuffle(batch_size * 5).batch(batch_size)
test_dataset = tf.data.Dataset.from_tensor_slices((x_test,x_test))
test_dataset = test_dataset.shuffle(batch_size * 5).batch(batch_size)
```

因为添加了正则性约束，并使用 test_dataset 作为验证集，所以模型过拟合的风险降低，故在对模型进行训练时将训练周期的参数 epochs 调整为 50，并绘制每个周期的损失函数值曲线，如图 6-7 所示。

```
# 模型编译
model.compile(optimizer=tf.optimizers.Adam(),loss =tf.losses.mse,metrics=['mae'])
# 模型训练
history = model.fit(train_dataset,epochs=50,verbose = 2,validation_data = test_dataset)
# 绘制训练周期损失函数值曲线
plt.plot(history.history['loss'], label='loss')
plt.plot(history.history['val_loss'], label = 'val_loss')
plt.xlabel('Epoch ')
plt.ylabel('Loss')
plt.legend(loc='lower right')
plt.show()
```

从图 6-7 可知，稀疏自编码器未出现过拟合现象。

以下代码利用训练好的堆叠式自编码器对测试集进行预测，并对前 15 幅原始图像和它们对应的重构图像进行可视化，结果如图 6-8 所示。

```
# 用稀疏自编码器对测试集进行预测
autodecode_test = model.predict(x_test)
# 绘图
n = 15
plt.figure(figsize=(20,4))
for i in range(1,n+1):
    ax = plt.subplot(2,n,i) #
    plt.imshow(x_test[i-1].numpy().reshape(32,32,3))
    ax = plt.subplot(2,n,i+n)
plt.imshow(autodecode_test[i-1].reshape(32,32,3))
```

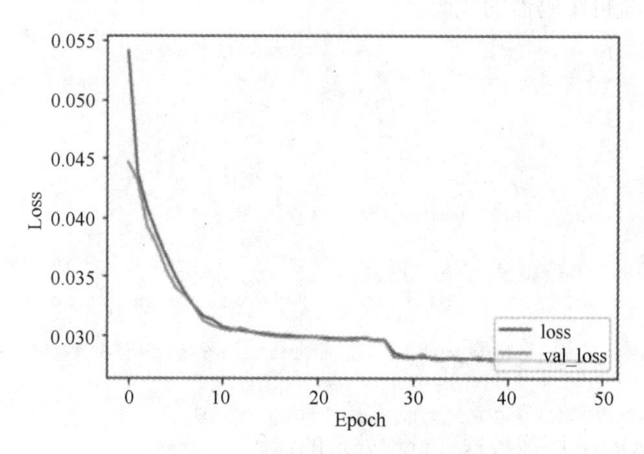

图 6-7　训练周期的损失函数值曲线

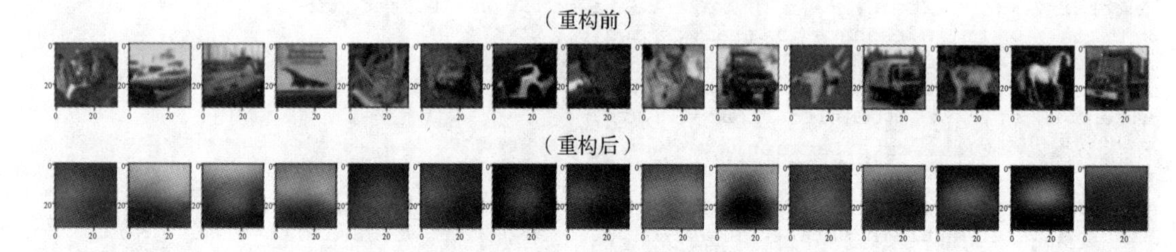

图 6-8　利用稀疏自编码器重构前后的图像对比

从图 6-8 所示结果可知，稀疏自编码器对重构 CIFAR-10 图像数据效果并不理想。

6.3 堆栈自编码器

自编码器、稀疏自编码器都是包括编码器和解码器的 3 层结构，但在进行维度压缩时，可以只包括输入层和隐藏层。把输入层和隐藏层多层堆叠后，就可以得到堆栈自编码器（Stacked Auto Encoder，SAE）。堆栈自编码器就是在简单自编码器的基础上，增加其隐藏层的深度，以获得更好的特征提取能力和训练效果。深度神经网络的每一层都是一个编码器。在这个编码器中，每一层的输出连接到下一层的输入。为了紧凑地表示，隐藏层中神经元的数量往往会变得越来越少。

6.3.1 堆栈自编码器基本原理

堆栈自编码器是由一个多层稀疏自编码器构成的神经网络，其前一层自编码器的输出作为后一层自编码器的输入。拥有两个隐藏层的堆栈自编码器如图 6-9 所示。

扫一扫

如图 6-9 所示，首先训练第一个自编码器，然后保留第一个自编码器的编码器部分，并把第一个自编码器的隐藏层作为第二个自编码器的输入层进行训练。通过多层堆叠，堆栈自编码器能有效地完成输入模型的压缩。以手写数字为例，第一层自编码器能捕捉部分字符，第二层自编码器能捕捉部分字符的组合，这样就能逐层完成从低维到高维的特征提取。

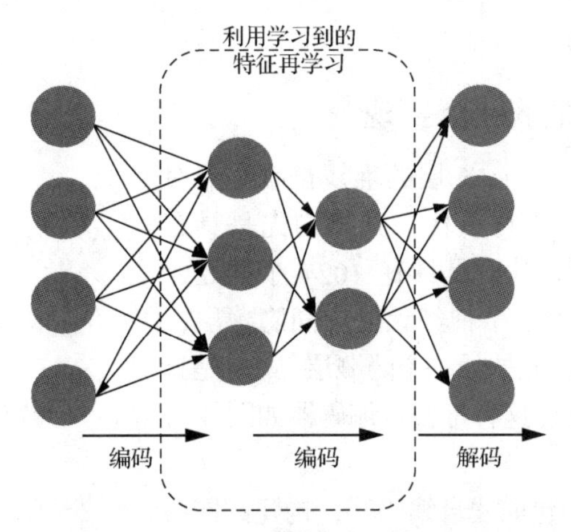

图 6-9 拥有两个隐藏层的堆栈自编码器

堆栈自编码器就是一个无监督预训练、有监督微调进行训练的神经网络模型。堆栈自编码器训练数据基本分为以下两个步骤。

1. 预训练阶段

堆栈自编码器和多层神经网络都能得到有效的参数，所以我们可以把训练后的参数作为神经网络或者卷积神经网络的参数初始值，这种方法叫作预训练。模型本身就是一系列的自动编码器，并且这些自动编码器经过了逐层训练。首先，选取多层神经网络的输入层和第一个隐藏层，组成一个自编码器，然后先进行正向传播，再进行反向传播，计算输入与重构结果的误差，调整参数从而使误差收敛于极小值。接下来，训练输入层与第一个隐藏层的参数，把正向传播的值作为输入，训练其与第二个隐藏层之间的参数，然后调整参数，使第一个隐藏层的值与第二个隐藏层反向传播的值之间的误差收敛于极小值。这样，对第一个隐藏层的重构就完成了。对网络的所有层进行预训练后，就可以得到神经网络的参数初始值。

2. 微调阶段

截至目前，我们一直引用的是无监督学习，接下来需要使用有监督学习来调整整个网络的参数，这也叫作微调。如果不实施预训练，而是使用随机数初始化网络参数，网络训练可能会无法顺利完成。实施预训练后，可以得到能够更好地表达训练对象的参数，使得训练过程更加顺利。

堆栈自编码器又称为深度自编码器（deep autoencoder），其隐藏层通常是对称的。堆栈自编码器首先用受限玻尔兹曼机（restricted Boltzmann machine）进行逐层预训练，得到初始的权重值与偏置（权重值与偏置的更新过程用 CD-1 算法）。然后，自编码器得到了重构数据，通过 BP 算法微调全局权重值与偏置（权重值与偏置的更新过程用到 Polak-Ribiere 共轭梯度法）。一般来讲，堆栈自编码器是关于隐藏层对称的，图 6-10 所示的是一个拥有 5 层的堆栈自编码器的网络结构。

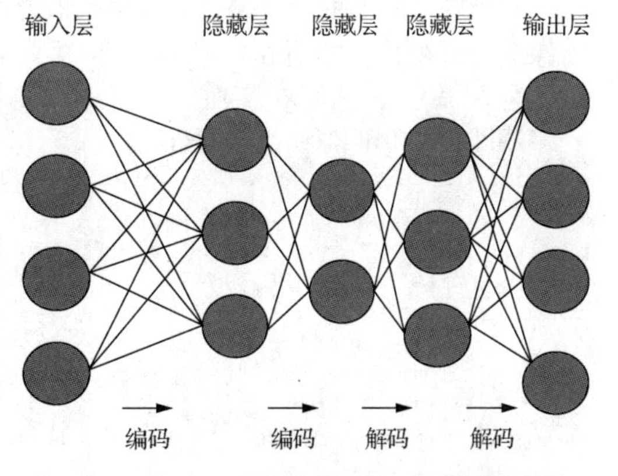

图 6-10 拥有 5 层的堆栈自编码器的网络结构

6.3.2 堆栈自编码器的 Keras 实现

接下来，让我们构建一个 5 层的堆栈自编码器对 CIFAR-10 数据集的图像进行重构，其架构先是具有 3072 个神经元的输入层，其后是具有 1024 个神经元的隐藏层，然后是具有 128 个神经元的中间隐藏层，接下来是具有 1024 个神经元的另一个隐藏层，最后是具有 3072 个神经元的输出层。这种堆栈自编码器如图 6-11 所示。

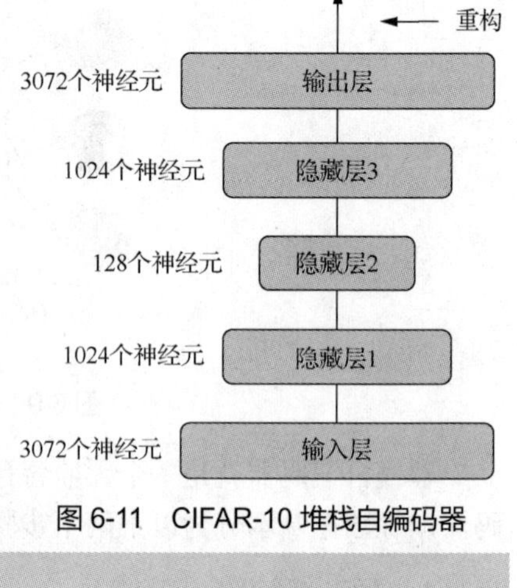

图 6-11 CIFAR-10 堆栈自编码器

以下程序代码用于构建堆栈自编码器，构建的网络结构如图 6-11 所示。

```
# 设置参数
input_size = 3072
hidden1_size = 1024
hidden2_size = 128
output_size = 3072
# 构建堆叠式自编码器
stack_encoder = keras.models.Sequential([
        keras.layers.Dense(hidden1_size,
activation='relu',input_shape=[input_size]),
        keras.layers.Dense(hidden2_size,
activation='relu')
        ])
stack_decoder = keras.models.Sequential([
        keras.layers.Dense(hidden1_size,activation='relu',input_shape=
[hidden2_size]),
        keras.layers.Dense(output_size,activation='sigmoid')
        ])
stacked_ae = keras.models.Sequential([stack_encoder,stack_decoder])
```

以下程序对堆叠式自编码器进行编译和训练，同样将训练周期参数 epochs 设置为 30。

```
# 模型编译
stacked_ae.compile(optimizer=tf.optimizers.Adam(),loss
=tf.losses.mse,metrics=['mae'])
# 模型训练
history = stacked_ae.fit(dataset,epochs=30,verbose = 2)
```

利用训练好的堆栈自编码器对测试集进行预测，并对前 15 幅原始图像和它们对应的重构图像进行可视化，如图 6-12 所示。

```
x_test = x_test.numpy() # x_test 的形状为(10000, 3072)
# 直接用堆叠式自编码器对测试集进行预测
autodecode_test = stacked_ae.predict(x_test)
# 绘图
n = 15
plt.figure(figsize=(20,4))
for i in range(1,n+1):
     ax = plt.subplot(2,n,i)
     plt.imshow(x_test[i-1].reshape(32,32,3))
     ax = plt.subplot(2,n,i+n)
     plt.imshow(autodecode_test[i-1].reshape(32,32,3))
```

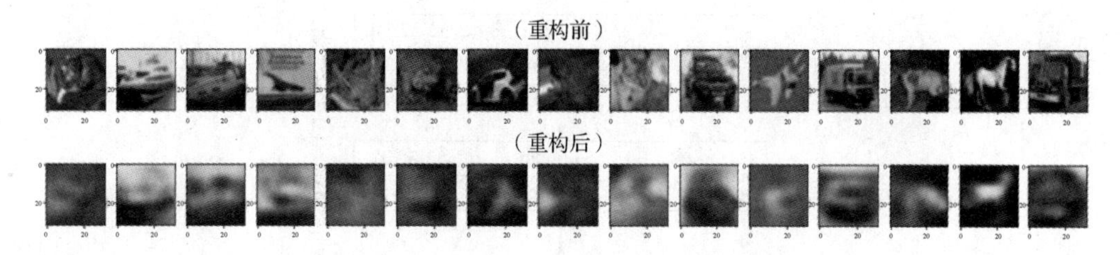

图 6-12 利用堆叠式自编码器重构前后的图像对比

6.4 卷积自编码器

前面的内容中，我们所使用的自编码器对图像进行重构的效果均不太理想。我们在前面的学习中已经知道卷积神经网络比全连接神经网络更适合处理图像。

6.4.1 卷积自编码器基本原理

如果你要为图像构建自编码器，通常使用卷积神经网络构建自编码器，因此产生了卷积自编码器（Convolutional Auto Encoder，CAE）。卷积自编码器的编码器和解码器都是卷积神经网络，其中编码器是由卷积层和池化层组成的常规卷积神经网络，它通常会减小输入的空间尺寸（图像的高度和宽度），同时会增加深度（特征图的数量）；解码器必须进行相反的操作（放大图像并减少其深度到原始尺寸），因此可以将上采样与卷积层组合在一起。

6.4.2 卷积自编码器的 Keras 实现

以下程序用于构建 CIFAR-10 图像的简单卷积自编码器，网络结构如图 6-13 所示。

```
import os
import tensorflow as tf
import numpy as np
from tensorflow import keras
from tensorflow.keras import layers
from matplotlib import pyplot as plt

# 构建卷积自编码器
inputs = layers.Input(shape=(32, 32,3))
print(inputs.shape)
code = layers.Conv2D(16, (3,3), activation='relu', padding='same')(inputs)
code = layers.MaxPool2D((2,2), padding='same')(code)
code = layers.Conv2D(32, (3,3), activation='relu', padding='same')(code)
code = layers.MaxPool2D((2,2), padding='same')(code)
print(code.shape)
decoded = layers.Conv2D(32, (3,3), activation='relu', padding='same')(code)
decoded = layers.UpSampling2D((2,2))(decoded)
decoded = layers.Conv2D(16, (3,3), activation='relu', padding='same')(decoded)
decoded = layers.UpSampling2D((2,2))(decoded)
print(decoded.shape)
outputs = layers.Conv2D(3, (3,3), activation='sigmoid', padding='same')(decoded)
print(outputs.shape)
cnn_encoder = keras.Model(inputs, outputs)
cnn_encoder.compile(optimizer=keras.optimizers.Adam(),
                    loss=keras.losses.BinaryCrossentropy(),
                    metrics = ['acc'])
keras.utils.plot_model(cnn_encoder, show_shapes=True)
```

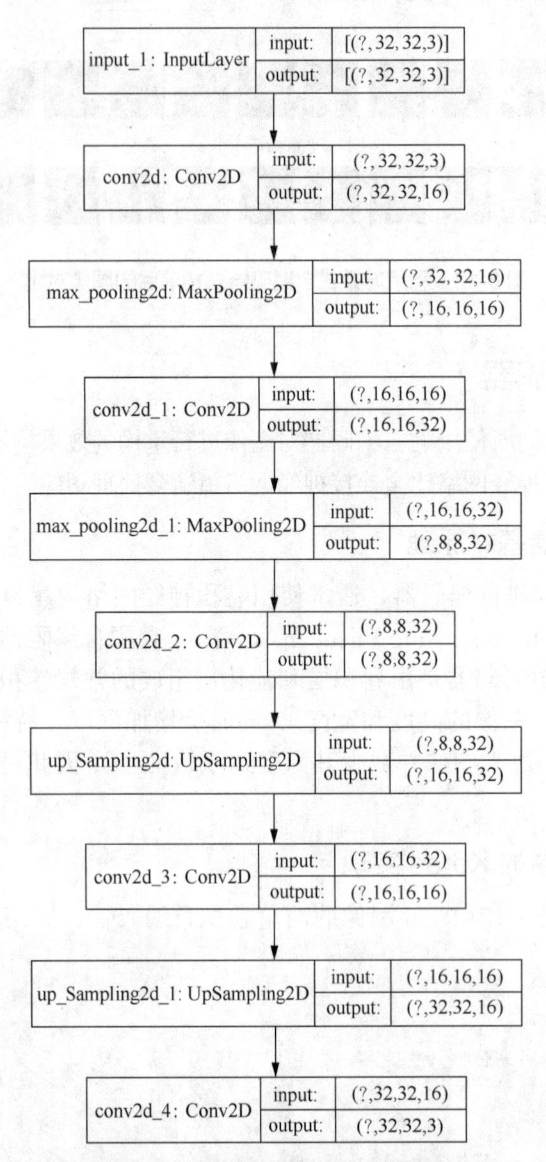

图 6-13 卷积自编码器的网络结构

以下程序对 CIFAR-10 图像数据进行预处理，并将数据转换为 tf.data.Dataset 对象。

```
# 加载数据
(x_train, _), (x_test, _) = tf.keras.datasets.cifar10.load_data() # 不需要标签，因此使
用占位符 x_train = tf.cast(x_train,tf.float32)/255
x_test =  tf.cast(x_test,tf.float32)/255

#  将数据转换为 tf.data.Dataset 对象
batch_size = 256
train_dataset = tf.data.Dataset.from_tensor_slices((x_train,x_train))
train_dataset = train_dataset.shuffle(batch_size * 5).batch(batch_size)
test_dataset = tf.data.Dataset.from_tensor_slices((x_test,x_test))
test_dataset = test_dataset.shuffle(batch_size * 5).batch(batch_size)
```

训练模型时，将训练周期参数 epochs 设置为 5。

```
history = cnn_encoder.fit(train_dataset,epochs = 5,verbose = 2,
               validation_data = test_dataset)
```

利用训练好的卷积自编码器对测试集进行预测，并对前 10 幅原始图像和它们对应的重构图像进行可视化，如图 6-14 所示。

```
# 对测试集进行预测
decoded = cnn_encoder.predict(x_test)
n = 10
plt.figure(figsize=(20, 4))
for i in range(n):
        # 展示原始图像
        ax = plt.subplot(2, n, i+1)
        plt.imshow(x_test[i])
        plt.gray()
        ax.get_xaxis().set_visible(False)
        ax.get_yaxis().set_visible(False)

        # 展示重构图像
        ax = plt.subplot(2, n, i + n+1)
        plt.imshow(decoded[i])
        plt.gray()
        ax.get_xaxis().set_visible(False)
        ax.get_yaxis().set_visible(False)
plt.show()
```

（重构前）

（重构后）

图 6-14 利用卷积自编码器重构前后的图像对比

6.5 降噪自编码器

扫一扫

降噪自编码器（Denoising Auto Encoder，DAE）在自编码器的基础上，对训练数据加入噪声，是自编码器的变体。

6.5.1 降噪自编码器基本原理

降噪自编码器必须学习去除训练数据加入的噪声而获得真正没有被噪声污染过的输入，这就迫使降噪自编码器去学习对输入信号更加鲁棒的表达，这也是它的泛化能力比一般编码器强的原因。降噪自编码器可以通过梯度下降算法训练，其网络结构如图 6-15 所示。

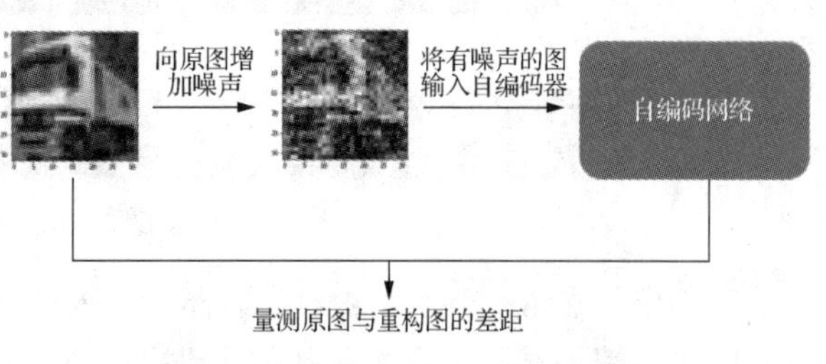

图 6-15 降噪自编码器的网络结构

如图 6-15 所示，降噪自编码器的网络结构与自编码器的一样，只是对训练方法进行了改进。自编码器是把训练样本直接输入给输入层，而降噪自编码器则是把向训练样本中加入随机噪声得到的样本输入给输入层。

6.5.2 降噪自编码器的 Keras 实现

可以利用 tf.keras.layers.GaussianNoise(stddev)为输入数据施加均值为 0、标准差为 stddev

的加性高斯噪声。由于该层是一个正则化层，因此它只在训练时才被激活。以下程序对 CIFAR-10 图像数据添加高斯噪声，并查看训练集前 10 幅图像添加噪声数据前后对比，运行结果如图 6-16 所示。

```
import os
import tensorflow as tf
import numpy as np
from tensorflow import keras
from tensorflow.keras import layers
from matplotlib import pyplot as plt

# 加载数据
(x_train, _), (x_test, _) = tf.keras.datasets.cifar10.load_data()
x_train = tf.cast(x_train,tf.float32)/255
x_test =  tf.cast(x_test,tf.float32)/255

# 高斯噪声层实例化
noise = keras.layers.GaussianNoise(0.2)
# 可视化
n = 10
plt.figure(figsize=(20, 4))
for i in range(n):
      # 原始图像
      ax = plt.subplot(2, n, i+1)
      plt.imshow(x_train[i])
      plt.gray()
      ax.get_xaxis().set_visible(False)
      ax.get_yaxis().set_visible(False)

      # 增加噪声后的图像
      ax = plt.subplot(2, n, i + n+1)
      plt.imshow(noise(x_train[i],training=True)) # training 为 True 时添加噪声
      plt.gray()
      ax.get_xaxis().set_visible(False)
      ax.get_yaxis().set_visible(False)
plt.show()
```

图 6-16　图像添加噪声数据前后对比

我们仅需在 6.4 节的卷积自编码器的输入层和第一个卷积层中间添加高斯噪声层，即可构建降噪自编码器，运行以下程序得到的降噪自编码器网络结构如图 6-17 所示。

```
# 构建降噪自编码器
# 编码器
inputs = layers.Input(shape=(32,32,3))
encode = keras.layers.GaussianNoise(0.2)(inputs) # 添加高斯噪声层
encode = layers.Conv2D(16, (3,3), activation='relu', padding='same')(encode)
encode = layers.MaxPool2D((2,2), padding='same')(encode)
encode = layers.Conv2D(32, (3,3), activation='relu', padding='same')(encode)
encode = layers.MaxPool2D((2,2), padding='same')(encode)
# 解码器
```

```
decoded = layers.Conv2D(32, (3,3), activation='relu', padding='same')(encode)
decoded = layers.UpSampling2D((2,2))(decoded)
decoded = layers.Conv2D(16, (3,3), activation='relu', padding='same')(decoded)
decoded = layers.UpSampling2D((2,2))(decoded)
outputs = layers.Conv2D(3, (3,3), activation='sigmoid', padding='same')(decoded)
# 降噪编码器
denoising_ae = keras.Model(inputs, outputs)
denoising_ae.compile(optimizer=keras.optimizers.Adam(),
                     loss=keras.losses.BinaryCrossentropy())
keras.utils.plot_model(denoising_ae, show_shapes=True)
```

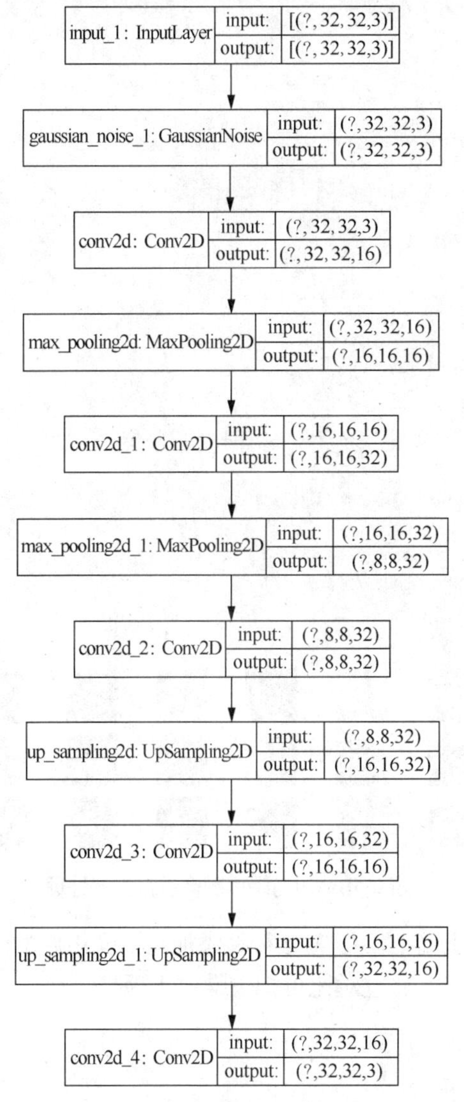

图 6-17 降噪自编码器的网络结构

在训练模型时，降噪自编码器会为输入数据添加标准差为 0.2 的加性高斯噪声，我们将训练周期 epochs 设置为 10。

```
history = denoising_ae.fit(x_train, x_train, epochs=10)
```

现在，可以利用训练好的降噪自编码器对具有噪声数据的图像进行去噪处理了。由于 keras.layers.GaussianNoise 是一个正则化层，只有在训练时才被激活。所以我们需要对测试数据添加高斯噪声后再使用模型进行预测，即将参数 training 设置为 True，指定该层应在训练模型下（添加噪声）运行。以下程序对添加噪声的 10 幅图像进行去噪处理，结果如图 6-18 所示。

```
noise = keras.layers.GaussianNoise(0.2)
n = 10
plt.figure(figsize=(30, 6))
for i in range(n):
      # 原始图像
      ax = plt.subplot(3, n, i+1)
      plt.imshow(x_test[i])
      plt.gray()
      ax.get_xaxis().set_visible(False)
      ax.get_yaxis().set_visible(False)

      # 增加噪声后的图像
      noise_data = noise(x_test[i],training=True)
      ax = plt.subplot(3, n, i + n+1)
      plt.imshow(noise_data)
      plt.gray()
      ax.get_xaxis().set_visible(False)
      ax.get_yaxis().set_visible(False)

      # 对噪声图像进行去噪处理
      ax = plt.subplot(3, n, i + 2*n+1)
      denoising = denoising_ae.predict(noise_data[np.newaxis,]) # 预测结果为(1,32,
32,3)的数据
      plt.imshow(denoising[0])  # 需传递(32,32,3)的数据
      plt.gray()
      ax.get_xaxis().set_visible(False)
      ax.get_yaxis().set_visible(False)

plt.show()
```

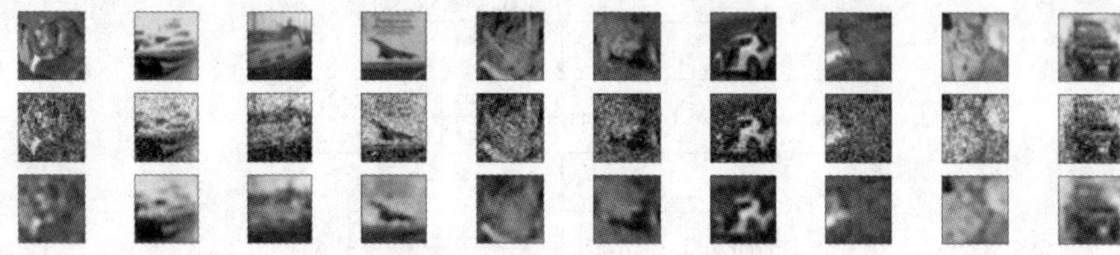

图 6-18　对有噪声图像进行去噪处理

图 6-18 中的第 1 行是原始图像，第 2 行是添加高斯噪声后的图像，第 3 行是利用降噪编码器进行去噪处理后的图像，通过对比可知去噪效果理想。

6.6 循环自编码器

如果你的输入是时间序列或文本，而不是图像，那么你可能想要使用针对序列的模型构建自编码器，如 LSTM 网络。

扫一扫

6.6.1 循环自编码器基本原理

构建循环自编码器非常简单直接：其编码器通常是序列到向量的循环神经

网络（如 LSTM 网络），它将输入序列压缩为单个向量；解码器则做相反的处理，是向量到序列的循环神经网络（如 LSTM 网络）。

6.6.2 循环自编码器的 Keras 实现

以下程序用于构建可以处理任何长度的序列，每个时间步长具有 28 个维度的循环自编码器。循环自编码器的网络结构如图 6-19 所示。

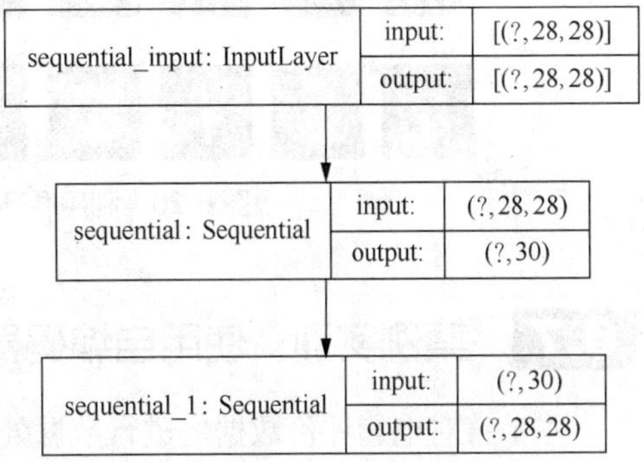

sequential_input: InputLayer	input:	[(?,28,28)]
	output:	[(?,28,28)]

sequential: Sequential	input:	(?,28,28)
	output:	(?,30)

sequential_1: Sequential	input:	(?,30)
	output:	(?,28,28)

图 6-19 循环自编码器的网络结构

```
# 编码器
encoder = keras.models.Sequential([
    keras.layers.LSTM(100,
return_sequences=True, input_shape=[28, 28]),
    keras.layers.LSTM(30)
])
# 解码器
decoder = keras.models.Sequential([
    keras.layers.RepeatVector(28, input_
shape=[30]),
    keras.layers.LSTM(100, return_sequences=True),
    keras.layers.TimeDistributed(keras.layers.Dense(28, activation="sigmoid"))
])
# 循环自编码器
recurrent_ae = keras.models.Sequential([encoder, decoder])
# 模型编译
recurrent_ae.compile(loss="binary_crossentropy",
optimizer=keras.optimizers.SGD(0.1))
# 模型结构可视化
keras.utils.plot_model(recurrent_ae, show_shapes=True)
```

接下来将利用搭建好的循环自编码器对 MNIST 数据集进行图像重构。以下代码用于对 MNIST 数据集进行加载及预处理。

```
(x_train, _), (x_test, _) = tf.keras.datasets.mnist.load_data()
x_train = tf.cast(x_train,tf.float32)/255
x_test =  tf.cast(x_test,tf.float32)/255
```

运行以下代码训练循环自编码器，将训练周期设置为 10 次。

```
history = recurrent_ae.fit(x_train, x_train, epochs=10,verbose = 2)
```

利用训练好的循环自编码器对测试集进行预测，并对前 10 幅重构前后的图像进行可视化，如图 6-20 所示。

```
# 对测试集进行预测
decoded_test = recurrent_ae.predict(x_test)
# 可视化
n = 10
plt.figure(figsize=(20, 4))
for i in range(n):
      # display original
      ax = plt.subplot(2, n, i+1)
      plt.imshow(x_test[i])
      plt.gray()
      ax.get_xaxis().set_visible(False)
      ax.get_yaxis().set_visible(False)

      # display reconstruction
      ax = plt.subplot(2, n, i + n+1)
      plt.imshow(decoded_test[i])
      plt.gray()
      ax.get_xaxis().set_visible(False)
```

```
    ax.get_yaxis().set_visible(False)
plt.show()
```

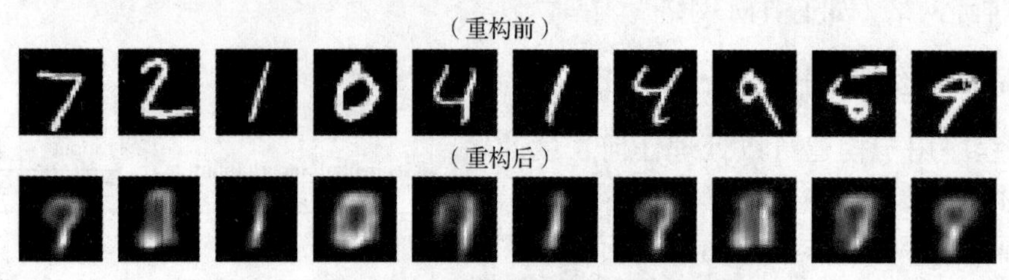

图 6-20　利用循环自编码器重构前后的图像对比

6.7 案例实训：使用自编码器建立推荐系统

本节将对电影评价数据集进行数据处理将它转换为推荐系统适合的评分矩阵数据集，并通过构建基于物品的协同过滤推荐算法的自编码器建立推荐系统，并找到较优的平均绝对误差（MAE）划分阈值，对用户是否对电影打分进行预测。

1. 数据理解

MovieLens（ml-100k）电影评价数据集是通过 MovieLens 网站在 1997 年 9 月至 1998 年 4 月这 7 个月收集的。

文件列表中目录描述如下。

- u.data：完整的数据集文件，943 位用户对 1682 部电影的 100000 个评分（1～5），每个用户至少评价了 20 部电影。
- u.info：用户数、项目数、评价总数。
- u.item：电影的信息，由 tab 字符分隔。
- u.genre：电影流派信息，用 0～18 编号。
- u.user：用户基本信息。id、年龄、性别、职业、邮编等，其中 id 与 u.data 一致。
- u1.base：将 u.data 的 80%作为训练集。
- u1.test：将 u.data 剩下的 20%作为测试集。

首先将训练集和测试集导入 Python 中，数据集一共有 4 列，分别为用户 id、电影 id、用户评分、用户评分时间。

运行以下代码将训练集数据导入 Python 中，并查看前 5 行。

```
training_set = pd.read_csv('../data/ml-100k/u1.base', sep = '\t',
                           names = ['userid', 'itemid', 'rating', 'tm'])
training_set.head()
```

输出结果为：

```
   userid  itemid  rating  tm
0      1       1       5  874965758
1      1       2       3  876893171
2      1       3       4  878542960
3      1       4       3  876893119
4      1       5       3  889751712
```

运行以下代码将测试集数据导入 Python 中，并查看前 5 行。

```
test_set = pd.read_csv('../data/ml-100k/u1.test', sep = '\t',
                       names = ['userid', 'itemid', 'rating', 'tm'])
test_set.head()
```

输出结果为：

```
     userid  itemid   rating  tm
0      1        6       5    887431973
1      1       10       3    875693118
2      1       12       5    878542960
3      1       14       5    874965706
4      1       17       3    875073198
```

训练集的第 1 条记录表示 id 为 1 的用户对 id 为 1 的电影打了 5 分，测试集的第 1 条记录表示 id 为 1 的用户对 id 为 6 的电影打了 5 分。

运行以下代码计算电影数量和用户数量。

```
n_movies = max(max(training_set.itemid.tolist()), max(test_set.itemid.
tolist()))
print('电影数量为:',n_movies)
n_users= max(max(training_set.userid.tolist()), max(test_set.userid.tolist()))
print('用户数量为:',n_users)
```

输出结果为：

```
电影数量为: 1682
用户数量为: 943
```

可见，电影数量为 1682，用户数量为 943，与前文数据描述一致。

2. 数据预处理

用于构建推荐系统模型的数据集应为评分矩阵（ratingMatrix）。ratingMatrix 有两种：realRatingMatrix 和 binaryRatingMatrix。realRatingMatrix 是一个评分矩阵，将真实的评分数据反映在矩阵中，而 binaryRatingMatrix 为布尔矩阵，相当于把 realRatingMatrix 中大于 0 的数值赋为 1，两种形式的评分矩阵中用户如对电影没有评分则记录为 0。

运行以下代码将训练集由数据框变成布尔矩阵，用户对电影有打分就记录为 1，否则为 0。

```
training_m = np.zeros((n_users, n_movies))
for rec in training_set.iterrows():
    training_m[rec[1].userid - 1 , rec[1].itemid - 1] = 1
```

创建好训练集的布尔矩阵后，查看 training_m 的形状和其前 6 行 6 列的数据。

```
# 查看 training_m 的形状
print('training_m 的形状为:',training_m.shape)
# 查看 training_m 前 6 行 6 列的数据
training_m[0:6,0:6]
```

输出结果为：

```
training_m 的形状为: (943, 1682)
array([[1., 1., 1., 1., 1., 0.],
       [1., 0., 0., 0., 0., 0.],
       [0., 0., 0., 0., 0., 0.],
       [0., 0., 0., 0., 0., 0.],
       [0., 0., 0., 0., 0., 0.],
       [1., 0., 0., 0., 0., 0.]])
```

training_m 是一个 943 行（用户数量）、1682 列（电影数量）的布尔矩阵，1 表示用户对该电影有打分，0 表示用户对该电影未打分。

同样，我们需要对测试集也进行相似处理，运行以下代码得到测试集的布尔矩阵。

```
test_m = np.zeros((n_users, n_movies))
for rec in test_set.iterrows():
    test_m[rec[1].userid - 1 , rec[1].itemid - 1] = 1
print('test_m 的形状为:',test_m.shape)
test_m[0:6,0:6]
```

输出结果为：

```
test_m 的形状为：(943, 1682)
array([[0., 0., 0., 0., 0., 1.],
       [0., 0., 0., 0., 0., 0.],
       [0., 0., 0., 0., 0., 0.],
       [0., 0., 0., 0., 0., 0.],
       [1., 1., 0., 0., 0., 0.],
       [0., 0., 0., 0., 0., 0.]])
```

自此，数据预处理工作已经完成。

3. 构建自编码器

接下来将进行建立推荐系统的工作了。此例我们将使用基于物品的协同过滤推荐算法来预测用户是否对电影进行评分，因此在构建自编码器时，输入层的形状大小为 1×1682（n_movies）。输入层后面接只有一个隐藏层的编码器，其神经元数量为 50，使用 Softmax 作为激活函数。解码器的神经元数量为 1682（n_movies），因为我们希望原样输出，所以不需要设置激活函数。编译模型时，使用 Adam 函数作为优化器，MAE 作为损失函数。以下代码用于构建自编码器，其网络结构如图 6-21 所示。

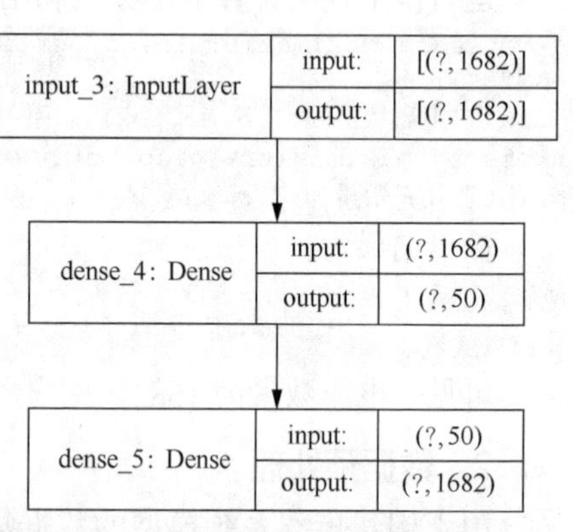

图 6-21 用于推荐系统的自编码器网络结构

```
encoding_dim = 50
input_data = layers.Input(shape=( n_movies,))
encoded = layers.Dense(encoding_dim, activation='softmax')(input_data)
decoded = layers.Dense(n_movies)(encoded)

autoencoder = keras.Model(input_data, decoded)
autoencoder.compile(optimizer='adam', loss='mean_absolute_error')
keras.utils.plot_model(autoencoder, show_shapes=True)
```

4. 模型训练

现在就可以使用 fit()方法进行模型训练了，模型训练周期为 100，批次大小为 32。

```
history = autoencoder.fit(training_m, training_m,
                epochs=100,
                batch_size=32,
                shuffle=True,
                validation_data=(test_m, test_m),
                verbose=2)
```

训练过程输出如下。

```
Train on 943 samples, validate on 943 samples
Epoch 1/100
943/943  - 4s 4ms/sample - loss: 0.0517 - val_loss: 0.0132
Epoch 2/100
943/943  - 0s 327us/sample - loss: 0.0511 - val_loss: 0.0130
......
Epoch 99/100
943/943  - 0s 227us/sample - loss: 0.0498 - val_loss: 0.0133
Epoch 100/100
943/943  - 0s 230us/sample - loss: 0.0495 - val_loss: 0.0133
```

5. 模型预测

最后，可以使用训练好的自编码器进行预测，运行以下代码对训练集和测试集的用户是否对电影打分进行预测。

```
# 对训练集进行预测
pred_train = autoencoder.predict(training_m)
# 对测试集进行预测
pred_test = autoencoder.predict(test_m)
```

为了能利用预测结果识别用户是否对该电影进行打分，我们还需要找到 MAE 的阈值 k，如果 MAE 大于 k，则认为用户对该电影打了分（否则未打分）。以下代码查看预测结果的百分位数统计情况。

```
np.set_printoptions(suppress=True) # 取消科学记数法
print('查看训练集预测结果百分位数:')
print(np.round(np.quantile(pred_train,np.arange(0,1.1,0.1)),4))
print('查看测试集预测结果百分位数:')
print(np.round(np.quantile(pred_test,np.arange(0,1.1,0.1)),4))
```

输出结果为：

```
查看训练集预测结果百分位数:
[-0.0205 -0.0003 -0.0002 -0.0001 -0.  0.   0.0001  0.0001  0.0002   0.0004  1.0097]
查看测试集预测结果百分位数:
[-0.0196 -0.0003 -0.0002 -0.0001 -0.  0.   0.0001  0.0001  0.0002   0.0003  0.9989]
```

从结果可知，训练集有超过 90%用户的 MAE 值低于 0.0004，测试集有超过 90%用户的 MAE 值低于 0.0003，就让我们以 0.0004 作为 MAE 的划分阈值，当 MAE 值大于 0.0004 时预测用户对该电影打分，否则预测为未打分。

运行以下代码查看训练集和测试集第 1 条记录的用户对 1682 部电影是否打分的预测准确率。

```
# 查看第 1 条记录的用户对电影是否打分的预测准确率
print('查看训练集中，id 为 1 的用户对 1682 部电影是否打分的预测正确率:')
print(sum((pred_train[0,:] > 0.0004).astype(int) == training_m[0,:]) / len(training_m[0,:]))
print('查看测试集中，id 为 1 的用户对 1682 部电影是否打分的预测正确率:')
sum((pred_test[0,:] > 0.0004).astype(int) == test_m[0,:]) / len(test_m[0,:])
```

输出结果为：

```
查看训练集中，id 为 1 的用户对 1682 部电影是否打分的预测正确率:
0.8579072532699168
查看测试集中，id 为 1 的用户对 1682 部电影是否打分的预测正确率:
0.6938168846611177
```

使用此推荐系统对 id 为 1 的用户是否对 1682 部电影打分的预测结果，在测试集上的准确率约是 85.8%，测试集上的准确率约是 69.4%。

最后，让我们看看推荐系统在整个数据集上的预测准确率。

```
# 查看整体的预测准确率
print('查看训练集中，用户对电影是否打分预测准确率为:')
print(sum((pred_train>
0.0004).astype(int).flatten()==training_m.flatten())/np.size(training_m))
print('查看测试集中，用户对电影是否打分预测准确率为:')
print(sum((pred_test> 0.0004).astype(int).flatten() == test_m.flatten()) / np.size
(test_m))
```

输出结果为：

```
查看训练集中，用户对电影是否打分预测准确率为:
0.886495776501993
查看测试集中，用户对电影是否打分预测准确率为:
0.92353255668213
```

训练集中约有 88.6%能准确预测用户对电影是否打分，测试集中约有 92.4%能准确预测用户对电影是否打分。

【本章知识结构图】

本章介绍了自编码器的基本结构以及常用自编码器——简单自编码器、稀疏自编码器、堆栈自编码器、卷积自编码器、降噪自编码器以及循环自编码器的基本原理及其 Keras 实现。利用自编码器建立无监督的推荐系统的案例实训，引导读者将自编码器应用在不同实际场景中。可扫码查看本章知识结构图。

扫一扫

【课后习题】

一、判断题

1. 自编码器属于有监督学习。(　　)

A. 正确　　B. 错误

2. 自编码器可用于数据去噪。(　　)

A. 正确　　B. 错误

3. 堆栈自编码器就是一个无监督预训练、有监督微调的神经网络模型。(　　)

A. 正确　　B. 错误

二、选择题

1.（单选）tf.keras.layers.GaussianNoise 可用于加性高斯噪声，其中以下哪个参数用于设置噪声分布的标准差？（　　）

A. stddev　　B. inputs　　C. training　　D. std

2.（多选）自编码器有以下哪些特性？（　　）

A. 数据相关性　　B. 数据有损性　　C. 数据无损性　　D. 自动学习性

三、上机实验题

1. 构建一个简单自编码器，对 Fashion-MNIST 测试数据及图像进行重构。自编码器的网络有 3 层，其中，输入层有 784 个神经元，隐藏层有 128 个神经元，输出层有 784 个神经元；在训练模型时，训练周期为 10 次，最后利用训练好的简单自编码器对测试集进行预测，并绘制前 15 幅原始图像（第一行）及对应重构后的图像（第二行），效果如图 6-22 所示。

2. 构建一个卷积自编码器，对 Fashion-MNIST 测试数据及图像进行重构。卷积自编码器网络结构如下。

- 卷积层具有 32 个特征图，卷积核大小为 3×3，激活函数为 ReLU。
- pool_size 为 2×2 的最大池化层（MaxPool2D）。

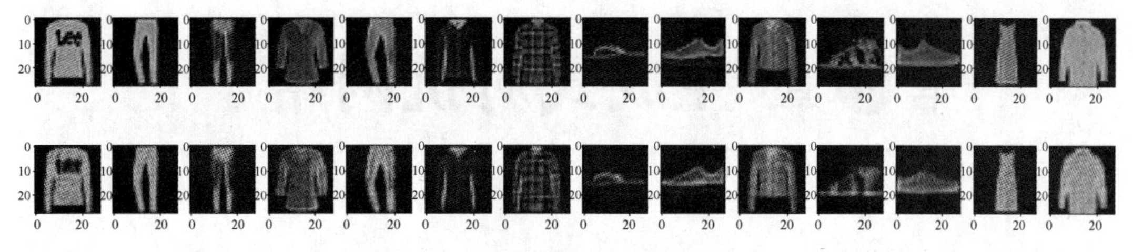

图 6-22　原始图像及对应重构后图像

- 卷积层具有 32 个特征图，卷积核大小为 3×3，激活函数为 ReLU。
- pool_size 为 2×2 的上采样层（UpSampling2D）。
- 输出层为具有 1 个特征图、卷积核大小为 3×3、激活函数为 ReLU 的卷积层。

训练模型时，要求训练周期为 5，并利用训练好的卷积自编码器对测试集进行预测，并绘制前 15 幅原始图像（第一行）及对应重构后的图像（第二行），效果如图 6-23 所示。

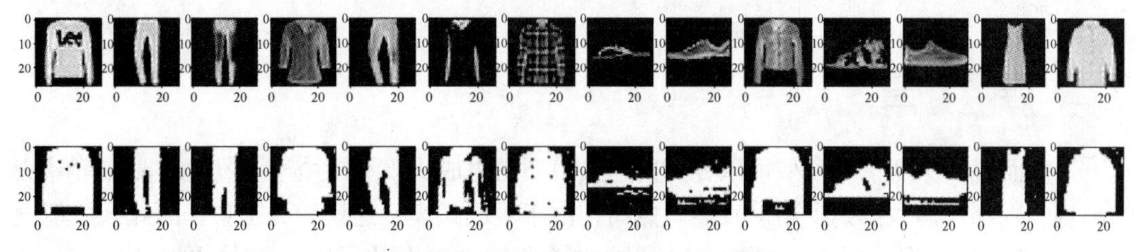

图 6-23　原始图像及对应重构后的图像

第 7 章 生成式对抗网络

学习目标

1. 掌握 GAN 的基本结构；
2. 掌握如何构建 GAN 的生成器和判别器网络，并生成图像；
3. 掌握如何构建 DCGAN 的生成器和判别器网络，并生成图像；
4. 熟悉 GAN 常见类型。

导　言

一般而言，深度学习模型可以分为判别式模型与生成式模型。由于 BP、Dropout 等算法的出现，判别式模型得到了迅速发展。然而，由于生成式模型建模较为困难，因此该模型发展缓慢。直到 2014 年，Ian Goodfellow（伊恩·古德费洛）首次提出了生成式对抗网络（Generative Adversarial Network，GAN），生成式模型这一领域才越来越受到学术界和工业界的重视。GAN 是一类在无监督学习中使用的神经网络。GAN 不需要标记数据，它在计算机视觉、自然语言处理、人机交互等领域有着越来越深入的应用，有助于解决由文本生成图像、提高图像分辨率、药物匹配、检索特定模式的图像等问题。

本章首先介绍 GAN 基本结构和常见类型，然后通过案例分别详细讲解如何通过 GAN 和 DCGAN 生成数字 5 图像。

7.1 生成式对抗网络概述

扫一扫

GAN 由生成器和判别器两个神经网络生成。GAN 受博弈论中的零和博弈启发，生成器和判别器这两个神经网络拥有不一样的目标，它们相互对抗和博弈，最终能够更精准地完成任务。

7.1.1 生成式对抗网络基本结构

GAN 的基本结构如图 7-1 所示。

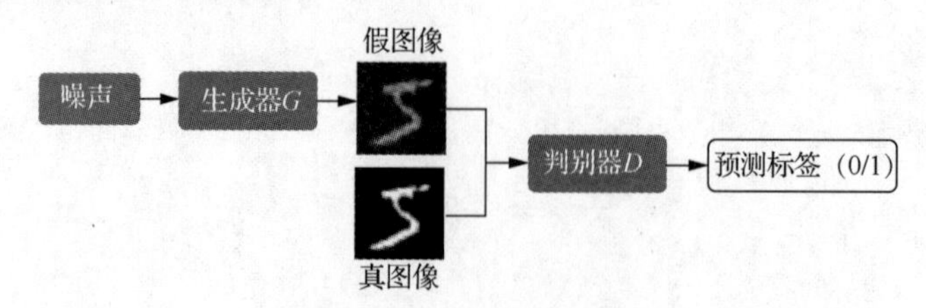

图 7-1　GAN 的基本结构

从图 7-1 可知，生成器 G 的输入是给定的 z，z 一般是指均匀分布或者正态分布随机采样得到的噪声。噪声 z 通过生成器 G 生成假的数据样本（例如图像、音频等），并试图欺骗判别器。生成的假样本和真实样本放在一起，由判别器去区分输入的样本是真实样本还是假样本。生成器和判别器都是神经网络，在训练阶段它们相互对抗和博弈。这些步骤会不断重复，由 GAN 得到的数据也就越来越逼近真实数据。所有的 GAN 结构都遵循这样的设计。

对于 GAN，它的目标是训练 D 使训练样本和来自 G 的样本分类正确的概率最大化，同时训练 G 来最小化 $\log 1\left(-D\left(G\left(z\right)\right)\right)$，其目标函数定义如下。

$$\min_{G}\max_{D}V\left(D,G\right)=\mathbb{E}_{x\sim p_{\text{data}}(x)}\left[\log\left(D\left(x\right)\right)\right]+\mathbb{E}_{z\sim p_{z}(z)}\left[\log\left(1-D\left(G\left(z\right)\right)\right)\right]$$

其中，G 为生成器，D 为判别器，$p_{\text{data}}\left(x\right)$ 为真实数据的分布，$p_{z}\left(z\right)$ 为输入噪声变量上定义的先验分布，x 为从 $p_{\text{data}}\left(x\right)$ 中采样的样本，z 为从 $p_{z}\left(z\right)$ 中采样的样本，$D\left(x\right)$ 为判别器网络，$G\left(z\right)$ 为生成器网络。

这个目标函数可以从判别器的优化和生成器的优化两部分来理解。

- **第一部分：** 判别器的优化通过 $\max_{D}V\left(D,G\right)$ 实现，$V\left(D,G\right)$ 为判别器的目标函数。该目标函数的第一项 $\mathbb{E}_{x\sim p_{\text{data}}(x)}\left[\log D\left(x\right)\right]$ 表示从真实数据分布中采样得到的样本被判别器判定为真实样本概率的数学期望。对于从真实数据分布中采样得到的样本，其预测为正样本的概率当然是越接近 1 越好，因此我们希望最大化这一项。第二项 $\mathbb{E}_{z\sim p_{z}(z)}\left[\log\left(1-\left(DG\left(z\right)\right)\right)\right]$ 表示对于从噪声 $p_{z}\left(z\right)$ 分布中采样得到的样本，经过生成器生成之后得到生成数据，然后将这些数据送入判别器，其预测概率的负对数的期望，这个值越大、越接近 0（预测为负样本），代表判别器越好。判别器在生成器空闲时进行训练，在此阶段，仅对网络进行正向传播，而不会进行反向传播。

- **第二部分：** 生成器的优化通过 $\min_{G}\max_{D}V\left(D,G\right)$ 实现。生成器的目标函数不是 $\min_{G}V\left(D,G\right)$，即生成器不是最小化判别器的目标函数，而是最小化判别器目标函数的最大值。生成器在判别器空闲时进行训练。

7.1.2 生成式对抗网络常见类型

GAN 是一个非常活跃的研究主题，有许多不同类型的 GAN 实现，以下介绍常见的几种 GAN 变体。

- VGAN（Vanilla GAN）：最原始生成式对抗网络，就是伊恩·古德费洛提出的朴素 GAN。它的生成器和判别器在结构上是通过以多层全连接网络为主体的多层感知机实现的，然而其调参难度较大，训练失败的情况相当常见，生成图像的质量也不佳，这些缺点在对较复杂的数据集进行处理时更为突出。

- BGAN（Boundary-seeking GAN）：边界搜索生成式对抗网络，原始 GAN 不适用于离散数据，而 BGAN 用来自判别器的估计差异度量来计算生成样本的重要性权重，并为训练生成器提供策略梯度，因此 BGAN 可以用离散数据进行训练。BGAN 里生成样本的重要性权重和判别器的判定边界紧密相关，因此被叫作"寻找边界的 GAN"。

- CGAN（Conditional GAN）：条件式生成式对抗网络，其中生成器和判别器都以某种外部信息（比如类别标签或者其他形式的数据）为条件。

- DCGAN（Deep Convolutional GAN）：深度卷积生成式对抗网络，是最受欢迎、最成功的 GAN 实现之一。CNN 比多层感知机有更强的拟合与表达能力，并在判别式模型中取得了巨大成果。本质上，DCGAN 是在 GAN 的基础上提出了一种训练结构，并对其做了训练指导，比如几乎完全用卷积层取代了全连接层，去掉池化层，采用批标准化（Batch Normalization，BN）等技术，将判别模型的成果引入生成模型中。
- AAE（Adversarial Auto Encoder）：对抗性自动编码器，是一种概率性自编码器，运用 GAN，通过将自编码器的隐藏编码向量和任意先验分布进行匹配来进行变分推断，可以用于半监督分类、分离图像的风格和内容、无监督聚类、降维、数据可视化等方面。
- BiGAN（Bidirectional GAN）：双向生成式对抗网络，这种变体能学习反向的映射，也就是将数据投射回隐藏空间。
- Pix2Pix：有监督图像翻译，Pix2Pix 将生成器看作一种映射方法，即将图像映射成另一幅需要的图像，该算法由此得名，表示 map pixels to pixels，即像素到像素的映射。Pix2Pix 成功地将 GAN 应用于图像翻译领域，解决了图像翻译领域内存在的众多问题，也为后来的研究者提供了重要的启发。
- CycleGAN：无监督图像翻译。Pix2Pix 致命的缺点在于它的训练需要相互配对的图像 x 与 y，然而，这类数据是极度缺乏的，这极大地限制了 Pix2Pix 的应用。对此，CycleGAN 提出了不需要配对的数据的图像翻译方法。CycleGAN 有一些非常有趣的用例，例如将照片转换为图画，将夏季拍摄的照片转换为冬季拍摄的照片，将马的照片转换为斑马的照片等，或者相反的转换。
- DualGAN：对偶生成式对抗网络，这种变体能够用两组不同域的无标签图像来训练图像翻译器，结构中的主要 GAN 学习将图像从域 U 翻译到域 V，而它的对偶 GAN 学习一个相反的过程，形成一个闭环。
- LSGAN（Least Squares GAN）：最小二乘生成式对抗网络，它的提出是为了解决 GAN 无监督学习训练中梯度消失的问题，在判别器上使用了最小平方损失函数。

7.2 生成式对抗网络 Keras 实现

本节将学习如何通过 Keras 分别构建 GAN 和 DCGAN 这两种非常常见的生成式对抗网络。

7.2.1 GAN 的 Keras 实现

扫一扫

构建 GAN 分为 3 个步骤：构建生成器，构建判别器，由生成器和判别器组合生成 GAN。

1. 构建生成器

生成器的作用是合成假的数字图像，我们将使用多层感知机从噪声数据（均值为 0、标准差为 1.0 的正态分布）中生成伪图像。在层与层之间采用了批量标准化的方法来平稳化训练过程，以 LeakyReLU 为每一层网络结构之后的激活函数，最后一层的激活函数使用 Tanh，而不用 Sigmoid 函数。生成器的网络结构如图 7-2 所示。

生成器是包含以下层的顺序型模型。

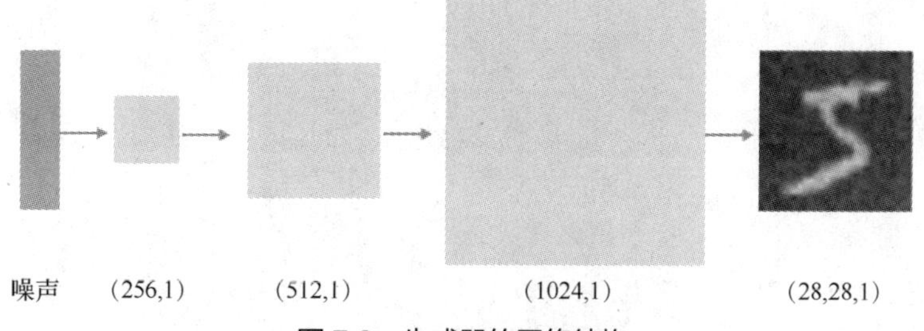

图 7-2 生成器的网络结构

- **全连接层**：其中神经元数量为 256 个，输入数据形状为 1×100。
- **LeakyReLU 层**：LeakyReLU 激活函数具有快速收敛、解决梯度消失问题、解决神经元死亡问题等功能。
- **批标准化层**：用于逐层标准化数据。通过逐层标准化数据可避免梯度消失或爆炸，尤其是受到 Sigmoid 或 Tanh 激活函数影响的数据；可减少数据初始化的影响；还可以大幅减少训练时间。
- 输出为包含 512 个神经元的全连接层。
- Leaky ReLU 层。
- 批标准化层。
- 输出为包含 1024 个神经元的全连接层。
- LeakyReLU 层。
- 批标准化层。
- 输出为包含 784 个神经元的全连接层，使用的激活函数为 Tanh。
- 形变为 img_shape 的层。

运行以下代码实现上述生成器网络的构建，并查看生成器网格结构的模型摘要。

```
latent_size = 100
image_shape = (28,28)
generator = keras.models.Sequential([
    keras.layers.Dense(256,input_shape=[latent_size]),
    keras.layers.LeakyReLU(alpha=0.2),
    keras.layers.BatchNormalization(momentum=0.8),
    keras.layers.Dense(512),
    keras.layers.LeakyReLU(alpha=0.2),
    keras.layers.BatchNormalization(momentum=0.8),
    keras.layers.Dense(1024),
    keras.layers.LeakyReLU(alpha=0.2),
    keras.layers.BatchNormalization(momentum=0.8),
    keras.layers.Dense(np.prod(image_shape), activation='tanh'),
    keras.layers.Reshape(image_shape)
])
generator.summary() # 查看模型摘要
```

输出结果为：

```
Model: "sequential"
_________________________________________________________________
 Layer (type)                Output Shape              Param #
=================================================================
 dense (Dense)               (None, 256)               25856

 leaky_re_lu (LeakyReLU)     (None, 256)               0

 batch_normalization (BatchN  (None, 256)              1024
```

```
ormalization)

dense_1 (Dense)             (None, 512)               131584

leaky_re_lu_1 (LeakyReLU)    (None, 512)               0

batch_normalization_1 (Batc  (None, 512)               2048
hNormalization)

dense_2 (Dense)             (None, 1024)              525312

leaky_re_lu_2 (LeakyReLU)    (None, 1024)              0

batch_normalization_2 (Batc  (None, 1024)              4096
hNormalization)

dense_3 (Dense)             (None, 784)               803600

reshape (Reshape)            (None, 28, 28)            0

=================================================================
Total params: 1,493,520
Trainable params: 1,489,936
Non-trainable params: 3,584
_________________________________________________________________
```

让我们使用 tf.random.normal()函数创建一个形状为(1,100)的服从均值为 0、标准差为 1.0 的正态分布的二维数组，然后使用尚未训练的生成器创建一幅图像，运行结果如图 7-3 所示。

```
noise = tf.random.normal([1, 100],seed=1) # 创建(1,100)的噪声数据
generated_image = generator(noise, training=False) # 创建一幅图像
plt.imshow(generated_image[0, :, :]) # 图像可视化
```

2. 构建判别器

判别器的作用是判断模型生成的图像和真实的图像对比有多逼真。可以通过与生成器网络相反的顺序使用顺序型模型构建判别器。对于 MNIST 数据集来说，模型输入是一个 28 像素×28 像素的单通道图像。以 LeakyReLU 为每一层网络结构之后的激活函数，最后一层的激活函数为 Sigmoid，神经元数量为 1。Sigmoid 函数的输出值范围为[0,1]，表示图像真实度的概率值，其中，0 表示图像肯定是假的，1 表示肯定是真的。判别器的网络结构如图 7-4 所示。

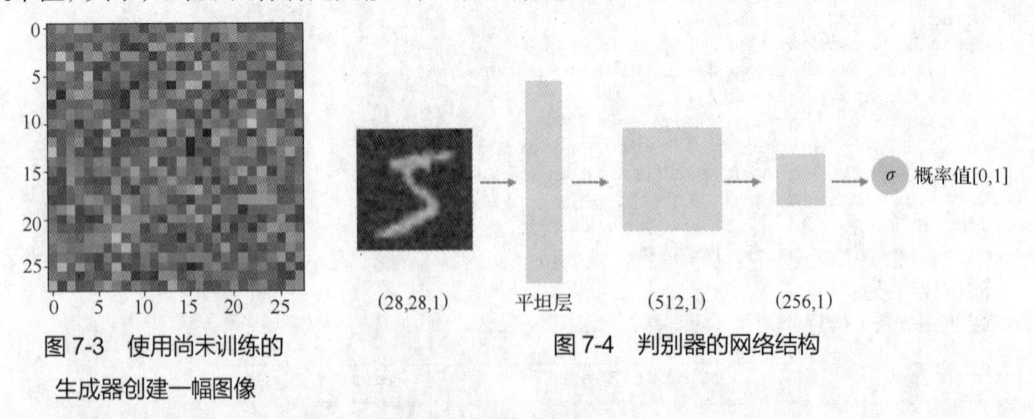

图 7-3 使用尚未训练的生成器创建一幅图像

图 7-4 判别器的网络结构

判别器是包含以下层的顺序型模型。

- ❑ 第 1 层将 input_shape 转换为(28,28)的平坦层。

- 添加输出为(*,512)的全连接层。
- 添加 LeakyReLU 激活函数。
- 添加另 1 个全连接层，输出为(*,256)。
- 添加另 1 个激活函数 LeakyReLU。
- 添加形状为(*,1)的最终输出，激活函数为 Sigmoid。

运行以下代码构建上述判别器网络，并查看判别器网格结构的模型摘要。

```
discriminator = keras.models.Sequential([
    keras.layers.Flatten(input_shape=image_shape),
    keras.layers.Dense(512),
    keras.layers.LeakyReLU(alpha=0.2),
    keras.layers.Dense(256),
    keras.layers.LeakyReLU(alpha=0.2),
    keras.layers.Dense(1, activation='sigmoid')
])
# 查看模型摘要
discriminator.summary()
```

输出结果为：

```
Model: "sequential_1"
_________________________________________________________________
 Layer (type)                Output Shape              Param #
=================================================================
 flatten (Flatten)            (None, 784)               0

 dense_4 (Dense)             (None, 512)               401920

 leaky_re_lu_3 (LeakyReLU)    (None, 512)               0

 dense_5 (Dense)             (None, 256)               131328

 leaky_re_lu_4 (LeakyReLU)    (None, 256)               0

 dense_6 (Dense)             (None, 1)                 257

=================================================================
Total params: 533,505
Trainable params: 533,505
Non-trainable params: 0
_________________________________________________________________
```

使用刚创建的尚未训练的判别器对刚才所生成的图像进行真伪分类，运行以下代码得到其预测结果。

```
decision = discriminator(generated_image)
print (decision)
```

输出结果为：

```
tf.Tensor([[0.401921]], shape=(1, 1), dtype=float32)
```

3. 生成 GAN

这里我们需要搭建两个模型：一个是判别器模型；另一个是生成器模型。

下列代码实现编译判别器模型。由于判别器的输出采用的是 Sigmoid 函数，因此采用了二进制交叉熵为损失函数。在这种情况下，采用 RMSProp 作为优化器。

```
discriminator.compile(loss="binary_crossentropy", optimizer="rmsprop")
```

GAN 的基本结构是生成器和判别器的叠加。生成器试图“欺骗”判别器并同时从判别器的反馈信息中学习。GAN 的网络结构如图 7-5 所示。

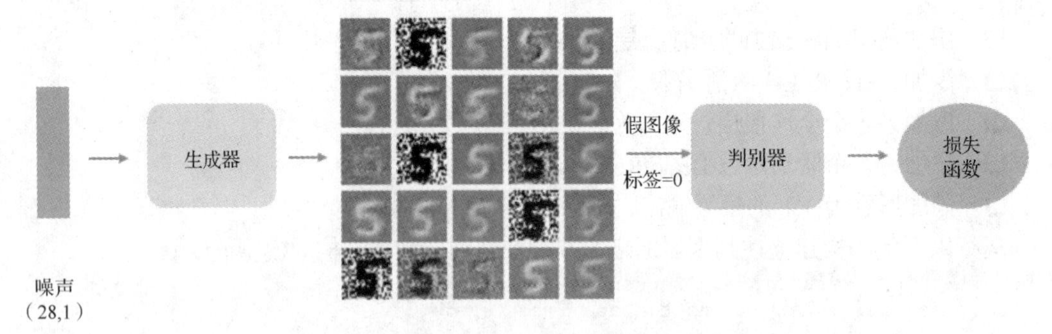

图 7-5　GAN 的网络结构

GAN 将生成器和判别器连接在一起。训练时，GAN 让生成器向某个方向移动，从而提高它“欺骗”判别器的能力。请注意，在训练过程中需要将判别器设置为冻结（不可训练），这样在训练 GAN 时它的权重值才不会更新，运行以下代码生成 GAN，并查看其模型摘要。

```
# 生成 GAN（叠加生成器和判别器）
# 冻结判别器，只训练生成器
discriminator.trainable = False
# 堆叠生成器和判别器
gan = keras.models.Sequential([generator, discriminator])
# 编译 GAN
gan.compile(loss="binary_crossentropy", optimizer="rmsprop")
# 查看 GAN 摘要
gan.summary()
```

输出结果为：

```
Model: "sequential_2"
_________________________________________________________________
 Layer (type)                Output Shape              Param #
=================================================================
 sequential (Sequential)     (None, 28, 28)            1493520

 sequential_1 (Sequential)   (None, 1)                 533505

=================================================================
Total params: 2,027,025
Trainable params: 1,489,936
Non-trainable params: 537,089
_________________________________________________________________
```

从输出结果可知，GAN 包含两个网络层，其中第 1 层是生成器网络，第 2 层是判别器网络。通过以下代码查看 GAN 的第 2 个网络层的摘要。

```
gan_generator,gan_discriminator = gan.layers
gan_discriminator.summary()
```

输出结果为：

```
Model: "sequential_1"
_________________________________________________________________
 Layer (type)                Output Shape              Param #
=================================================================
 flatten (Flatten)           (None, 784)               0

 dense_4 (Dense)             (None, 512)               401920

 leaky_re_lu_3 (LeakyReLU)   (None, 512)               0
```

```
dense 5 (Dense)             (None, 256)           131328

leaky re lu 4 (LeakyReLU)    (None, 256)            0

dense 6 (Dense)             (None, 1)             257

=================================================================
Total params: 533,505
Trainable params: 0
Non-trainable params: 533,505
_________________________________________________________________
```

与前文的判别器网络结构一样。

7.2.2 DCGAN 的 Keras 实现

GAN 训练起来非常不稳定，经常会使生成器产生没有意义的输出。深度卷积生成式对抗网络（Deep Convolutional GAN，DCGAN）提出使用卷积神经网络结构来稳定 GAN 的训练。

以下是一个稳健的 DCGAN 结构。

- 使用小步卷积代替池化层，其中判别器中用跨步卷积代替池化层，生成器中用反卷积（又称转置卷积）代替池化层。
- 在生成器和判别器中均使用批标准化。
- 删除全连接隐藏层以获得更深结构。
- 生成器的输出层使用 Tanh 激活函数，其他层采用 ReLU 函数。
- 判别器的输出层使用 Sigmoid 激活函数,其他层采用 LeakyReLU 函数。

扫一扫

由于在构建生成器时采用反卷积操作能够得到分辨率更高的图像，因此先让我们一起理解反卷积操作。

1. 理解反卷积操作

在卷积神经网络中，输入图像通过卷积操作提取特征后，输出的尺寸常会变小，而有时我们需要将图像恢复到原来的尺寸以便进行下一步的计算，那么我们需要实现图像由小分辨率到大分辨率的映射操作，这个操作叫作上采样（upsample）。上采样有多种方法，比如最近邻插值、双线性插值等。反卷积也是上采样的一种方法。反卷积也叫逆卷积或转置卷积，但并不是正向卷积的完全逆过程。它不能完全恢复输入矩阵的数据，只能恢复输入矩阵的大小。我们可以使用 tf.keras.layers.Conv2DTranspose()方法轻松实现反卷积操作。

让我们先了解如何计算反卷积的输出尺寸。假设输入尺寸为$N \times N$，卷积核大小（kernel_size）为$F \times F$，步长（strides）为S，边缘填充（padding 的值）为S，那么反卷积的输出尺寸的计算公式为$(N-1) \times S - 2 \times P + F$。

让我们通过以下例子来理解反卷积操作。运行以下代码构建一个简单的反卷积操作模型。

```
inputs = keras.layers.Input(shape=(2,2,1))
out = keras.layers.Conv2DTranspose(filters= 1,kernel size = 3)(inputs)
model = keras.Model(inputs = inputs,outputs = out)
model.summary()
```

模型摘要如下。

```
Model: "model"
_________________________________________________________________
Layer (type)                 Output Shape              Param #
=================================================================
input 1 (InputLayer)          [(None, 2, 2, 1)]          0
_________________________________________________________________
```

```
conv2d_transpose (Conv2DTr (None, 4, 4, 1)           10
=================================================================
Total params: 10
Trainable params: 10
Non-trainable params: 0
_________________________________________________________________
```

从模型摘要可知，此时 N 为 2，F 为 3，S 默认为 1，参数 padding 默认值为“valid”，故 P 为 0，所以利用公式得到的输出尺寸为 $(2-1)\times 1-2\times 0+3=4$，与模型摘要中的输出尺寸(4,4)相同。

以下代码创建一个简单的 2×2 的二维输入数组，并查看经过反卷积操作后的输出数组。

```
X = np.array([[1,2],[3,4]])
print('查看输入数组的形状：',X.shape)
print('查看输入数组：','\n',X)
X = X.reshape((1,2,2,1))
y = model.predict(X)
y = y.reshape(4,4)
print('查看经过反卷积操作后的输出数据的形状：',y.shape)
print('查看经过反卷积操作后的输出数组：','\n',y)
```

输出结果为：

```
查看输入数组的形状： (2, 2)
查看输入数组：
 [[1 2]
 [3 4]]
查看经过反卷积操作后的输出数据的形状： (4, 4)
查看经过反卷积操作后的输出数组：
 [[ 0.45869058  0.7828314  -0.264967    0.00826532]
 [ 0.9798972   1.0494299   0.22988725 -0.11475796]
 [-1.4238336  -0.31333017  2.395804   -0.40238786]
 [-0.7059281   0.5887265   1.8302363  -0.2796209 ]]
```

2. 构建生成器

构建的生成器的网络结构如下。

- 输入数据形状为潜在空间大小（latent_size）100，输出神经元数量为 6272（$7\times 7\times 128$）一个的全连接层。
- 将输出形变为(7,7,128)。
- 批标准化层。
- 2D 反卷积层，其中滤波器数量参数 filters 为 64，卷积核大小参数 kernel_size 为 5，步长参数 strides 为 2，边缘填充参数 padding 为“same”，激活函数参数 activation 为“relu”。
- 批标准化层。
- 输出为三维的 2D 反卷积层，激活函数参数 activation 为“tanh”。

以下代码可构建上述生成器网络。

```
latent_size = 100
generator = keras.models.Sequential([
    keras.layers.Dense(7 * 7 * 128, input_shape=[latent_size]),
    keras.layers.Reshape([7, 7, 128]),
    keras.layers.BatchNormalization(),
    keras.layers.Conv2DTranspose(64, kernel_size=5, strides=2, padding="same",
                                 activation="relu"),
    keras.layers.BatchNormalization(),
    keras.layers.Conv2DTranspose(1, kernel_size=5, strides=2, padding="same",
                                 activation="tanh"),
```

```
])
generator.summary()
```

创建的生成器的网络结构如下。

```
Model: "sequential"
_________________________________________________________________
Layer (type)                 Output Shape              Param #
=================================================================
dense (Dense)                (None, 6272)              633472
_________________________________________________________________
reshape (Reshape)            (None, 7, 7, 128)         0
_________________________________________________________________
batch_normalization (BatchNo (None, 7, 7, 128)         512
_________________________________________________________________
conv2d_transpose (Conv2DTran (None, 14, 14, 64)        204864
_________________________________________________________________
batch_normalization_1 (Batch (None, 14, 14, 64)        256
_________________________________________________________________
conv2d_transpose_1 (Conv2DTr (None, 28, 28, 1)         1601
=================================================================
Total params: 840,705
Trainable params: 840,321
Non-trainable params: 384
_________________________________________________________________
```

3. 构建判别器

判别器从图像开始反向进行构建，最后输出损失值。构建的判别器的网络结构如下。

- 2D 卷积层，其中滤波器数量参数 filters 为 64，卷积核大小参数 kernel_size 为 5，步长参数 strides 为 2，边缘填充参数 padding 为“same”，激活函数参数 activation 为“LeakyReLU”。
- Dropout 层。
- 2D 卷积层，其中，滤波器数量参数 filters 为 128，卷积核大小参数 kernel_size 为 5，步长参数 strides 为 2，边缘填充参数 padding 为“same”，激活函数参数 activation 为“LeakyReLU”。
- Dropout 层。
- 平坦层。
- 全连接层，神经元数量为 1，激活函数参数 activation 为“sigmoid”。

以下代码用于创建判别器。

```
discriminator = keras.models.Sequential([
    keras.layers.Conv2D(64, kernel_size=5, strides=2, padding="same",
                        activation=keras.layers.LeakyReLU(0.2),
                        input_shape=[28, 28, 1]),
    keras.layers.Dropout(0.4),
    keras.layers.Conv2D(128, kernel_size=5, strides=2, padding="same",
                        activation=keras.layers.LeakyReLU(0.2)),
    keras.layers.Dropout(0.4),
    keras.layers.Flatten(),
    keras.layers.Dense(1, activation="sigmoid")
])

discriminator.summary()
```

创建的判别器的网络结构如下。

```
Model: "sequential_1"
_________________________________________________________________
Layer (type)                 Output Shape              Param #
=================================================================
```

```
conv2d (Conv2D)              (None, 14, 14, 64)        1664
_________________________________________________________________
dropout (Dropout)            (None, 14, 14, 64)        0
_________________________________________________________________
conv2d_1 (Conv2D)            (None, 7, 7, 128)         204928
_________________________________________________________________
dropout_1 (Dropout)          (None, 7, 7, 128)         0
_________________________________________________________________
flatten (Flatten)            (None, 6272)              0
_________________________________________________________________
dense_1 (Dense)              (None, 1)                 6273
=================================================================
Total params: 212,865
Trainable params: 212,865
Non-trainable params: 0
_________________________________________________________________
```

4．生成 DCGAN

首先对判别器进行编译，采用 RMSProp 优化器，binary_crossentropy 损失函数。

```
discriminator.compile(loss="binary_crossentropy", optimizer="rmsprop")
```

接着堆叠生成器和判别器，记住需要将判别器冻结，运行以下代码，生成 DCGAN 的网络结构如图 7-6 所示。

```
# 编译判别器
discriminator.compile(loss="binary_crossentropy",
optimizer="rmsprop")
# 生成 DCGAN（叠加生成器和判别器）
# 冻结判别器，只训练生成器
discriminator.trainable = False
# 堆叠生成器和判别器
dcgan = keras.models.Sequential([generator,
discriminator])
dcgan.compile(loss="binary_crossentropy",
optimizer="rmsprop")
# 查看 DCGAN 网络结构
keras.utils.plot_model(dcgan, show_shapes=True)
```

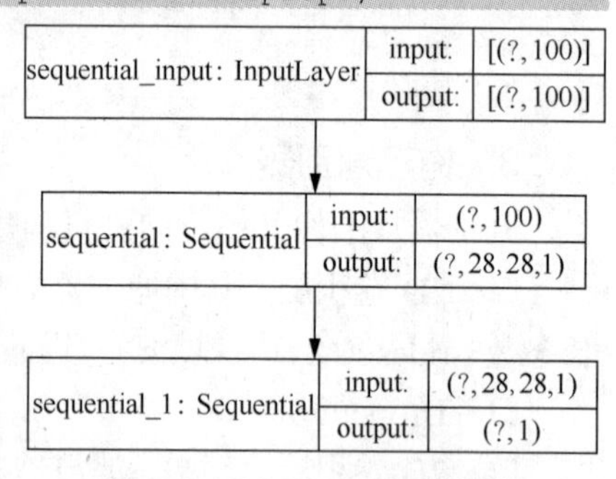

图 7-6　DCGAN 的网络结构

7.3 案例实训：使用 GAN 和 DCGAN 生成数字 5 图像

本节将使用基于 MNIST 训练集中的手写数字 5 分别训练 GAN 和 DCGAN，并使用训练好的 GAN 生成数字 5 的图像。

1．使用 GAN 生成数字 5 图像

因为 GAN 属于无监督模型，所以此案例在模型训练时不需要用到 MNIST 数据集的标签数据。运行以下代码完成 MNIST 训练集的数字 5 图像数据加载，并查看训练集前 20 幅图像，结果如图 7-7 所示。

```
import numpy as np
import tensorflow as tf
from tensorflow import keras
import matplotlib.pyplot as plt
import math

# 加载 MNIST 训练集的数字 5 图像数据
(x_train, y_train), (_, _) = keras.datasets.mnist.load_data()
```

```
x_train = x_train[y_train==5]
# 查看训练集前 20 幅图像
def plot_images(data,n=20):
    plt.figure(figsize=(20,4))
    for i in range(n):
        plt.subplot(math.ceil(n/10),10,i+1)
        plt.xticks([])
        plt.yticks([])
        plt.grid(False)
        plt.imshow(data[i])

plot_images(x_train,20)
```

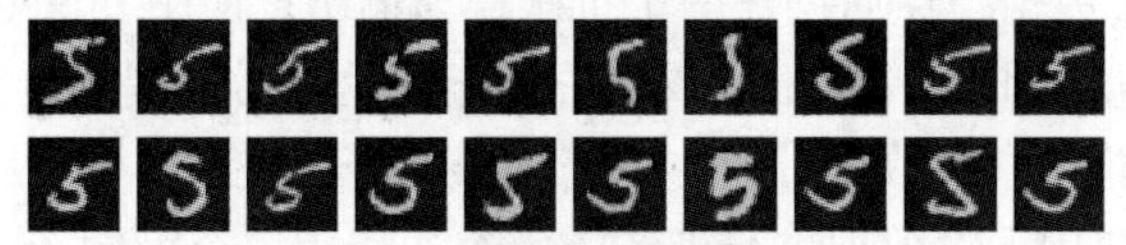

图 7-7 训练集前 20 幅图像

由于 x_train 原来的取值范围为[0,255]，所以需要将尺度范围转化为[-1,1]，通过以下代码实现。

```
x_train = x_train.astype(np.float32) / 127.5 - 1.
```

在训练过程中，生成器和判别器的目标相反：判别器希望从真实图像中识别出生成的图像，而生成器则希望生成足够真实的图像来欺骗判别器。因此，每个迭代训练都分为两个阶段，第一阶段是训练判别器，第二阶段是训练生成器，所以使用 train_on_batch()方法进行分布训练。GAN 的整个训练过程如下。

- 从训练集中随机抽取 batch_size 大小为 32 的真图像数据。
- 使用正态分布对潜在空间的点进行随机采用，利用噪声数据生成 32 幅假图像的数据。
- 合并 32 幅真实图像和 32 幅生成图像的数据。
- 合并标签数据，真实图像的标签为 1，生成图像的标签为 0。
- 训练判别器。
- 通过 GAN 来训练生成器，此时需冻结判别器权重。

迭代训练 GAN 的实现代码如下。

```
def train_gan(gan, dataset, batch_size, latent_size, n_epochs=10):
    generator, discriminator = gan.layers
    # 真实图像判定为 1，生成图像判定为 0
    valid = tf.constant([[1.]] * batch_size)
    fake = tf.constant([[0.]] * batch_size)
    for epoch in range(n_epochs):
        print("Epoch {}/{}".format(epoch + 1, n_epochs))
        for x_batch in dataset:
            # 创建噪声数据
            noise = tf.random.normal(shape=[batch_size, latent_size])
            # 使用噪声生成图像
            generated_images = generator(noise)
            # 合并真实图像和生成图像
            X_fake_and_real = tf.concat([x_batch,generated_images], axis=0)
            # 合并真实图像标签和生成图像标签
            y1 = tf.concat([valid,fake], axis=0)
            discriminator.trainable = True
            discriminator.train_on_batch(X_fake_and_real, y1)
            # 创建噪声数据
```

```
            noise = tf.random.normal(shape=[batch_size, latent_size])
            # 冻结判别器，只训练生成器
            discriminator.trainable = False
            # 希望生成器能错误地判断生成图像均为真实图像，故此时标签为 1
            gan.train_on_batch(noise, valid)
    # 绘制前 20 幅生成的图像
    plot_images(generated_images, 20)
    plt.show()
```

下列代码实现以下操作：使用 tf.data.Dataset.from_tensor_slices()函数将数组转换为 tf.data.Dataset 对象；使用 shuffle()方法随机地打乱数据集中的数据；使用 batch()方法从其输入中收集 batch_size 个数据，然后创建一个批次作为输出；使用 prefetch()方法预取部分数据（实现在处理当前数据的同时准备后面要处理的数据，这通常会提高延迟和吞吐量，但代价是使用额外的内存来存储预取的数据），其参数 buffer_size 表示一个训练迭代中消费的样本数量，由于大部分模型使用批次数据进行训练，每个迭代用 1 个批次，因此 buffer_size=1。

```
# 定义批次大小
batch_size = 32
# 转换为 tf.data.Dataset 对象
dataset = tf.data.Dataset.from_tensor_slices(x_train)
# 通过 shuffle()方法随机地打乱数据集中的数据
dataset = dataset.shuffle(1024)
# 通过 batch()方法收集 batch_size 个数据，通过 prefetch()方法预取部分数据
dataset = dataset.batch(batch_size, drop_remainder=True).prefetch(1)
```

运行以下代码迭代训练 GAN，并对每次迭代生成的前 20 幅图像进行可视化。

```
train_gan(gan, dataset, batch_size, latent_size)
```

第 1 次迭代生成的图像能看出数字 5 轮廓，周围有很多噪声，如图 7-8 所示。

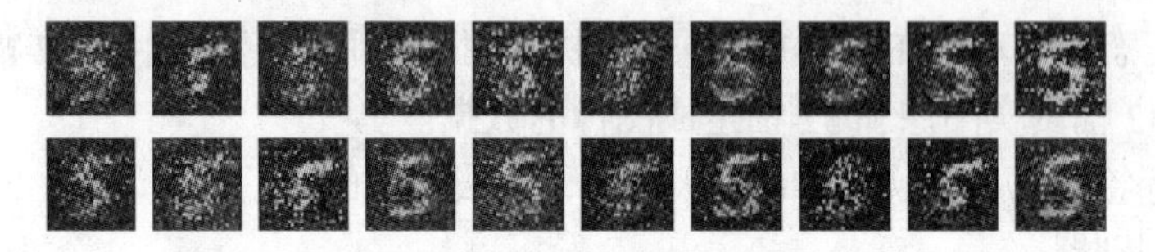

图 7-8　第 1 次迭代生成的图像

第 2 次迭代生成的图像能清晰地看出数字 5 轮廓，周围的噪声也少了很多，如图 7-9 所示。

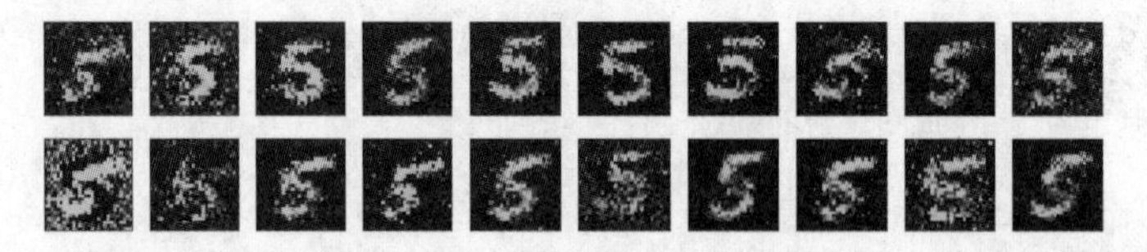

图 7-9　第 2 次迭代生成的图像

第 10 次迭代生成的图像如图 7-10 所示。

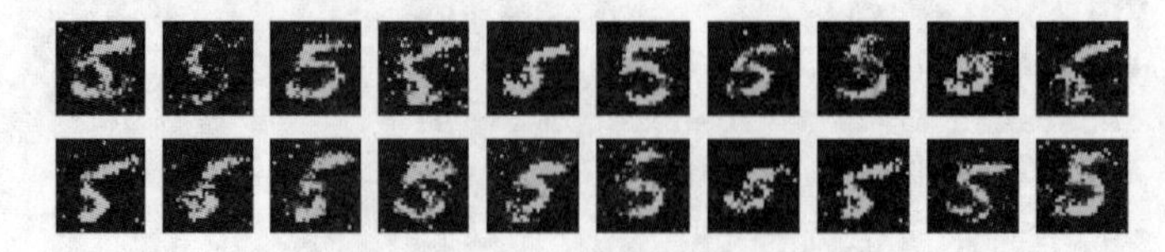

图 7-10　第 10 次迭代生成的图像

2. 使用 DCGAN 生成数字 5 图像

在训练 DCGAN 前，还需对训练集进行预处理，将其数值范围从[0,255]转换为[-1,1]，并

将数据从三维变成四维，运行以下代码实现。

```
(x_train, y_train), (_, _) = keras.datasets.mnist.load_data() # 加载MNIST数据集
x_train = x_train[y_train==5] # 提取训练集中数字5的相关数据
x_train_dcgan = x_train.astype(np.float32) / 127.5 - 1.  # 将数值范围从[0,255] 转换为[-1,1]
x_train_dcgan = x_train_dcgan.reshape(-1,28,28,1) # 从三维变成四维
print('x_train形状为：',x_train.shape,'\n','x_train_dcgan形状为：',x_train_dcgan.shape)
print('x_train的最小值为：',x_train.min(),='\n','x_train的最大值为：',x_train.max())
print('x_train_dcgan的最小值为：',x_train_dcgan.min(),'\n',
      'x_train_dcgan的最大值为：',x_train_dcgan.max())
```

输出结果为：

```
x_train形状为： (5421, 28, 28)
x_train_dcgan形状为： (5421, 28, 28, 1)
x_train的最小值为： 0
x_train的最大值为： 255
x_train_dcgan的最小值为： -1.0
x_train_dcgan的最大值为： 1.0
```

与使用GAN相似，通过以下代码将训练集转换为tf.data.Dataset对象。

```
# 定义批次大小
batch_size = 32
# 转换为tf.data.Dataset对象
dataset = tf.data.Dataset.from_tensor_slices(x_train_dcgan)
# 通过shuffle()方法随机地打乱数据集中的数据
dataset = dataset.shuffle(1024)
# 通过batch()方法收集batch_size个数据，通过prefetch()方法预取部分数据
dataset = dataset.batch(batch_size, drop_remainder=True).prefetch(1)
```

最后，继续使用DCGAN的迭代训练函数train_gan()，运行以下代码训练DCGAN，并查看迭代周期内对噪声数据生成图像5的效果。

```
train_gan(dcgan, dataset, batch_size, latent_size)
```

迭代1次后生成的图像能清晰地显示数字5轮廓，且噪声数据少，如图7-11所示。

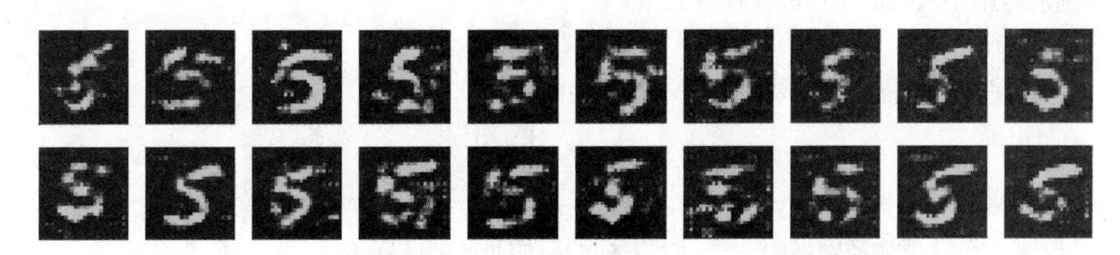

图7-11 迭代1次后生成的数字5图像

迭代2次后生成的数字5图像周围几乎没有什么噪声数据了，如图7-12所示。

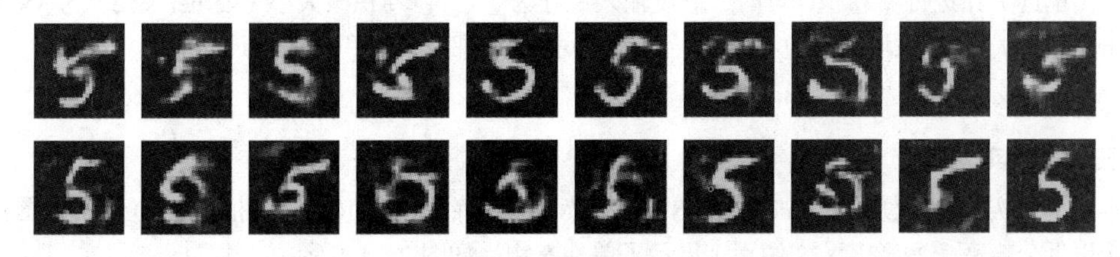

图7-12 迭代2次后生成的数字5图像

迭代 10 次后生成的数字 5 图像如图 7-13 所示。

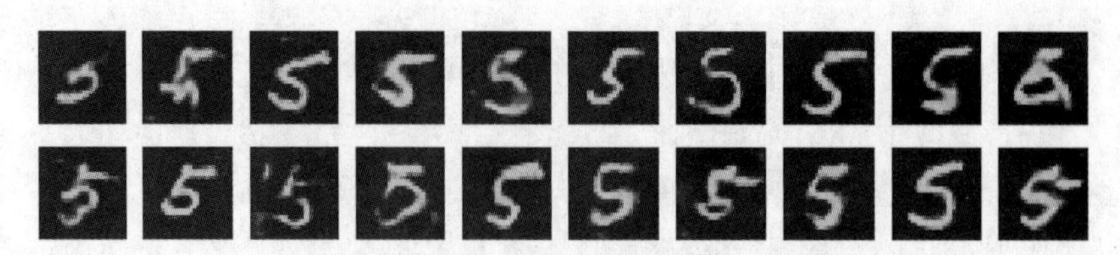

图 7-13　迭代 10 次后生成的数字 5 图像

可见，与 GAN 相比，DCGAN 能用更少的训练周期获得更加清晰的图像。

【本章知识结构图】

本章首先介绍了 GAN 和 DCGAN 的基本原理及 Keras 实现，然后通过案例实践分别使用 GAN 和 DCGAN 生成手写数字 5 图像。可扫码查看本章知识结构图。

扫一扫

【课后习题】

一、判断题

1. GAN 由生成器和判别器两个神经网络生成。(　　)

   A. 正确　　　　B. 错误

2. 判别器用于从噪声中生成假样本数据。(　　)

   A. 正确　　　　B. 错误

3. GAN 在训练过程中，需要将判别器设置为冻结。(　　)

   A. 正确　　　　B. 错误

二、选择题

1.（单选）在卷积神经网络中，进行上采样的目的是（　　）。

   A. 得到更低分辨率的图像　　　　B. 得到更高分辨率的图像

   C. 使得输出尺寸比输入尺寸小　　　　D. 保持输出尺寸与输入尺寸一致

2.（单选）在进行反卷积计算时，假设输入尺寸为 2×2，卷积核大小（kernel_size）为 3×3，步长（strides）为 1，边缘填充参数（padding）为“valid”，那么反卷积的输出尺寸为（　　）。

   A. 2×2　　B. 3×3　　C. 4×4　　D. 5×5

三、上机实验题

本章上机实验题将使用 Fashion-MNIST 训练集。该训练集包含 10 个类别的 60000 幅灰度图像。这些图像以低分辨率（28 像素×28 像素）展示了单件衣物，如图 7-14 所示。

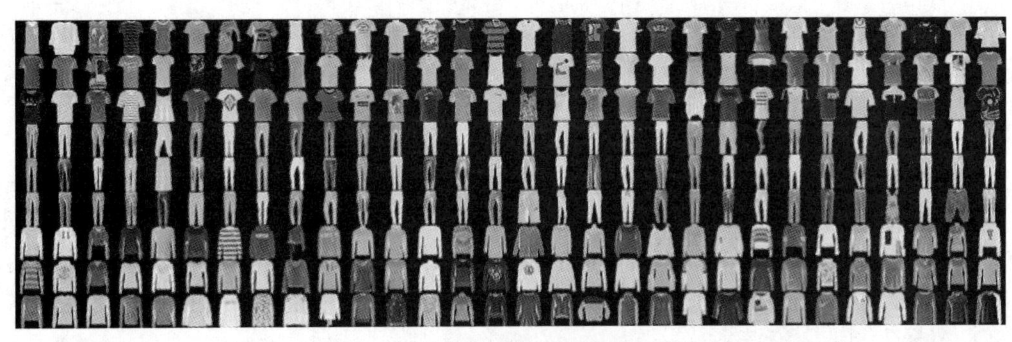

图 7-14　单件衣物展示

1. Fashion-MNIST 数据集的类别标签为 0～9，其中数字 1 是裤子（Trouser）的灰度图像的标签，请提取训练集中所有标签为 1 的裤子的灰度图像（共 6000 幅），并可视化展示前 32 幅裤子的灰度图像，如图 7-15 所示。

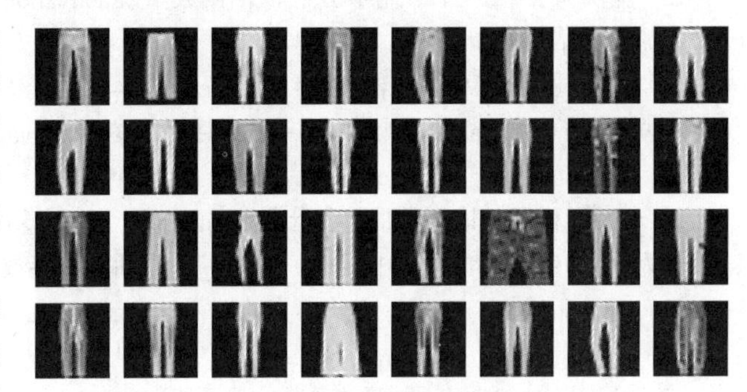

图 7-15　裤子灰度图像

2. 使用 tf.random.normal()函数创建一个形状为(32,50)的服从均值为 0、标准差为 1.0 的正态分布的二维数组，并使用 GAN 生成裤子的灰度图像。

其中，生成器的网络结构如下。

- 全连接层，其中神经元数量为 100 个，激活函数为 LeakyReLU，输入数据形状大小为 50。
- 全连接层，其中神经元数量为 150 个，激活函数为 LeakyReLU。
- 全连接层，其中神经元数量为 784 个，激活函数为 Tanh。
- Reshape 层，通过 keras.layers.Reshape()形变为(28,28)。

判别器的网络结构如下。

- 平坦层，通过 keras.layers.Flatten()展平，输入形状为(28,28)。
- 全连接层，其中神经元数量为 150，激活函数为 ReLU。
- 全连接层，其中神经元数量为 100，激活函数为 ReLU。
- 全连接层，其中神经元数量为 1，激活函数为 Sigmoid。

在模型编译时，损失函数采用 binary_crossentropy，优化器采用 RMSProp。在模型训练时，批次大小为 32，训练周期为 30。请编写能给出图 7-16 所示的第 1 次迭代和第 30 次迭代生成的图像截图的代码。

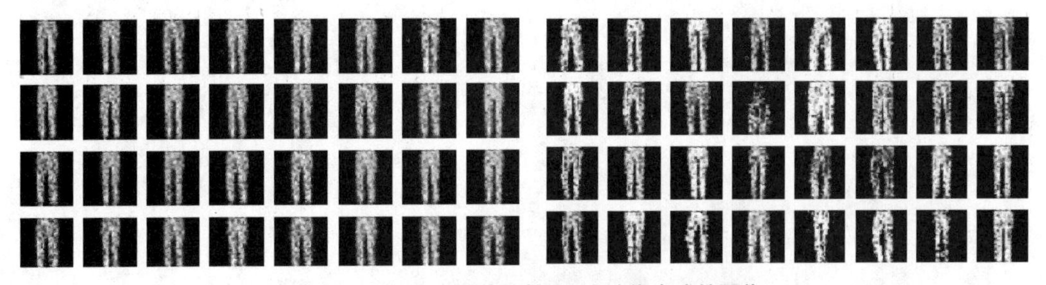

图 7-16　第 1 次迭代和第 30 次迭代生成的图像

3．使用 tf.random.normal()函数创建一个形状为(32,100)的服从均值为 0、标准差为 1.0 的正态分布的二维数组，并使用 DCGAN 生成裤子的灰度图像。

其中，生成器的网络结构如下。

- 全连接层，其中神经元数量有 1372（$7\times7\times28$）个，输入数据形状大小为 1×100。
- Reshape 层，通过 keras.layers.Reshape()形变为(7,7,28)。
- 批标准化层。
- 2D 反卷积层，其中，滤波器数量参数 filters 为 64，卷积核大小参数 kernel_size 为 5，步长参数 strides 为 2，边缘填充参数 padding 为“same”，激活函数参数 activation 为“relu”。
- 批标准化层。
- 输出为三维的 2D 反卷积层，激活函数参数 activation 为“tanh”。

判别器网络结构如下。

- 2D 卷积层，其中滤波器数量参数 filters 为 64，卷积核大小参数 kernel_size 为 5，步长参数 strides 为 2，边缘填充参数 padding 为“same”，激活函数参数 activation 为“LeakyReLU”。
- Dropout 层。
- 2D 卷积层，其中滤波器数量参数 filters 为 128，卷积核大小参数 kernel_size 为 5，步长参数 strides 为 2，边缘填充参数 padding 为“same”，激活函数参数 activation 为“LeakyReLU”。
- Dropout 层。
- 平坦层。
- 全连接层，神经元数量为 1，激活函数为 Sigmoid。

在模型编译时，损失函数采用 binary_crossentropy，优化器采用 RMSProp。在模型训练时，批次大小为 32，训练周期为 5。请编写能给出图 7-17 所示的第 1 次迭代和第 5 次迭代生成的图像截图的代码。

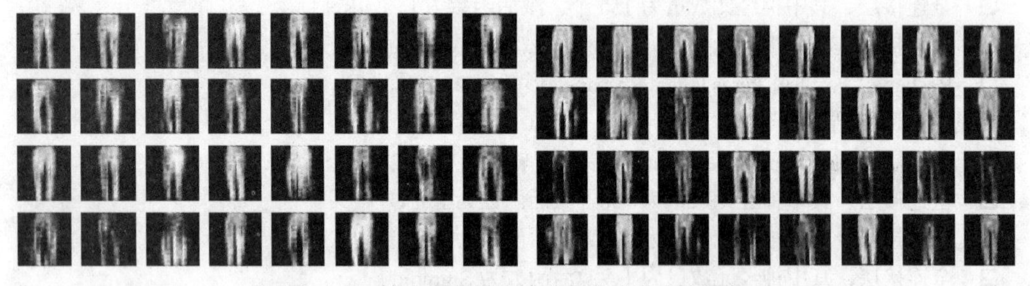

图 7-17　第 1 次迭代和第 5 次迭代生成的图像

第8章 模型评估及模型优化

学习目标

1. 掌握数值预测（回归模型）常用的评估方法及 Scikit-learn 实现；
2. 掌握概率预测（分类模型）常用的评估方法及 Scikit-learn 实现；
3. 掌握基于梯度下降和自适应学习率算法的模型优化及 Keras 实现；
4. 掌握基于网格搜索的模型优化及 Scikit-learn 实现；
5. 掌握在 tf.keras 中使用 Scikit-learn 优化模型；
6. 掌握使用 KerasTuner 进行超参数调节。

导　言

有监督学习的预测可以划分为数值预测和分类预测，当因变量为连续值时采用数值预测模型；当因变量为离散值时采用分类预测模型。分类预测模型预测的类别是根据模型对样本各类别预测概率值得到的可能类别，故分类预测通常又称为概率预测。在本章中，我们先学习数值预测和分类预测模型性能评估的常用手段；再学习如何对模型进行优化，得到最优模型；然后学习如何在 tf.keras 中使用 Scikit-learn 的交叉验证和网格搜索方法评估及优化模型；最后学习使用 KerasTuner 对模型进行超参数调节的技巧。

8.1 模型评估

扫一扫

预测通常有两大类应用场景：第一类是预测某指标的取值，常称为数值预测或回归预测，数值预测模型性能主要通过均方误差、均方根误差、平均绝对误差等指标来评估；第二类是预测某事物出现的概率，常称为概率预测或分类预测，这类预测的评估常以混淆矩阵为基础，计算准确率、真正率、真负率等指标。如果是二分类预测，常通过绘制受试者操作特征（Receiver Operator Characteristic，ROC）曲线的可视化方法来评估模型性能。

8.1.1 数值预测评估方法

对于数值预测效果的评估，主要是比较预测值与真实值的接近程度。预测值表现得越接近，模型预测效果越好；表现得越远离，模型预测效果越差。

数值预测常见的评估指标有绝对误差、相对误差、平均绝对误差、均方误差、标准化均方误差、均方根误差、判定系数等。接下来，让我们来学习这些指标的定义。

假设用 $y_i, i \in [1,n]$ 表示真实值，用 $\hat{y}_i, i \in [1,n]$ 表示预测值，则可用如下指标评估数值预测模型效果。

（1）绝对误差（absolute error，记为 E），它表示预测值与真实值之差，其绝对值越小越好，但是会有正负之分。其定义为：

$$E_i = y_i - \hat{y}_i, i \in [1, n]$$

（2）相对误差（relative error，记为 e），它表示预测值比真实值差百分之多少，同样，其绝对值越小越好，但也会有正负之分。其定义为：

$$e_i = \frac{y_i - \hat{y}_i}{y_i}, i \in [1, n]$$

（3）平均绝对误差（Mean Absolute Error，MAE），与绝对误差相比，它取了绝对值，避开了正负误差不能直接相加的问题。其定义为：

$$\text{MAE} = \frac{1}{n}\sum_{i=1}^{n}|E_i| = \frac{1}{n}\sum_{i=1}^{n}|y_i - \hat{y}_i|, i \in [1, n]$$

（4）均方误差（Mean Squared Error，MSE），与平均绝对误差相比，它取了绝对误差值的平方，这与取绝对值相比，提高了误差的作用，即对误差的估计更加敏感。其定义为：

$$\text{MSE} = \frac{1}{n}\sum_{i=1}^{n}{E_i}^2 = \frac{1}{n}\sum_{i=1}^{n}\left(y_i - \hat{y}_i\right)^2, i \in [1, n]$$

（5）标准化均方误差（Normalized Mean Squared Error，NMSE），它对均方误差做了标准化处理。其定义为：

$$\text{NMSE} = \frac{\sum_{i=1}^{n}\left(y_i - \hat{y}_i\right)^2}{\sum_{i=1}^{n}\left(y_i - \overline{y}\right)^2}, i \in [1, n]$$

（6）均方根误差（Root Mean Squared Error，RMSE），它是均方误差的平方根，表示预测值与真实值的平均偏离程度。其定义为：

$$\text{RMSE} = \sqrt{\text{MSE}} = \sqrt{\frac{1}{n}\sum_{i=1}^{n}{E_i}^2} = \sqrt{\frac{1}{n}\sum_{i=1}^{n}\left(y_i - \hat{y}_i\right)^2}, i \in [1, n]$$

（7）判定系数（coefficient of determination，记为 R^2），用于度量因变量的变异中可由自变量解释部分所占的比例，以此来判断回归模型的解释力。在多元回归模型中，判定系数的取值范围为 $[0,1]$，取值越接近 1，说明回归模型拟合程度越好，模型的解释性越强。其定义为：

$$R^2 = 1 - \frac{\sum_{i=1}^{n}\left(y_i - \hat{y}_i\right)^2}{\sum_{i=1}^{n}\left(y_i - \overline{y}\right)^2} = \frac{\sum_{i=1}^{n}\left(\hat{y}_i - \overline{y}\right)^2}{\sum_{i=1}^{n}\left(y_i - \overline{y}\right)^2} = \frac{\text{SSA}}{\text{SST}}$$

其中，SSA 为回归平方和，SST 为总离差平方和。

但是仅依靠判定系数我们并不能知道回归模型是否符合要求，因为判定系数不考虑自由度，所以计算值存在偏差。为了得到准确的评估结果，我们往往会使用经过调整的判定系数进行无偏差估计。调整的判定系数定义为：

$$\overline{R}^2 = 1 - \left(1 - R^2\right)\frac{n-1}{n-p-1}$$

其中，n 是样本个数，p 是自变量的个数。

（8）赤池信息量（Akaike Information Criterion，AIC）准则，即最小信息准则，AIC 值越小说明模型效果越好，模型本身越简洁。其定义为：

$$\mathrm{AIC}=2k+n\left(\log\left(\frac{\mathrm{RSS}}{n}\right)\right)$$

其中，k 是参数个数，n 为观察数量，RSS 为残差平方和，其定义为 $\sum_{i=1}^{n}\left(\hat{y}_i-y_i\right)^2$。

数值预测模型训练好后，可以使用 Scikit-learn 中的 metrics 子包轻松实现各种评估指标。metrics 子包中常用的回归评估指标如表 8-1 所示。

表 8-1 Scikit-learn 库 metrics 子包中常用的回归评估指标

回归评估指标	指标含义
explained_variance_score	可解释的方差分数
max_error	最大误差
mean_absolute_error	平均绝对误差
mean_squared_error	均方误差
mean_squared_log_error	均方误差对数
median_absolute_error	中值绝对误差
r2_score	判决系数

8.1.2 概率预测评估方法

概率是指事物出现的可能性。概率预测是对分类问题中某类出现概率的描述，本质上是分类问题（通过各类别出现的概率大小确定取某一类）。概率预测的常用评估方法有混淆矩阵、ROC 曲线、洛伦兹（Kolmogorov-Smirnov，KS）曲线等。

1. 混淆矩阵

处理分类问题的评估思路，最常见的就是通过混淆矩阵，结合分析图表进行综合评估。二元分类混淆矩阵如表 8-2 所示。

表 8-2 二元分类混淆矩阵

实际类别	预测类别	
	正	负
正	TP	FN
负	FP	TN

先对表 8-2 中的 TP、TN、FP、FN 进行解释。

- TP（True Positive）：指模型预测为正（1），并且实际上也的确是正的观测对象的数量。
- TN（True Negative）：指模型预测为负（0），并且实际上也的确是负的观测对象的数量。

- FP（False Positive）：指模型预测为正，但是实际上是负的观测对象的数量。
- FN（False Negative）：指模型预测为负，但是实际上是正的观测对象的数量。

接下来，可以根据混淆矩阵得到以下评估指标。

准确率（accuracy）：模型总体的正确率，指模型正确预测为正和负的观测对象的数量与观测对象总数的比值，公式如下。

$$\frac{TP+TN}{TP+FP+FN+TN}$$

错误率（error rate）：模型总体的错误率，指模型错误预测为正和负的观测对象的数量与观测对象总数的比值，即 1 减去准确率的差值，公式如下。

$$1-\frac{TP+TN}{TP+FP+FN+TN}$$

灵敏性（sensitivity）：又叫召回率、击中率或真正率，指模型正确预测为正的观测对象与全部观测对象中实际为正的观测对象数量的比值，公式如下。

$$\frac{TP}{TP+FN}$$

特效性（specificity）：又叫真负率，指模型正确预测为负的观测对象与全部观测对象中实际为负的观测对象数量的比值，公式如下。

$$\frac{TN}{TN+FP}$$

精度（precision）：指模型正确预测为正的观测对象与模型预测为正的观测对象总数的比值，公式如下。

$$\frac{TP}{TP+FP}$$

错正率（False Positive Rate，FPR）：又叫假正率，指模型错误地预测为正的观测对象数量与实际为负的观测对象数量的比值，即 1 减去真负率，公式如下。

$$\frac{FP}{TN+FP}$$

负元正确率（negative predictive rate）：模型正确预测为负的预测对象数量与模型预测为负的观测对象总数的比值，公式如下。

$$\frac{TN}{TN+FN}$$

正元错误率（false discovery rate）：模型错误预测为正的观测对象数量与模型预测为正的观测对象总数的比值，公式如下。

$$\frac{FP}{TP+FP}$$

提升率（lift rate）：它表示经过模型，预测能力提升了多少，通常与不利用模型相比较（一般为随机情况），公式如下。

$$\frac{TP/(TP+FP)}{(TP+FN)/(TP+FP+FN+TN)}$$

以上评估指标中，强调预测准确程度的评估指标有准确率、精度和提升率，强调预测覆盖程度的评估指标有灵敏性/召回率、特效性和错正率。

还可以用 F1 评分来既强调覆盖程度又强调预测准确程度，其为精度和灵敏性的调和平均，公式如下。

$$F1=\frac{2(\text{Precision}\times\text{Specificity})}{\text{Precision}+\text{Specificity}}=\frac{2TP}{2TP+FP+FN}$$

2. ROC 曲线

ROC 曲线来源于信号检测理论，它显示了给定模型的真正率与假正率之间的比较与评定。给定一个二元分类问题，通过对测试集可以正确预测为正的比例与模型将负错误地预测为正的比例进行分析，来进行不同模型的准确程度的比较与评定。真正率的增加是以假正率的增加为代价的。ROC 曲线下面的面积（Area Under Curve，AUC）就是比较模型准确程度的指标和依据。AUC 大的模型对应的模型准确程度要高，也就是要择优应用的模型。AUC 越接近 0.5，对应的模型的准确程度就越低。AUC 值越接近 1，模型效果越好，通常情况下，当 AUC 在 0.8 以上时，模型就基本可以被接受了。ROC 曲线如图 8-1 所示。

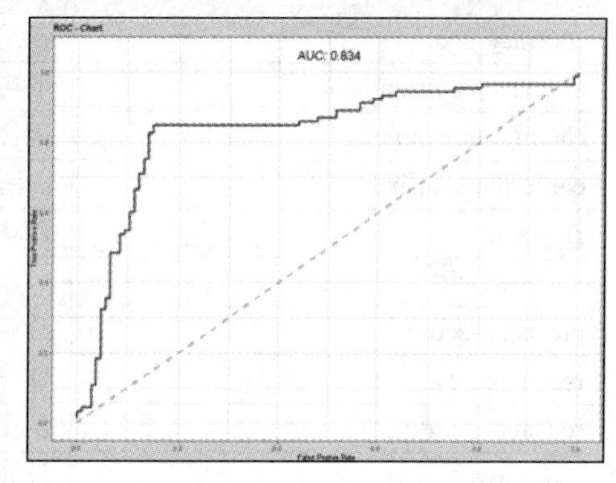

图 8-1　ROC 曲线

图 8-1 中的实线就是 ROC 曲线。图 8-1 中以假正率为 x 轴，代表在所有正样本中，被判断为假正的概率，又写作 1-Specificity；以真正率（True Positive Rate，TPR）为 y 轴，代表在所有正样本中，被判断为真正的概率，又称为灵敏性。可见，ROC 曲线的绘制还是非常容易的。只要利用预测为正的概率值对样本进行降序排序，再计算出从第一个样本累积到最后一个样本的真正率和假正率，就可以绘制 ROC 曲线了。

3. KS 曲线

KS 曲线基于 Kolmogorov-Smirnov 的两样本检验的思想，按预测概率从大到小的顺序划分等分位数来分别统计正负样本的累积函数分布，并检验其一致性。分布相差越大，模型效果越好；分布相差越小，模型效果越差。KS 曲线如图 8-2 所示。

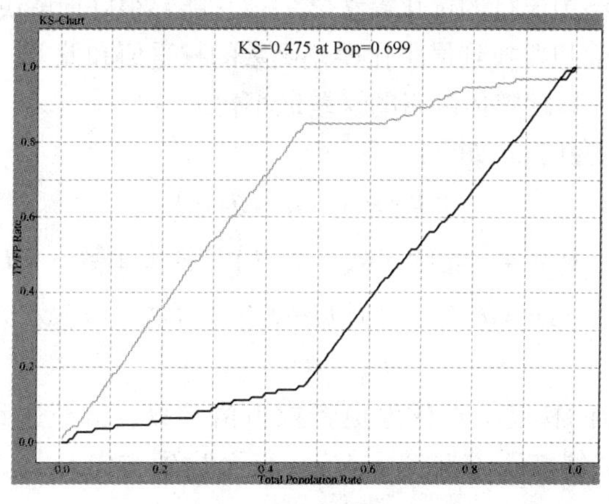

图 8-2　KS 曲线

图 8-2 中的两条折线分别代表各分位点下的正例覆盖率和负例覆盖率，通过两条曲线很难对模型的好坏做出评估，一般会选用最大的 KS 值作为衡量指标。KS 的计算公式为：KS= Sensitivity-(1- Specificity)= Sensitivity+ Specificity-1。对于 KS 值而言，也是希望它越大越好，通常情况下，KS 值大于 0.2，说明模型具有区分能力，预测效果可能达到使用要求。

概率预测模型训练好后，可以使用 Scikit-learn 中的 metrics 子包轻松实现各种评估指标。metrics 子包中常用的分类评估指标如表 8-3 所示。

表 8-3　Scikit-learn 库 metrics 子包中常用的分类评估指标

分类评估指标	指标含义
accuracy_score	分类模型的准确率得分
average_precision_score	平均精度
classification_report	包含主要评估方法结果的分类报告
confusion_matrix	混淆矩阵
f1_score	计算 F1 评分
log_loss	对数损耗，又称逻辑损耗或交叉熵损耗
precision_score	计算精度
recall_score	计算召回率
roc_auc_score	从预测分数中计算 ROC 曲线的面积
roc_curve	计算 ROC 曲线的横纵坐标值，即 TPR 和 FPR

8.2 模型优化

参数是指算法中的未知数，有的需要人为指定，比如神经网络算法中的学习率、训练周期等，这些参数在深度学习中又称为超参数；有的从数据中拟合而来，比如线性回归中的系数等。选定算法后进行建模时设定或得到的参数很可能不是最优或接近最优的，这时需要对参数进行优化以得到更优的预测模型。常用的模型参数优化方法主要包括基于梯度下降的优化、自适应学习率算法、网格搜索、防止模型过拟合等。

8.2.1 基于梯度下降的优化

扫一扫

梯度下降是神经网络中流行的优化算法之一，它能够很好地解决一系列问题。一般情况下，我们想要找到最小化误差函数的权重值和偏差。梯度下降算法迭代地更新参数，以使整体网络的误差最小化。

梯度下降算法参数更新公式如下。

$$\theta_{t+1} = \theta_t - \eta \cdot \nabla J(\theta_t)$$

其中，η 是学习率，θ_t 是第 t 轮的参数，$J(\theta_t)$ 是损失函数，$\nabla J(\theta_t)$ 是梯度。

为了表示简便，常令 $g_t = \nabla J(\theta_t)$，所以梯度下降算法可以表示为：

$$\theta_{t+1} = \theta_t - \eta \cdot g_t$$

该算法在损失函数的梯度上迭代地更新权重值参数，直至达到最小值。换句话说，我们沿着损失函数的“斜坡”方向“下坡”，直至达到“山谷”。基本思想大致如图 8-3 所示。

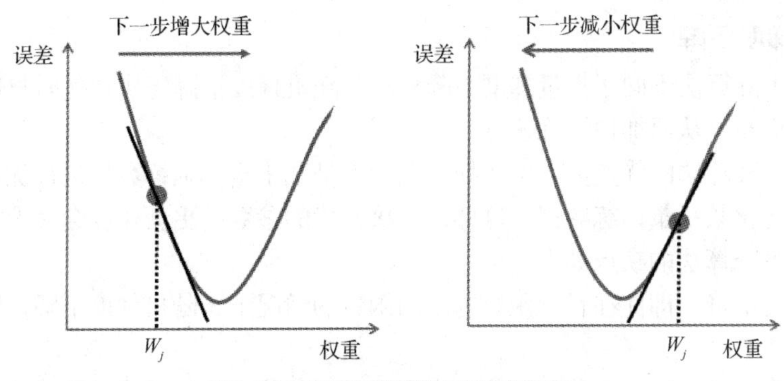

图 8-3　梯度下降算法的基本思想

从图 8-3 可知，如果偏导数为负，则权重值增大（图 8-3 的左侧部分）；如果偏导数为正，则权重值减小（图 8-3 的右侧部分）。

在梯度下降中一个重要的参数是步长，超参数学习率的值决定了步长的大小。一方面，如果学习率过小，必须经过多次迭代，算法才能收敛，这是非常耗时的。另一方面，如果学习率过大，你将跳过最低点，到达“山谷”的另一面，可能得到的值比上一次的还要大，这可能使得算法是发散的，函数值变得越来越大，永远不可能找到一个好的答案，如图 8-4 所示。

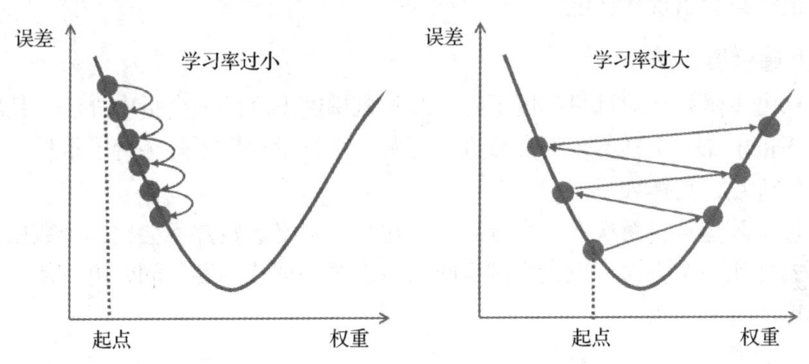

图 8-4　学习率过大或过小

梯度下降算法有 3 种不同的形式：批量梯度下降（Batch Gradient Descent，BGD）、随机梯度下降（Stochastic Gradient Descent，SGD）以及小批量梯度下降（Mini-Batch Gradient Descent，MBGD）。其中小批量梯度下降算法也常用在深度学习中进行对模型的训练。接下来，我们将对这 3 种不同的梯度下降算法进行介绍。

1. 批量梯度下降

批量梯度下降是最原始的形式，它是指在每一次迭代时使用所有样本来进行梯度的更新。

批量梯度下降算法的优点如下。

（1）一次迭代需对所有样本进行计算，此时利用矩阵进行操作，实现了并行。

（2）由全部数据集确定的方向能够更好地代表样本总体，从而更准确地向极值所在的方向前进。当目标函数为凸函数时，批量梯度下降一定能够得到全局最优解。

批量梯度下降算法的主要缺点为当样本数目很大时，每迭代一步都需要对所有样本计算，导致训练速度很慢。

2. 随机梯度下降

随机梯度下降算法不同于批量梯度下降算法。随机梯度下降每次迭代时只使用一个样本来对参数进行更新，从而加快训练速度。

随机梯度下降算法的优点为：由于损失函数不是基于全部训练数据进行优化，而是在每次迭代中随机优化某一条训练数据，这样每一次迭代的参数的更新速度会大大加快。

随机梯度下降算法的缺点如下。

（1）准确度下降，即使在目标函数为强凸函数的情况下，随机梯度下降仍旧无法做到线性收敛。

（2）可能会收敛到局部最优，因为单个样本并不能代表全体样本的趋势。

（3）不易于并行实现。

虽然随机性可以很好地跳过局部最优值，但它不能达到最小值。解决这个难题的一个办法是逐渐降低学习率。开始时，走的每一步较大（这有助于快速前进同时跳过局部最小值），然后变得越来越小，从而使算法到达全局最小值。决定每次迭代的学习率的函数称为 learning schedule。如果学习速度降低得过快，你可能会陷入局部最小值，甚至在到达最小值的半路就停止训练了。如果学习速度降低得过慢，你可能在最小值的附近长时间摆动，同时如果过早停止训练，最终只会出现次优值。

3. 小批量梯度下降

小批量梯度下降是相对批量梯度下降以及随机梯度下降的一个折中办法，其思想是：每次迭代使用 batch_size 个样本来对参数进行更新。小批量梯度下降融合了批量梯度下降和随机梯度下降的优点，具体如下。

（1）通过矩阵运算，每次在一个批次上优化神经网络参数并不会比单个数据慢太多。

（2）每次使用一个批次可以大大减少收敛所需要的训练周期，同时可以使收敛到的结果更加接近梯度下降的效果。

（3）可实现并行。

8.2.2 自适应学习率算法

从 8.2.1 小节可知，随机梯度下降是有一些缺点存在的。

为了更有效地训练模型，比较合理的一种做法是，对每个参与训练的参数设置不同的学习率，在整个学习的过程中通过一些算法自动适应这些参数的学习率。常用自适应学习率的算法有 AdaGrad、RMSProp、Adam 等。下面对这些算法的原理进行概述。

1. AdaGrad

AdaGrad（adaptive gradient）算法能够独立地适应所有模型参数的学习率。当参数的损失偏导数比较大时，它应该有一个比较大的学习率；而当参数的损失偏导数比较小时，它应该有一个比较小的学习率。因此，对于稀疏的数据，AdaGrad 的表现很好，能很好地提高随机梯度下降法的鲁棒性。

首先设全局学习率为 η，初始化的参数为 ω，并设置一个为了维持数值稳定性而添加的常数 ϵ，例如 10^{-7}，以及一个使用梯度按元素平方和累加的变量 r，并将其中每个元素初始化为 0。在每次迭代中，首先计算小批量梯度 g。然后将该梯度按元素计算平方和后累加到

变量 r 中。算法将循环执行以下步骤，在没有达到停止条件前不会停止。

（1）从训练集中取出包含 m 个样本的小批量数据 $\{x_1,x_2,\cdots,x_m\}$，数据对应的目标值用 y_i 表示。在小批量数据的基础上按照以下公式计算梯度：

$$g \leftarrow \frac{1}{m}\sum_i L\left(f\left(x_i,\omega\right),y_i\right), i \in (1,2,\cdots,m)$$

（2）计算累积平方梯度，并刷新 r：

$$r \leftarrow r + g \odot g$$

（3）计算参数的更新量：

$$\Delta\omega = -\frac{\eta}{\sqrt{r+\epsilon}} \odot g$$

（4）根据 $\Delta\omega$ 更新参数：

$$\omega \leftarrow \omega + \Delta\omega$$

在该算法中，每个参数的 $\Delta\omega$ 都与其所有梯度历史平方值总和的平方根（$\sqrt{r+\epsilon}$）成反比，可以实现独立地适应所有模型参数的学习率的目的。AdaGrad 算法在某些深度学习模型上能获得很不错的效果，但这并不能代表该算法能够适应所有模型。由于 r 一直在累加按元素计算平方和的梯度，每个元素的学习率在迭代过程中一直在降低或保持不变。所以在某些情况下，当学习率在迭代早期下降得较快但当前解仍不理想时，AdaGrad 在迭代后期可能较难找到一个有用的解。

2. RMSProp

为了解决 AdaGrad 学习率急剧下降的问题，欣顿于 2012 年提出了一种自适应学习率的 RMSProp 算法。RMSProp 算法采用了指数衰减的方式淡化历史对当前步骤参数更新量 $\Delta\omega$ 的影响。指数加权移动平均旨在消除梯度下降中的摆动，某一维度的导数比较大，则其指数加权平均就大，某一维度的导数比较小，则其指数加权平均就小，这样就保证了各维度导数都在一个量级，进而减少了摆动。相比于 AdaGrad 算法，RMSProp 算法中引入了一个新的参数 ρ，用于控制历史梯度值的衰减速率。算法步骤如下。

（1）从训练集中取出包含 m 个样本的小批量数据 $\{x_1,x_2,\cdots,x_m\}$，数据对应的目标值用 y_i 表示。在小批量数据的基础上按照以下公式计算梯度：

$$g \leftarrow \frac{1}{m}\sum_i L\left(f\left(x_i,\omega\right),y_i\right), i \in (1,2,\cdots,m)$$

（2）计算累积平方梯度，并刷新 r：

$$r \leftarrow \rho r + \left(1-\rho\right) g \odot g$$

（3）计算参数的更新量：

$$\Delta\omega = -\frac{\eta}{\sqrt{r+\epsilon}} \odot g$$

（4）根据 $\Delta\omega$ 更新参数：

$$\omega \leftarrow \omega + \Delta\omega$$

需要强调的是，RMSProp 只在 AdaGrad 的基础上修改了变量 r 的更新方法，即把累加改成了指数的加权移动平均，因此，每个元素的学习率在迭代过程中既可能降低又可能升高。大量的实际使用情况证明，RSMProp 算法在优化深度神经网络时有效且实用。

3. Adam

Adam（adaptive moment estimation）算法是一种在 RMSProp 算法的基础上进一步改良的学习率自适应的优化算法。Adam 是一个组合了动量（momentum）法和 RMSProp 的优化算法，通过动量法加速收敛，并通过学习率衰减自动调整学习率。

Adam 算法会使用一个动量变量 v 和一个 RMSProp 中梯度按元素的指数加权移动平均变量 r，并将它们中每个元素初始化为 0；矩估计的指数衰减速率为 ρ_1 和 ρ_2（ρ_1 和 ρ_2 的值在区间[0,1]内，通常设置为 0.9 和 0.999）；以及一个时间步长 t，初始化 0。算法步骤如下。

（1）从训练集中取出包含 m 个样本的小批量数据 $\{x_1, x_2, \cdots, x_m\}$，数据对应的目标值用 y_i 表示。在小批量数据的基础上按照以下公式计算梯度：

$$g \leftarrow \frac{1}{m}\sum_i L\left(f\left(x_i, \omega\right), y_i\right), i \in (1, 2, \cdots, m)$$

（2）刷新时间步长：

$$t \leftarrow t+1$$

（3）对梯度做指数加权移动平均并计算动量变量 v：

$$v \leftarrow \rho_1 v + \left(1-\rho_1\right) g$$

对偏差进行修正：

$$\hat{v} \leftarrow \frac{v}{1-\rho_1^t}$$

（4）该梯度按元素做指数加权移动平均并计算 r：

$$r \leftarrow \rho_2 r + \left(1-\rho_2\right) g \odot g$$

对偏差进行修正：

$$\hat{r} \leftarrow \frac{r}{1-\rho_2^t}$$

（5）计算参数的更新量：

$$\Delta\omega = -\eta \frac{\hat{s}}{\sqrt{\hat{r}+\epsilon}}$$

（6）根据 $\Delta\omega$ 更新参数：

$$\omega \leftarrow \omega + \Delta\omega$$

因为 Adam 结合动量法和 RMSProp 算法的优点于一身，所以现在常用 Adam 优化算法。

tf.keras.optimizers 内置了各种优化器，可以轻松实现随机梯度下降算法和各种自适应学习率算法。常用优化器如表 8-4 所示。

表 8-4　tf.keras.optimizers 常用优化器

优化器名称	优化器描述
SGD	实现随机梯度下降，支持动量优化、学习率衰减（每次参数更新后）、Nestrov 动量（如 NAG）优化
AdaGrad	可以自适应地调整学习率
Adadelta	解决 AdaGrad 学习率急剧下降的问题
RMSProp	解决 AdaGrad 学习率急剧下降的问题

续表

优化器名称	优化器描述
Adam	一种基于一阶和二阶矩自适应估计的随机梯度下降算法
Adamax	Adam 的变体
Nadam	Adam 中加入了动量因子

8.2.3　网格搜索

网格搜索的基本原理是将各参数值的区间划分为一系列的小区间，并按顺序计算出各参数值组合所确定的目标值（通常是误差），并逐一择优，以得到该区间内最小的目标值及其对应的最优参数值。该方法可保证所得到的搜索结果是全局最优或接近最优的，可避免产生重大的误差。网格搜索示意如图 8-5 所示。

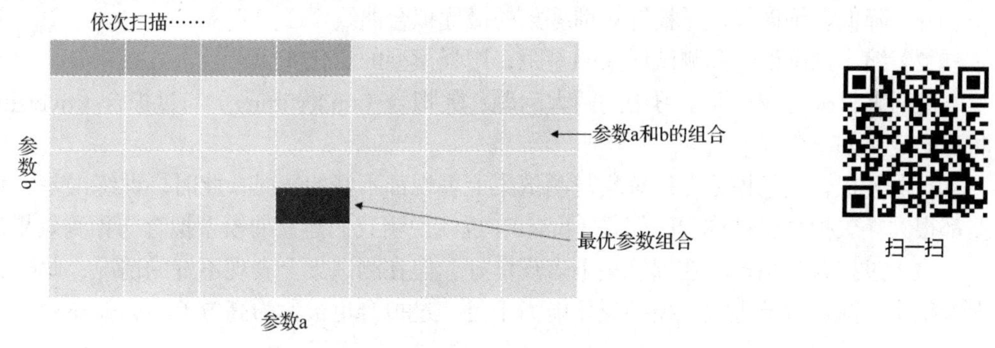

图 8-5　网格搜索示意

Scikit-learn 中的 model_selection 子包中的 GridSearchCV()方法可以实现网格搜索。GridSearchCV 其实可以拆分为两部分，GridSearch 和 CV，即网格搜索和交叉验证。网格搜索搜索的是参数，即在指定的参数范围内，按步长依次调整参数，利用调整的参数训练学习器，从所有的参数中找到在验证集上精度最高的参数，这其实是一个训练和比较的过程。k 折交叉验证将所有数据集分成 k 份，不重复地每次取其中一份作测试集，用其余 k-1 份作训练集训练模型，之后计算该模型在测试集上的得分，将 k 次的得分取平均得到最后的得分。GridSearchCV()的意义就是自动调参，只要把参数输进去，就能给出最优结果和参数。GridSearchCV()可以保证在指定的参数范围内找到精度最高的参数，但是这也是网格搜索的缺点所在，它要求遍历所有可能参数的组合，在大数据集和多参数的情况下，非常耗时。

GridSearchCV()主要参数描述如下。

- estimator：选择使用的评估器，并且传入除需要确定最优的参数之外的其他参数。每一个分类器都需要一个 scoring 参数，或者 score()方法。
- param_grid：需要最优的参数的取值，值为词典或者列表。
- scoring：模型评估标准，默认为 None，这时需要使用 score()方法；或者如 scoring = 'roc_auc'，根据所选模型不同，评估准则不同。
- cv：交叉验证参数，默认为 None，使用 5 折交叉验证。指定 fold 的数量，默认为 5（之前版本为 3），也可以是 yield 训练/测试数据的生成器。

8.2.4 防止模型过拟合

深度学习模型的核心任务是使我们的算法能够在新的、未知的数据上表现良好，而不只是在训练集上表现良好。而这种在新数据上的表现能力被称为算法的泛化能力，建模的关键点就是提高模型的泛化能力。

简单来说，如果一个模型在测试集上的表现与训练集上的一样好，就说明这个模型的泛化能力很好；如果模型在训练集上表现良好，但在测试集上表现一般，就说明这个模型的泛化能力差。

从误差的角度来说，泛化能力差就是指测试误差（testing error）比训练误差（training error）大很多的情况，所以我们常常采用训练误差、测试误差来判断模型的拟合能力，这也是测试误差也常常被称为泛化误差（generalization error）的原因。机器学习的目的就是降低泛化误差。

我们在训练模型的时候有两大目标。

（1）降低训练误差，寻找针对训练集的最优拟合曲线。

（2）缩小训练误差和测试误差的差距，增强模型的泛化能力。

这两大目标对应机器学习中的两大问题：欠拟合（underfitting）与过拟合（overfitting）。两者的定义如下。

（1）欠拟合是指模型在训练集与测试集上表现都不好的情况，此时，训练误差、测试误差都很大。欠拟合也被称为高偏差（bais），也就说明我们建立的模型拟合与预测效果较差。

（2）过拟合是指模型在训练集上表现良好，但在测试集上表现不好的情况，此时，训练误差很小，测试误差很大，模型泛化能力不足。过拟合也被称为高方差（variance）。

1. 正则化的方法

当我们使用数据训练模型的时候，很重要的一点就是要在欠拟合和过拟合之间达到平衡。欠拟合问题可以通过不断尝试各种合适的算法，优化算法中的参数调整，以及通过数据预处理等特征工程找到模型拟合效果最优的结果；而当模型过拟合的情况发生时，可以通过添加更多的数据，向模型添加提前终止条件，通过控制解释变量个数等手段降低模型的拟合能力，提高模型的泛化能力。控制解释变量个数有很多种方法，例如变量选择（feature selection），即用 filter()或 wrapper()方法提取解释变量的最优子集；或是进行变量构造（feature construction），即将原始变量进行某种映射或转换，如主成分分析和因子分析。变量选择的方法是比较“硬”的方法，变量要么进入模型，要么不进入模型，只有 0 和 1 两种选择。但也有“软”的方法，也就是正则化，可以保留全部解释变量，且每一个解释变量或多或少都对模型预测有影响，例如岭回归（ridge regression）和套索（Least absolute shrinkage and selection operator，Lasso）回归。

岭回归和 Lasso 回归都是线性回归算法正则化的两种常用方法。两者区别在于：引入正则化的形式不同。

岭回归是在模型的目标函数之上添加 L2 正则化（也称为惩罚项），故岭回归模型的目标函数可以表示成：

$$J(\beta)=\sum_{i=1}^{m}\left(y_i-\sum_{j=0}^{p}\beta_j x_{ij}\right)^2+\lambda\sum_{j=1}^{p}\beta_j^2,\lambda\geqslant 0$$

Lasso 回归采用了 L1 正则化（惩罚项）。Lasso 是在目标函数 $J(\beta)$ 中增加参数绝对值和正则项，如下所示：

$$J(\beta)=\sum_{i=1}^{m}\left(y_i-\sum_{j=0}^{p}\beta_j x_{ij}\right)^2+\lambda\sum_{j=1}^{p}\left|\beta_j\right|,\lambda\geqslant 0$$

tf.keras 内置了 regularizer.l1(l = 0.01)实现 L1 正则化；regularizer.l2(l = 0.01)实现 L2 正则化；regularizer.l1_l2(l1 = 0.01, l2 = 0.01)实现介于 L1 和 L2 之间的弹性网络（elastic net）正则化。

2．数据拆分

除了在目标函数中引入正则化方法外，也常用对数据集进行拆分后建模的方法来防止模型过拟合，主要包括训练集、验证集和测试集的引入，k 折交叉验证等。

（1）训练集、验证集、测试集的引入。

在模型的训练过程中可以引入验证集来防止模型过拟合，即将数据集分为 3 个子集：训练集，用来训练模型；验证集，用来验证模型效果，帮助模型调优；测试集，用来测试模型的泛化能力，避免模型过拟合。该模型的训练过程如图 8-6 所示。

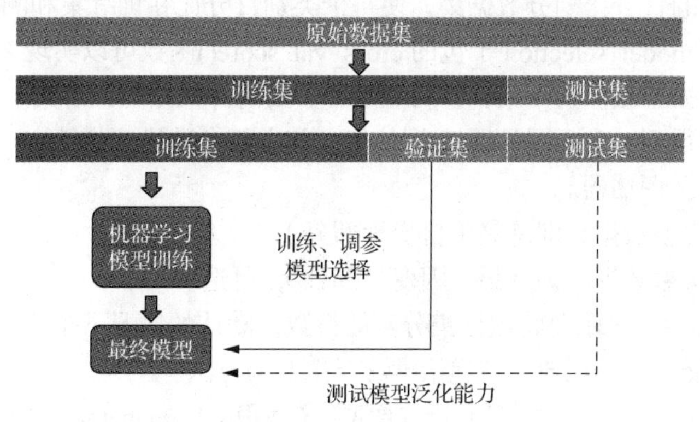

图 8-6　模型的训练过程

我们可以在数据划分时一次性将原始数据集划分为训练集、验证集和测试集；也可以将原始数据集划分为训练集和测试集，不用划分验证集。比如，深度学习在模型训练阶段，通过指定 fit()方法中的参数 validation_split，从训练集按照指定的比例拆分出验证集来调优模型。

Scikit-learn 中 model_selection 子包的 train_test_split()函数可以将数据集随机切分为训练集和测试集，其主要参数描述如下。

- test_size：如果为 float 类型，则应在 0.0～1.0，表示要包含在训练集切分中的数据集的比例；如果为 int 类型，则表示训练集样本的绝对数量。
- random_state：随机数种子，确保每次运行可以得到一样的结果。
- shuffle：指定是否重新洗牌，默认为 True，即会将你的数据集打乱，重新排列。
- stratify：按照一定的比例抽取样本。

（2）k 折交叉验证。

k 折交叉验证是采用某种方式将数据集切分为 k 个子集，每次采用其中的一个子集作为模型的测试集，余下的 k-1 个子集用于模型训练；这个过程重复 k 次，每次选出来作为测试集的子集均不相同，直到每个子集都测试过；最终将 k 次测试结果的均值作为模型的效果评估指标。显然，交叉验证结果的稳定性很大程度取决于 k 的取值。k 常用的取值是 10，此时称为 10 折交叉验证。此处给出 10 折交叉验证的示意，如图 8-7 所示。

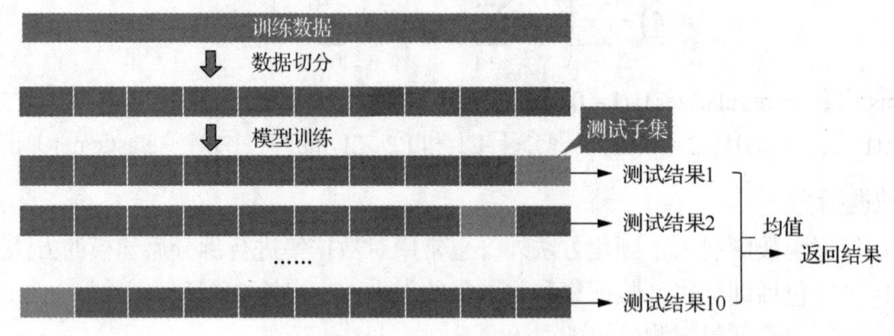

图 8-7　10 折交叉验证示意

k 折交叉验证在切分数据集时有多种方式，其中最常用的一种是随机不放回抽样，即随机地将数据集平均切分为 k 份，每份都没有重复的样例。另一种常用的切分方式是分层抽样，即按照因变量类别的百分比划分数据集，使每个类别百分比在训练集和测试集中都一样。

Scikit-learn 中 model_selection 子包的 cross_val_score()函数可以实现 k 折交叉验证法。它将数据集分为 k 个大小相似的子集，并将 k-1 个子集的并集作为训练集，余下的 1 个子集作为评估集，由此可得到 k 个不同的训练/评估集。其主要参数描述如下。

- estimator：评估器。
- X：数组类型数据，训练集（自变量部分）。
- Y：数组类型数据，训练集（因变量部分），可选。
- cv：int 类型，表示要将数据集分割的折数，默认的情况下是 5。
- fit_params：一个词典，传递给学习器拟合的方法。
- scoring：评估学习器性能的标准，通常需要使用 sklearn.metrics 中的函数，如“accuracy”“mean_absolute_error”“mean_squaerd_error”等。

3. Dropout

Dropout（丢弃）是斯里瓦斯塔瓦（Srivastava）等人在 2014 年的一篇论文中提出的针对神经网络的正则化方法。Dropout 是在深度学习训练中较为常用的方法，主要用于克服过拟合现象。Dropout 在训练过程中会随机地忽略部分神经元。比如，可以在其中的某些层上临时关闭一些神经元，让它们在正向传播过程中，对下游神经元的贡献效果暂时消失，在反向传播时也不会有任何权重值的更新，而在下一轮训练的过程中再选择性地临时关闭一些神经元，原则上都是随机的，如图 8-8 所示。

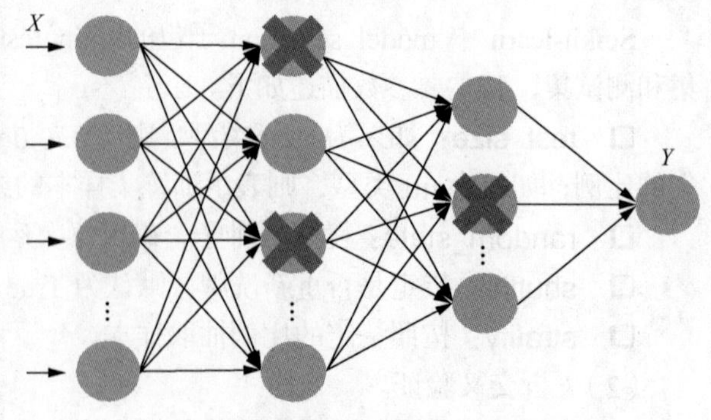

图 8-8　深度学习中随机 Dropout

这样一来，每次训练其实相当于网络的一部分所形成的一个子网络或者子模型。这个想法很简单，会在每个训练周期得到较弱的学习模型。弱学习模型本身具有较低的预测能力，然而许多弱学习模型的预测可以被加权并组合产生具有“更强”预测能力的模型。

8.3 在 tf.keras 中进行模型优化

在对 tf.keras 模型进行优化时，可使用 Scikit-learn 提供的很多模型评估及参数调优的方法，也可以使用第三方包 KerasTuner 进行模型参数调优。

8.3.1 在 tf.keras 中使用 Scikit-learn 优化模型

扫一扫

tf.keras 为深度学习模型提供了一个包装类（Wrapper），将深度学习模型包装成 Scikit-learn 工作流程中的一部分，可方便地使用 Scikit-learn 中的方法和函数。用 KerasClassifier（用于分类模型）或 KerasRegressor（用于回归模型）类包装后的 Keras 模型，可用于 Scikit-learn。

tf.keras.wrappers.scikit_learn.KerasClassifier(build_fn=None, **sk_params)实现了 Scikit-learn 分类模型包装；tf.keras.wrappers.scikit_learn.KerasRegressor (build_fn=None, **sk_params)实现了 Scikit-learn 回归模型包装。两者的参数描述如下。

- build_fn：可调用函数或类实例。要使用这些包装，需要定义一个函数，用于建立、编译，并返回一个序贯型（仅限单一输入）的 Keras 模型，然后被用来训练/预测。
- sk_params：模型参数和拟合参数。合法的模型参数是参数 build_fn 定义的函数中的参数，还可以接收用于调用 fit()、predict()或 score()方法的参数，如 fit()方法中的 epochs 数目和批大小。

8.3.2 使用 KerasTuner 进行超参数调节

KerasTuner 是一个通用的超参数调优第三方包，它可以帮助您优化神经网络并找到接近最优的超参数集，这一过程称为超参数调节或超调。它与 Keras 工作流程具有很强的集成性，也可以使用它来调整 Scikit-learn 模型或其他任何模型。它利用了高级搜索和优化方法，例如 Hyperband 搜索和贝叶斯（Bayesian）优化。所以只需要定义搜索空间，KerasTuner 将负责烦琐的调优过程，这要比手动调优的网格搜索强得多！

超参数是控制训练过程和机器学习模型拓扑的参数。这些参数在训练过程中保持不变，并会直接影响机器学习程序的性能。超参数有以下两种类型。

- **模型超参数**：影响模型的选择，例如隐藏层的数量和宽度。
- **算法超参数**：影响学习算法的速度和质量，例如随机梯度下降的学习率以及 k 近邻（k-nearest neighbor）分类器的近邻数。

KerasTuner 需要 Python 3.6+和 TensorFlow 2.0+，通过以下程序安装 KerasTuner。

```
pip install keras-tuner
```

8.4 案例实训 1：使用 Scikit-learn 优化 CIFAR-10 分类模型

在本案例中，我们使用 CIFAR-10 数据集来演示如何使用 k 折交叉验证来评估模型和利用网格搜索算法进行调参。

1. 数据准备

CIFAR-10 数据集共包含 60000 幅 32 像素×32 像素的彩色图像，50000 幅用于训练模型，10000 幅用于评估模型。可以从其主页下载。该数据集中的数据共有 10 个类别，它们是飞机、汽车、鸟、猫、鹿、狗、青蛙、马、船、卡车。每个分类有 6000 幅图像。

以下代码将加载 CIFAR-10 数据集，并提取里面的飞机和汽车的图像，对图像数据进行标准化处理，再对测试集前 30 幅图像进行可视化，运行结果如图 8-9 所示。

```
import numpy as np
import matplotlib.pyplot as plt
import tensorflow as tf
from tensorflow import keras
from tensorflow.keras import layers
from sklearn.metrics import confusion_matrix
from sklearn.model_selection import cross_val_score
from sklearn.model_selection import StratifiedKFold, GridSearchCV
from tensorflow.keras.wrappers.scikit_learn import KerasClassifier

(x_train, y_train), (x_test, y_test) = tf.keras.datasets.cifar10.load_data()
# 提取 0-airplane、1-automobile 的图像和标签
x_test = x_test[(y_test==0).ravel() | (y_test==1).ravel()]
x_train = x_train[(y_train==0).ravel() | (y_train==1).ravel()]
y_train = y_train[(y_train==0) | (y_train==1)]
y_test  = y_test[(y_test==0) | (y_test==1)]
# 图像数据标准化
x_train = x_train.astype('float32') / 255.0
x_test = x_test.astype('float32') / 255.0

# 图像可视化
class_names = ['airplane', 'automobile']
plt.figure(figsize=(20,4))
for i in range(20):
      plt.subplot(3,10,i+1)
      plt.xticks([])
      plt.yticks([])
      plt.grid(False)
      plt.imshow(x_train[i])
      plt.xlabel(class_names[y_train[i]])
plt.show()
```

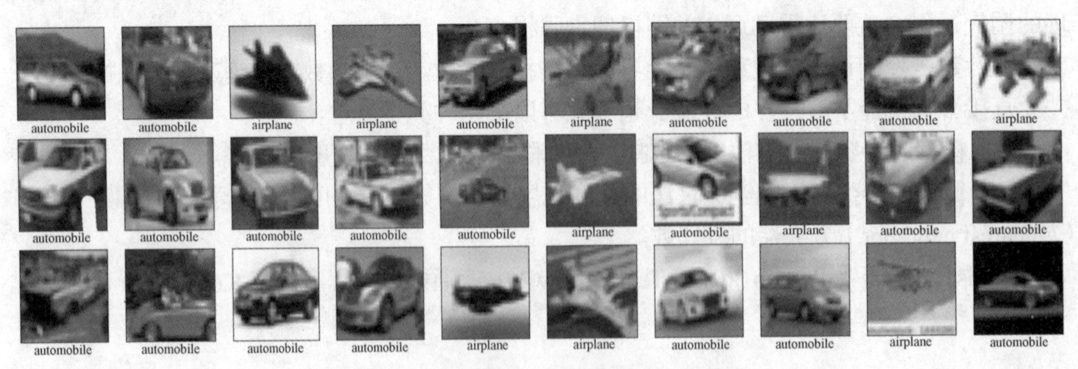

图 8-9 对测试集前 30 幅图像进行可视化

2. 构建基准模型

首先构建一个简单的卷积神经网络模型，并将其作为基准模型。基准模型具有一个卷积

层、一个最大池化层、一个平坦层和一个全连接层。基准模型的网络拓扑如下。

- 卷积层，具有 64 个特征图，卷积核大小为3×3，激活函数为 ReLU，输入形状为(32,32,3)。
- Dropout 概率为 20%的 Dropout 层。
- 采样因子为2×2的最大池化层。
- 平坦层。
- 具有 512 个神经元和激活函数为 ReLU 的全连接层。
- Dropout 概率为 20%的 Dropout 层。
- 具有 1 个神经元的输出层，激活函数为 Sigmoid。

编译模型时，采用 Adam 优化器，binary_crossentropy 作为损失函数，同时采用准确率来评估模型的性能。

下列代码创建一个函数，用于构建及编译基准模型，并返回 Keras 模型。

```
def create_model():
      # 构建模型
      model = keras.Sequential()
      model.add(layers.Conv2D(64, (3, 3), activation='relu', input_shape=(32, 32, 3)))
      model.add(layers.Dropout(0.2))
      model.add(layers.MaxPooling2D((2, 2)))
      model.add(layers.Flatten())
      model.add(layers.Dense(512, activation='relu'))
      model.add(layers.Dropout(0.2))
      model.add(layers.Dense(1,activation='sigmoid'))
      # 编译模型
      model.compile(loss='binary_crossentropy', optimizer='adam', metrics=
['accuracy'])
    return model
```

3. 使用交叉验证评估模型

我们除了通过参数 build_fn 将 create_model()这个函数传递给 KerasClassifier 类外，还将参数 epochs 设置为 5、参数 batch_size 设置为 32 和参数 validation_split 设置为 0.2，并将这 3 个参数传递给 KerasClassifier 实例。参数将自动绑定并传递给 KerasClassifier 类内部调用的 fit()函数。在这个例子中，使用 Scikit-learn 中的 StratifiedKFold()来执行 10 折交叉验证，使用 Scikit-learn 中的 cross_val_score()来评估深度学习模型。代码如下。

```
# 创建模型
model = KerasClassifier(build_fn=create_model, epochs=5, batch_size=32,
                        validation_split=0.2,verbose=2)
#  10 折交叉验证
seed = 7
kfold = StratifiedKFold(n_splits=10, shuffle=True, random_state=seed)
results = cross_val_score(model, x_train, y_train, cv=kfold)
print(results.mean())
```

输出结果为：

```
0.9215000033378601
```

执行以上代码得到 10 折交叉验证的准确率均值约为 0.92。

4. 使用网格搜索进行模型调参

本例将借助 Scikit-learn 的网格搜索算法评估深度学习模型的不同配置，并找出最优评估模型性能的参数组合。create_model()函数被定义为具有一个默认参数的函数，创建函数的代码如下。

```
def create_model(optimizer = 'adam'):
    # 构建模型
    model = keras.Sequential()
    model.add(layers.Conv2D(64, (3, 3), activation='relu', input_shape=(32, 32, 3)))
    model.add(layers.Dropout(0.2))
    model.add(layers.MaxPooling2D((2, 2)))
    model.add(layers.Flatten())
    model.add(layers.Dense(512, activation='relu'))
    model.add(layers.Dropout(0.2))
    model.add(layers.Dense(1,activation='sigmoid'))
    # 编译模型
    model.compile(loss='binary_crossentropy', optimizer=optimizer, metrics=
['accuracy'])
    return model
```

创建模型后，定义要搜索的参数的值数组，包括优化器、训练周期和批大小。在 Scikit-learn 中的 GridSearchCV()需要一个词典类型的字段作为需要调参的参数词典，以下是构建需要调参的参数词典的代码。

```
param_grid = {}
param_grid['optimizer'] = ['rmsprop', 'adam']
param_grid['epochs'] = [5, 10]
param_grid['batch_size'] = [16, 32]
```

GridSearchCV()默认采用 5 折交叉验证来评估模型，我们通过将参数 cv 设置为 3，进行 3 折交叉验证，运行以下代码使用网格搜索进行模型调参，并输出结果。

```
#创建模型
model = KerasClassifier(build_fn=create_model, verbose=2)
# 调参
grid = GridSearchCV(estimator=model, param_grid=param_grid,cv=3)
results = grid.fit(x_train,y_train)

# 输出结果
print('Best: %f using %s' % (results.best_score_, results.best_params_))
means = results.cv_results_['mean_test_score']
stds = results.cv_results_['std_test_score']
params = results.cv_results_['params']

for mean, std, param in zip(means, stds, params):
    print('%f (%f) with: %r' % (mean, std, param))
```

输出结果为：

```
Best: 0.931000 using {'batch_size': 32, 'epochs': 10, 'optimizer': 'adam'}
0.924101 (0.010418) with: {'batch_size': 16, 'epochs': 5, 'optimizer': 'rmsprop'}
0.927900 (0.003913) with: {'batch_size': 16, 'epochs': 5, 'optimizer': 'adam'}
0.902599 (0.020868) with: {'batch_size': 16, 'epochs': 10, 'optimizer': 'rmsprop'}
0.927300 (0.006012) with: {'batch_size': 16, 'epochs': 10, 'optimizer': 'adam'}
0.923501 (0.007106) with: {'batch_size': 32, 'epochs': 5, 'optimizer': 'rmsprop'}
0.922400 (0.001729) with: {'batch_size': 32, 'epochs': 5, 'optimizer': 'adam'}
0.924900 (0.007083) with: {'batch_size': 32, 'epochs': 10, 'optimizer': 'rmsprop'}
0.931000 (0.005647) with: {'batch_size': 32, 'epochs': 10, 'optimizer': 'adam'}
```

可以看到，最优的参数是 batch_size 为 32、epochs 为 10、optimizer 为 adam，当明确这些参数后，可以使用这些参数构建深度学习神经网络模型。

8.5 案例实训 2：使用 KerasTuner 优化 CIFAR-10 分类模型

本案例继续使用 CIFAR-10 数据集中的飞机和汽车的图像，演示如何利用 KerasTuner 进行超模型定义、实例化，并进行超参数调节，最后得到最优模型。

以下是数据预处理代码。

```
import tensorflow as tf
from tensorflow import keras
import keras_tuner as kt
import numpy as np
import matplotlib.pyplot as plt
from sklearn.metrics import confusion_matrix

print(tf.__version__)
2.7.0

(x_train, y_train), (x_test, y_test) = tf.keras.datasets.cifar10.load_data()
# 提取飞机、汽车的图像和标签
x_test = x_test[(y_test==0).ravel() | (y_test==1).ravel()]
x_train = x_train[(y_train==0).ravel() | (y_train==1).ravel()]
y_train = y_train[(y_train==0) | (y_train==1)]
y_test  = y_test[(y_test==0) | (y_test==1)]
# 图像数据标准化
x_train = x_train.astype('float32') / 255.0
x_test = x_test.astype('float32') / 255.0
```

1. 定义超模型

我们需要做的第一件事是编写一个函数，它返回一个编译好的 Keras 模型。在构建模型时，它需要一个参数 hp 来定义超参数搜索空间。用于设置超参数的模型被称为超模型。

我们可以通过以下两种方式定义超模型。

- 使用模型生成器函数。
- 对 KerasTuner API 的 HyperModel（超模型）类进行子类化。

还可以使用两个预定义的 HyperModel 类 HyperXception 和 HyperResNet。

我们将使用第一种方式定义超模型。build_model()函数返回已编译的模型，并使用在内嵌中定义的超参数对模型进行调节。

以下 build_model()函数用于定义超模型。

```
def build_model(hp):
    # 定义超模型
    model = keras.Sequential([
    #增加卷积层
    keras.layers.Conv2D(
        filters = 64,
        kernel_size = hp.Int('conv_kernel', min_value=3, max_value=5, step=1),
        activation = 'relu',
        input_shape=(32,32,3)),

    # 增加 Dropout 层
    keras.layers.Dropout(0.25),
    # 增加平坦层
    keras.layers.Flatten(),
    # 增加全连接层
    keras.layers.Dense(
        units = 512,
        activation='relu'),
    # 增加输出层
    keras.layers.Dense(1, activation='sigmoid')])
    # 模型编译
    model.compile(optimizer=keras.optimizers.Adam(hp.Choice('learning_rate',
values=[1e-2, 1e-3])),
```

```
            loss='binary_crossentropy',
            metrics=['accuracy'])
    return model
```

build_model()函数定义的超模型包含两个超参数对象，一个用于调整卷积层的卷积核大小，另一个用于模型编译时调整优化器的学习率（learning_rate）。hp.Int()与 hp.Choice()功能一致，都是从一个指定的范围中选择一个值。只不过，前者给定的是区间范围，而后者给定的是离散值的集合。

我们可以通过以下程序测试超模型是否成功定义。

```
build_model(kt.HyperParameters())
```

输出结果为：

```
<keras.engine.sequential.Sequential at 0x1f900864c10>
```

我们也可以提前定义超参数，并将 Keras 代码保存在单独的函数中。以下代码创建 3 个超参数：卷积层的神经元数量（units）、卷积核大小（conv_kernel）和学习率（lr）。

```
def call_existing_code(units,conv_kernel,lr):
    # 定义超模型
    model = keras.Sequential([
    #增加卷积层
    keras.layers.Conv2D(
        filters = units,
        kernel_size = conv_kernel,
        activation = 'relu',
        input_shape=(32,32,3)),

    # 增加 Dropout 层
    keras.layers.Dropout(0.25),
    # 增加平坦层
    keras.layers.Flatten(),
    # 增加全连接层
    keras.layers.Dense(
        units = 512,
        activation='relu'),
    # 增加输出层
    keras.layers.Dense(1, activation='sigmoid')])
    # 模型编译
    model.compile(optimizer=keras.optimizers.Adam(lr),
            loss='binary_crossentropy',
            metrics=['accuracy'])
    return model

def create_model(hp):
    units = hp.Int("units", min_value=32, max_value=128, step=32)
    conv_kernel = hp.Int('conv_kernel', min_value=3, max_value=5, step=1)
    lr = hp.Choice('learning_rate', values=[1e-2, 1e-3])
    # 使用超参数调用现有模型构建程序
    model = call_existing_code(
       units=units,conv_kernel = conv_kernel,lr=lr)
    return model

create_model(kt.HyperParameters())
```

输出结果为：

```
<keras.engine.sequential.Sequential at 0x1f900aa9b50>
```

2. 实例化调节器并执行超参数调节

Keras Tuner 提供了 4 种调节器：RandomSearch、Hyperband、BayesianOptimization 和

Scikit-learn。本例我们将使用 RandomSearch 调节器。运行以下程序为 RandomSearch 调节器设置必要参数，其中，参数 hypermodel 表示指定超模型，objective 表示指定优化目标，max_trials 表示搜索期间要运行的实验总数，directory 表示用于存储搜索结果的目录，project_name 表示 directory 中的子目录名称。

```
tuner = kt.RandomSearch(hypermodel=build_model,
                        objective='val_accuracy',
                        max_trials = 3,
                        directory='.\my_dir',
                        project_name='intro_to_kt')
```

我们可以输出搜索空间的摘要。

```
tuner.search_space_summary()
```

输出结果为：

```
Search space summary
Default search space size: 2
conv_kernel (Int)
{'default': None, 'conditions': [], 'min_value': 3, 'max_value': 5, 'step': 1,
'sampling': None}
learning_rate (Choice)
{'default': 0.01, 'conditions': [], 'values': [0.01, 0.001], 'ordered': True}
```

然后，运行以下程序进行超参数搜索，搜索方法的参数与 tf.keras.model.fit()所用的参数相同。

```
tuner.search(x_train,y_train,epochs=5,validation_split=0.2,batch_size = 32)
```

搜索完毕后，输出结果如下。

```
Trial 3 Complete [00h 06m 42s]
val_accuracy: 0.7875000238418579

Best val_accuracy So Far: 0.9210000038146973
Total elapsed time: 00h 20m 06s
INFO:tensorflow:Oracle triggered exit
```

运行以下程序，通过 tuner.get_best_models()方法获取最优模型，并查看最优模型的摘要。

```
# 获取最优模型
model=tuner.get_best_models(num_models=1)[0]
# 查看最优模型的摘要
model.summary()
```

输出结果为：

```
Model: "sequential"
_________________________________________________________________
 Layer (type)                Output Shape              Param #
=================================================================
 conv2d (Conv2D)             (None, 29, 29, 64)        3136

 dropout (Dropout)           (None, 29, 29, 64)        0

 flatten (Flatten)           (None, 53824)             0

 dense (Dense)               (None, 512)               27558400

 dense_1 (Dense)             (None, 1)                 513

=================================================================
Total params: 27,562,049
Trainable params: 27,562,049
Non-trainable params: 0
_________________________________________________________________
```

3. 重新训练模型

我们可以用搜索的最优超参数来构建最优模型，并对模型进行 10 次训练，通过以下程序实现。

```
model.fit(x_train,y_train,
          epochs = 10,
          validation_split = 0.2,
          batch_size = 32)
```

4. 对测试集进行预测

训练好模型，使用 predict()方法对测试集的图像标签进行预测，并查看前 10 幅测试图像的预测结果。

```
y_test_pred = model.predict(x_test)
y_test_pred[0:10]
```

输出结果为：

```
array([[1.0426767e-09],
       [9.9999136e-01],
       [9.9983644e-01],
       [2.7132350e-05],
       [5.1150864e-23],
       [2.1238013e-05],
       [9.9985474e-01],
       [8.6561267e-05],
       [1.7472912e-05],
       [9.9999511e-01]], dtype=float32)
```

可见，输出结果并不是图像标签值 0（airplane）或者 1（automobile），而是图像可能为汽车图像的概率。我们假定当概率不小于 0.5 时，图像为汽车图像，否则为飞机图像，这可通过运行以下程序实现。

```
# 当概率值不小于 0.5 时为 1，否则为 0
y_test_pred = (y_test_pred>=0.5).astype(np.int8).ravel()
y_test_pred[0:10]
```

输出结果为：

```
array([0, 1, 1, 0, 0, 0, 1, 0, 0, 1], dtype=int8)
```

运行以下程序，查看模型对测试集预测的混淆矩阵。

```
# 查看混淆矩阵
confusion_mtx = confusion_matrix(y_test, y_test_pred)
confusion_mtx
```

输出结果为：

```
array([[931,  69],
       [ 71, 929]], dtype=int64)
```

从输出结果可知，TP（预测结果为 1、实际结果为 1）的数量为 931，TN（预测结果为 0、实际结果为 0）的数量为 929，FN（预测结果为 0、实际结果为 1）的数量为 69，FP（预测结果为 1、实际结果为 0）的数量为 71。

最后，让我们自定义图形可视化函数，对预测错误的图像进行可视化展示，运行以下代码，对实际结果为 0、预测结果为 1 的前 30 幅飞机图像进行可视化，如图 8-10 所示。

```
# 自定义图形可视化函数
def show_images(images):
    plt.figure(figsize=(20,6))
    for i in range(30):
        plt.subplot(3,10,i+1)
        plt.xticks([])
        plt.yticks([])
```

```
        plt.grid(False)
        plt.imshow(images[i])
    plt.show()
# 对实际结果为 0、预测结果为 1 的前 30 幅飞机图像进行可视化
show_images(x_test[(y_test==0) & (y_test_pred==1)])
```

图 8-10　对实际结果为 0、预测结果为 1 的前 30 幅飞机图像进行可视化

运行以下代码，对实际结果为 1、预测结果为 0 的前 30 幅汽车图像进行可视化，运行结果如图 8-11 所示。

```
# 对实际结果为 1、预测结果为 0 的前 30 幅汽车图像进行可视化
show_images(x_test[(y_test==1) & (y_test_pred==0)])
```

图 8-11　对实际结果为 1、预测结果为 0 的前 30 幅汽车图像进行可视化

【本章知识结构图】

本章首先分别介绍了数值预测和概率预测的常用评估指标及其 Python 实现。然后介绍了基于梯度下降的优化、自适应学习率算法、网格搜索、防止模型过拟合等模型参数优化手段。最后介绍了如何在 tf.keras 中使用 Scikit-learn 优化模型，并介绍如何使用 KerasTuner 进行超参数调节。可扫码查看本章知识结构图。

扫一扫

【课后习题】

一、判断题

1. 分类模型的误差大致分为两种：训练误差（training error）和泛化误差（generalization error）。（　　）

   A. 正确　　　　B. 错误

2. 缩小训练误差和测试误差的差距的目的是降低模型的泛化能力。（　　）

A. 正确　　B. 错误

3. 混淆矩阵是概率预测（分类模型）的常用评估方法之一，但其仅能用于二元分类模型。（　　）

A. 正确　　B. 错误

二、选择题

1.（单选）Scikit-learn 中的 metrics 子包中用于计算均方误差的函数是以下哪个？（　　）

A. max_error()　　B. mean_absolute_error()

C. mean_squared_error()　　D. median_absolute_error()

2.（单选）Scikit-learn 的 metrics 子包中以下哪个函数不适用于分类模型的评估指标？（　　）

A. accuracy_score()　　B. classification_report()

C. confusion_matrix()　　D. median_absolute_error()

3.（多选）模型参数优化常用手段有以下哪几种？（　　）

A. 绘制 ROC 曲线　　B. 数据分区　　C. k 折交叉验证　　D. 网格搜索

4.（多选）ROC 曲线又称受试者操作特征曲线，它是由以下哪两个指标绘制的曲线？（　　）

A. 假正率　　B. 准确率　　C. 错误率　　D. 真正率

三、上机实验题

本章上机实验题我们将使用 Pima Indians 糖尿病发病情况数据集。这是一个可从 UCI Machine Learning 免费下载的机器学习数据集，它包含 Pima Indians 的患者医疗记录数据，以及他们是否在 5 年内发生糖尿病。这是一个二元分类问题，因变量 Class_variable 表示是否有糖尿病（1 表示糖尿病，0 表示非糖尿病）。

1. 创建一个含两个隐藏层的基准模型，其中，第一个隐藏层有 12 个神经元，激活函数为 ReLU；第二个隐藏层有 8 个神经元，激活函数为 ReLU。要求将创建基准模型的函数传递给 KerasClassifier 类，除此之外，还要设置 epochs 参数为 50 和 batch_size 参数为 10，并使用 Scikit-learn 中的 StratifiedKFold()来执行 10 折交叉验证，最后使用 Scikit-learn 中的 cross_val_score()来评估深度学习模型并输出结果。

2. 借助 Scikit-learn 的 GridSearchCV 评估深度学习模型的不同配置，并找出最优评估模型性能的参数组合。参数组合包括优化器（optimizer）、训练周期（epochs）和批次大小（batch_size）。构建需要调参的参数词典代码如下。

```
param_grid = {}
param_grid['optimizer'] = ['rmsprop', 'adam']
param_grid['epochs'] = [30, 50]
param_grid['batch_size'] = [32,64]
```

要求输出网格搜索后的最优参数组合，效果如下。

```
Best: 0.681903 using {'batch_size': 32, 'epochs': 50, 'optimizer': 'adam'}
0.559180 (0.117425) with: {'batch_size': 32, 'epochs': 30, 'optimizer': 'rmsprop'}
0.650624 (0.024075) with: {'batch_size': 32, 'epochs': 30, 'optimizer': 'adam'}
0.608700 (0.084138) with: {'batch_size': 32, 'epochs': 50, 'optimizer': 'rmsprop'}
0.681903 (0.038820) with: {'batch_size': 32, 'epochs': 50, 'optimizer': 'adam'}
0.650649 (0.030267) with: {'batch_size': 64, 'epochs': 30, 'optimizer': 'rmsprop'}
0.611502 (0.048014) with: {'batch_size': 64, 'epochs': 30, 'optimizer': 'adam'}
0.658416 (0.042400) with: {'batch_size': 64, 'epochs': 50, 'optimizer': 'rmsprop'}
0.646779 (0.057355) with: {'batch_size': 64, 'epochs': 50, 'optimizer': 'adam'}
```

第9章 深度学习实验项目

学习目标

1. 掌握 TensorFlow Datasets 的加载及使用技巧；
2. 熟练使用 tf.data 定义高效的输入流水线；
3. 掌握在 tf.keras 中使用 Scikit-learn 优化模型的方法；
4. 掌握 ImageDataGenerator 类图像增强；
5. 熟练使用 CNN 模型对手写数字进行识别；
6. 熟练使用 CNN 模型对驾驶员进行睡意检测。

导　言

对于大多数 TensorFlow 初学者来说，选择一个合适的数据集在初始练手时是非常重要的。TensorFlow Datasets 是一个立即可用的数据集集合。本章的第 1 个实验项目就是动手实现下载及加载 TensorFlow Datasets，并导入 Fashion-MNIST 数据集，构建深度学习模型并进行类别预测。tf.data 是一个高级 API，可以让你定义高效的输入流水线，是一个容易使用、快速高效、能从各种数据源中读取数据，完成所有数据预处理工作。本章的第 2 个实验项目就是动手创建及处理 tf.data.Dataset 对象。

Keras 提供了丰富的模型优化方法，但如果结合 Scikit-learn 将如虎添翼。本章的第 3 个实验项目就是期望读者能动手实践并熟练掌握 KerasRegressor 类的使用。

虽然已经介绍过多种图像处理技术，不过 ImageDataGenerator 类是 tf.keras.preprocessing.image 中的图像生成器，可以每一次给模型“喂”一个 batch_size 大小的样本数据，同时也可以每一次对这 batch_size 个样本数据进行增强，扩充数据集大小，增强模型的泛化能力，比如进行 ZCA 白化、旋转、变形、标准化等。故本章的第 4 个实验项目也希望读者能动手实践并掌握 Keras 中的 ImageDataGenerator 类。

CNN 模型是深度学习中最常用的模型之一，本章最后两个实验项目均利用 CNN 模型对样本数据进行训练和预测，并尝试结合数据增强技术提高模型预测能力。

9.1 TensorFlow Datasets 实验

扫一扫

【实验目的】

1. 掌握 TensorFlow Datasets 的安装及导入技巧。
2. 掌握数据集处理技巧。

3. 掌握深度学习模型的构建及预测技巧。

【实验数据】

Fashion-MNIST 数据集。

【实验内容】

1. 安装 TensorFlow Datasets。
2. 查看 TensorFlow Datasets 中可用的数据集数量。
3. 使用 tfds.load()方法加载 Fashion-MNIST 数据集，数据集要求返回元组(img, label)。
4. 数据预处理，将图像数据从 tf.unit8 类型转换成 tf.float32，再进行标准化处理，并通过 tf.data.Dataset.batch()方法将批次大小设置为 128。
5. 构建及预测深度学习模型，并查看预测效果。

9.2 tf.data 定义高效的输入流水线

扫一扫

【实验目的】

1. 掌握通过 tf.data.Dataset 创建数据集。
2. 掌握对 Datasets 中数据集的划分。
3. 掌握 map()、take()方法的使用。

【实验数据】

Flower Color Images 数据集。

该案例的数据来源于 Kaggle 上的 Flower Color Images。数据内容非常简单：包含 10 种开花植物的 210 幅图像（128×128×3）和带有标签的文件 flower-labels.csv，照片文件采用 PNG 格式，标签为整数（0～9）。标签数字对应的花名如表 9-1 所示。

表 9-1　标签数字对应的花名

标签	花名	标签	花名	标签	花名	标签	花名
0	phlox	1	rose	2	calendula	3	iris
4	max chrysanthemum	5	bellflower	6	viola	7	rudbeckia laciniata
8	peony	9	aquilegia				

【实验内容】

1. 使用 pandas 将 flower-labels.csv 文件数据读入 Python 中，并查看前 5 行。
2. 使用 tf.data.Dataset.list_files()方法对所有 PNG 文件创建数据集，并利用 len()函数查看数据集大小。
3. 使用 take()及 skip()方法将数据集按照 80:20 的比例拆分为训练集和测试集，并利用 len()函数查看拆分后的数据集大小。
4. 自定义图像读取及处理函数，要求读入后图像数据宽和高均为 56、类型为 tf.float32；

利用 map()方法将自定义函数作用于训练集所有元素。

5. 自定义绘图函数对训练集元素进行可视化，要求图像标题为“文件名称->花名称”，效果如图 9-1 所示。

0143.png->bellflower

图 9-1　训练数据集元素可视化效果

9.3 在 tf.keras 中使用 Scikit-learn 优化模型

扫一扫

【实验目的】

1. 掌握通过 tf.keras.datasets 导入数据集的方法。
2. 掌握基本深度学习模型创建方法。
3. 掌握 KerasRegressor 类的使用方法。

【实验数据】

波士顿房价数据集。

【实验内容】

1. 加载 tf.keras.datasets.boston_housing 数据集。
2. 搭建基础模型，模型结构如图 9-2 所示。

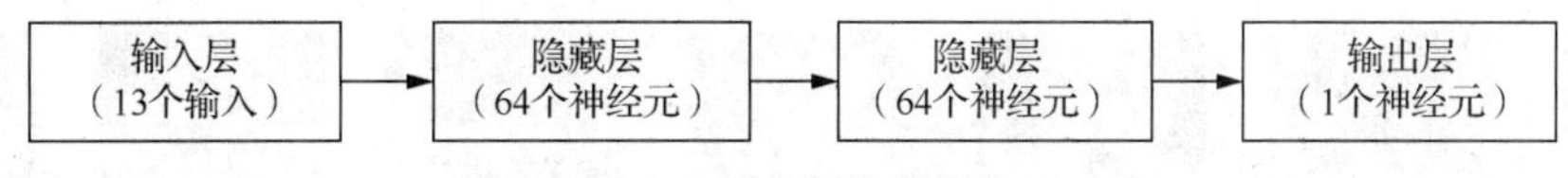

图 9-2　基础模型结构

3. 训练基础模型，批次大小为 5，迭代 50 次。
4. 利用 KerasRegressor 类创建一个实例，并通过 Scikit-learn 包的 KFold()方法进行 10 折交叉验证。
5. 使用 Scikit-learn 包的 Pipeline 创建管道，在进行交叉验证的每一折执行数据标准化处理，并对比之前的效果差异。

9.4 ImageDataGenerator 类图像增强

扫一扫

【实验目的】

1. 掌握 ImageDataGenerator 类的使用方法。
2. 掌握 flow()方法、flow_from_directory()方法。

【实验数据】

1. 单幅彩色猫图像（cat.jpg）。
2. Train 目录下有 cats、dogs 两个目录，分别存放了 5 幅猫图像、5 幅狗图像（可在课程资料网站下载）。

【实验内容】

1. 通过合适的方式导入 cat.jpg 图像，并进行可视化展示。

2. 构造 ImageDataGenerator 类的对象，要求通过参数 rotation_range 将图像旋转 90 度，通过参数 width_shift_range 将图像左右平移 0.2，通过参数 height_shift_range 将图像上下平移 0.2，通过参数 zoom_range 将图像随机缩小 0.3。

3. 通过 flow()方法产生一个迭代器，生成批次增强数据，再对迭代器迭代 6 次，对每次迭代生成的图像进行可视化，效果如图 9-3 所示。

图 9-3　迭代生成的图像可视化效果

4. 当对 flow()方法的参数 save_to_dir 进行设置时，可将迭代生成的图像保存到本地，要求将迭代 6 次的图像保存到本地的 cat_datagen 文件夹中，保存图像如图 9-4 所示。

cat_0_323.jpg

cat_0_747.jpg

cat_0_3715.jpg

cat_0_4186.jpg

cat_0_5748.jpg

cat_0_7874.jpg

cat_0_8792.jpg

图 9-4　保存图像

5. 使用 flow_from_directory()方法可直接从本地目录的图像中生成一批增强数据，要求通过程序对 train 目录中两个子目录共 10 幅图像生成 10 幅图像（即每幅图像生成一幅新图像），并保存在 train_datagen 目录中，生成的图像如图 9-5 所示。

_0_6895735.png

_1_8611773.png

_2_8143529.png

_3_1659514.png
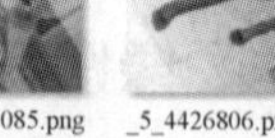
_4_3882085.png

_5_4426806.png

_6_8115473.png

_7_4832661.png

_8_7510895.png

_9_9314413.png

图 9-5　生成的图像

9.5　CNN 模型识别手写数字

扫一扫

【实验目的】

1. 掌握外部数据导入及处理技巧。
2. 掌握 CNN 模型构建及训练技巧。
3. 掌握结合数据增强技术训练模型。
4. 掌握模型预测效果评估。

【实验数据】

MNIST 数据集（可在课程资料网站下载），也可在 Kaggle 下载。

该数据集包含 train.csv 和 test.csv 两个数据文件，其中，训练集（train.csv）有 785 列，第 1 列称为“标签”，是用户绘制的数字（0～9），其余列包含相关图像的像素值，每幅图像高 28 像素，宽 28 像素，总共 784 像素，此像素值是[0,255]的整数；测试集（test.csv）与训练集大致相同，只是它不包含“标签”列。

【实验内容】

1. 将 train.csv 数据读入 Python 中，并拆分标签和图像数据。
2. 对图像数据做标准化处理，对标签数据做独热编码处理。
3. 将数据拆分为两部分，90%的数据作为训练集，10%的数据作为验证集。
4. 构建并训练 CNN 模型。
5. 通过数据增强再训练 CNN 模型，防止模型过拟合。
6. 对验证集进行预测并查看混淆矩阵。

9.6 CNN 模型检测驾驶员睡意

扫一扫

【实验目的】

1. 了解 OpenCV 的人脸检测技术。
2. 掌握图像读取及处理技术。

【实验数据】

Drowsiness 数据集（可在课程资料网站下载）。

Drowsiness 数据集包含 4 个文件目录，分别为 Closed、no_yawn、Open 和 yawn，其中，Closed 目录包含 726 幅驾驶员的闭眼图像，no_yawn 目录包含 726 幅驾驶员的不打瞌睡图像，Open 目录包含 726 幅驾驶员的睁眼图像，yawn 目录包含 723 幅驾驶员打瞌睡的图像。图像样例如图 9-6 所示。

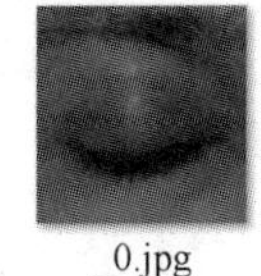

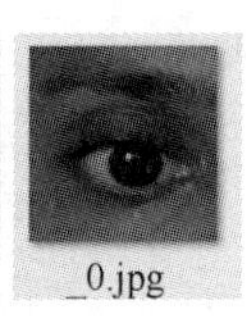

图 9-6 图像样例

【实验内容】

1. 由于 no_yawn（不打瞌睡）和 yawn（打瞌睡）两个目录中的图像中有占幅较大的背景，故要求读者利用 OpenCV 做人脸检测时的 CascadeClassifier（级联分类器），在读取这两个目录图像时，进行人脸检测并获取人脸数据数组，效果如图 9-7 所示。

2. 读取 Closed（闭眼）和 Open（睁眼）两个目录中的图像，读入图像的宽度和高度均为 145 像素，读入闭眼和睁眼的图像数据可视化效果如图 9-8 所示。

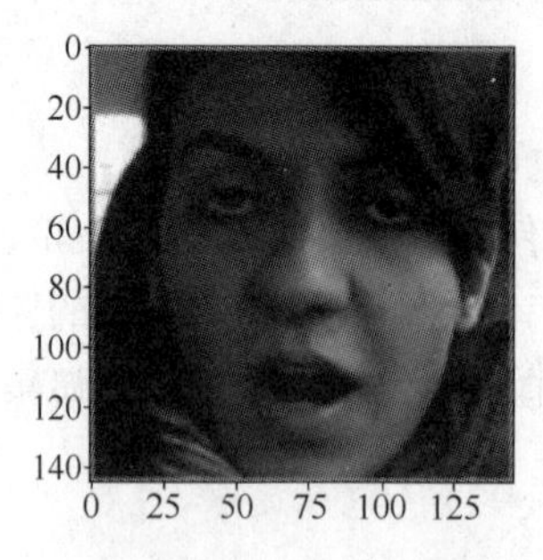

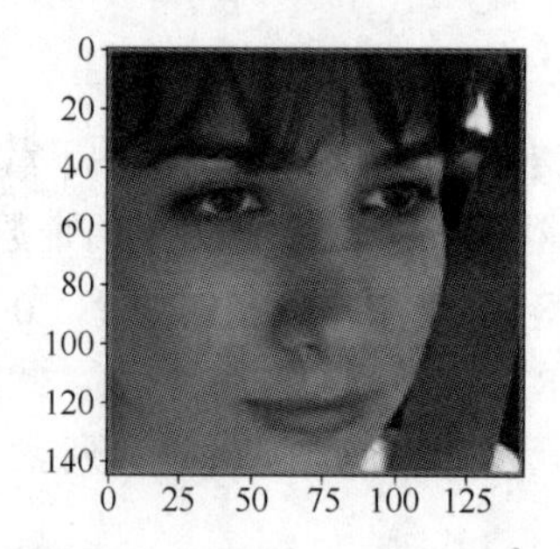

图 9-7　人脸检测效果

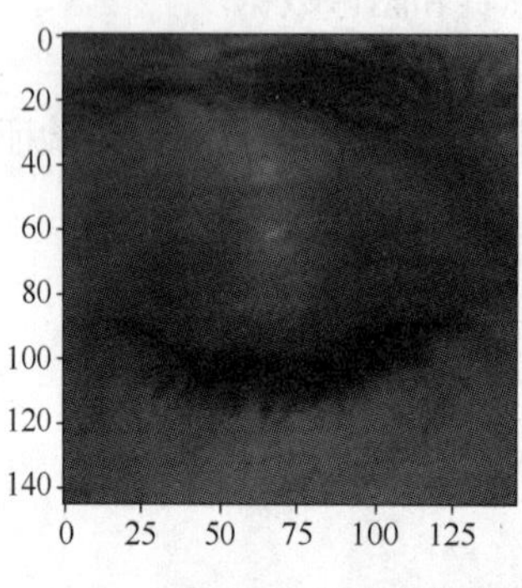

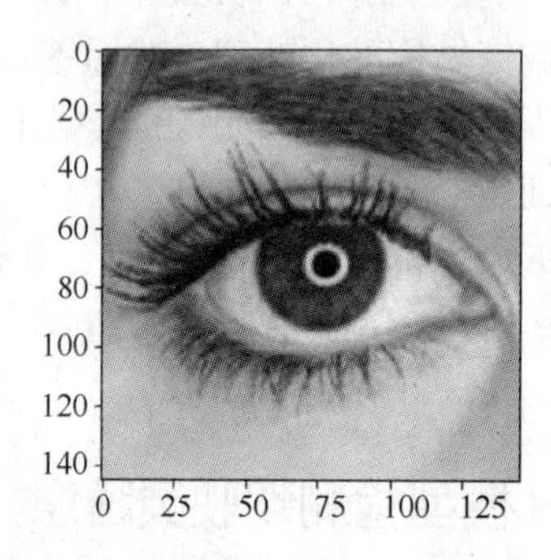

图 9-8　读入闭眼和睁眼的图像数据可视化效果

3. 将分别读取的 no_yawn（不打瞌睡）和 yawn（打瞌睡）、Closed（闭眼）和 Open（睁眼）数组合并，并拆分为标签变量和特征变量。

4. 对数据进行预处理，并按照 7∶3 的比例将数据拆分为训练集和测试集，再通过 ImageDataGenerator 类进行数据增强。

5. 构建及编译 CNN 模型，最后将训练好的模型保存到本地。

6. 用训练好的模型对测试集进行预测，并查看分类报告。